新能源技术

潘小勇　马道胜 ◎ 编著

U0207621

江西高校出版社
JIANGXI UNIVERSITIES AND COLLEGES PRESS

图书在版编目(CIP)数据

新能源技术/潘小勇,马道胜编著. ——南昌:江西高校出版社,2019.11(2022.2 重印)

ISBN 978 - 7 - 5493 - 9163 - 9

Ⅰ. ①新… Ⅱ. ①潘… ②马… Ⅲ. ①新能源—技术 Ⅳ. ①TK01

中国版本图书馆 CIP 数据核字(2019)第 232818 号

出 版 发 行	江西高校出版社
社 址	江西省南昌市洪都北大道 96 号
总编室电话	(0791)88504319
销 售 电 话	(0791)88522516
网 址	www. juacp. com
印 刷	天津画中画印刷有限公司
经 销	全国新华书店
开 本	700mm×1000mm 1/16
印 张	21.5
字 数	336 千字
版 次	2019 年 11 月第 1 版
	2022 年 2 月第 2 次印刷
书 号	ISBN 978 - 7 - 5493 - 9163 - 9
定 价	58.00 元

赣版权登字 -07 -2019 -928

前　言

　　长期以来，人类在生产和生活中一直使用石油和煤炭等化石能源，随着能源需求量的不断增加，不可再生能源储量却逐渐减少，能源危机的幽灵不时闪现，世界已经进入"高油价时代"，能源安全问题成了许多国家面临的一大挑战。此外，大量使用石化能源造成环境污染，碳排放增加，引起全球气候变暖，使我们赖以生存的地球家园环境恶化，这是人类面临的另一重大挑战。在这一背景下，节能减排、绿色发展是必然选择，寻求新能源以替代化石能源日益迫切。

　　所谓新能源是相对于传统能源而言的，指正在研发或开发利用时间不长的一些能源形式，如太阳能、地热能、风能、海洋能、生物质能和核能等。新能源造成的污染少，被誉为"清洁能源"或"绿色能源"。新能源中的太阳能是取之不竭的可再生能源，对解决能源短缺和环境污染问题具有重要意义，因而被各国普遍看好。

　　迄今为止，部分新能源技术已经取得长足发展并得到了广泛应用。西班牙正在建设国内最大的太阳能发电厂，可以为2.5万户家庭提供所需电力。韩国、印度、俄罗斯等13个国家正在建设53座核反应堆，美国也将建设数十座核反应堆。在风能利用方面，英国曾宣称已经超过丹麦，成为世界上最大的近海风能生产者，并乐观预计，到2020年，风能将占英国能源利用的30%。美国计划到2025年，使其国内发电总量的25%来自风能、太阳能等可再生能源。

　　新能源技术是高技术的支柱,包括核能技术、太阳能技术、生物质能技术、风能技术、锂电池技术、地热能技术、海洋能技术等。其中核能技术与太阳能技术是新能源技术的主要标志,通过对核能、太阳能的开发利用,打破了以石油、煤炭为主体的传统能源格局,开创了能源的新时代。

目　　录

第一章 有限资源的"无限"供给

自然资源的不可再生性,以及工业化时代以来人口数量和资源消费的大幅增长,使得人们不可避免地担心资源短缺乃至枯竭,各种"资源枯竭论"应运而生。总体来看,未来全球人口数量和人均消费增长将不可避免地加剧资源消耗,但也存在诸多平衡与抑制因素。从供应层面看,常规资源的探明储量不断增加,非常规亟待开发的资源潜力巨大,替代资源前景乐观。从需求层面看,人口增长趋缓,资源利用效率提高,循环利用率增加,需求不会无限地线性增长。

从市场的角度看,资源的供应最终取决于人类是否有足够的需求而不是足够的供应。也就是说,在某种意义上,供应是由有效需求决定的,资源的发展前景归根结底也将取决于人类的需求而不是供应。国际社会面临的资源短缺多为经济性、政治性、区域性和需求主导的市场短缺,而非资源性枯竭。解决之道在于发展经济,各国应致力于加强管理,完善市场,提高效率,深化合作,减少对资源枯竭乃至资源战争的不必要恐慌,避免国内相关政策及资源配置的失误。

第一节 "资源枯竭论"由来已久

几个世纪以来,资源短缺的乌云一直笼罩着人类社会,有一个声音时时在提醒和警告着人们:人类活动最终将把地球上的资源消耗殆尽。20世纪初以来,随着世界能源和资源需求的迅速增长和价格的大幅上扬,能源和资源是否濒临枯竭再次引起国内外的高度关注,石油末日、能源匮乏、资源枯竭等提法频现于媒体和文献研究中,成为热门词汇。同时,气候变化问题日益突出,世界人口突破70亿,使资源与人口和环境问题相互交织,这进一步加剧了人们对资源枯竭的担心。

"资源枯竭论"由来已久。早在1798年,32岁的英国经济学家、人口学家托马斯·马尔萨斯发表了《关于影响未来社会进步的人口学原理》,指出人口增长将超过地球为人类提供生存资源的能力,社会是不可持续的。他认为,人口的数量远远大于地球为人类提供生存之物的数量,不被抑制的人口呈几何级数增长,而生存之物仅以算术比率增长,人类没有办法逃脱这一自然法则。马尔萨斯被认为是第一个发出资源枯竭灾难性预警的人,他强调,无论是资源的有限性还是经济上的稀缺性,都是绝对存在的。

1968 年,美国斯坦福大学昆虫学家埃利希在《人口炸弹》一书中断言,鉴于世界人口的爆炸性增长,在有限的空间内资源将耗尽,地球终将不能养活人类。他认为,20 世纪 60 年代的全球婴儿潮将持续到世界面临大范围饥荒的那一天,并强调,无论现在开始实施怎样的应急方案,到七八十年代都会有数亿人饿死。大限将至,世界死亡率的大幅攀升已不可避免。1974 年,埃利希再次预测:1985年以前,人类将进入资源匮乏时代,许多赖以生存的不可再生的矿产将濒临枯竭,人类毁灭性地消耗地球上的矿物资源会造成灾难性的后果。

1972 年,罗马俱乐部出版了由美国麻省理工学院教授丹尼斯·梅多斯等人撰写的《增长的极限》。通过对人口增加、粮食短缺、不可再生资源枯竭、环境污染和能源消耗五大因素的分析,作者认为,人口的增长必然引起粮食需求的增长,工业化进程会不可避免地引起不可再生资源耗竭和环境污染程度的加深,而且这些增长都带有指数增长特点,人类社会迟早会达到一个临界的“危机水平”。如果不采取措施,用不了 100 年,土地、能源等不可再生资源都将耗尽,造成人类社会经济系统发生难以遏制的大衰退,生存环境不断恶化,食品短缺,死亡率大幅度上升,人类社会将走向末日。

2001 年,迈克尔·克莱尔在《资源战争》一书中指出,全球对于许多关键物资的需求正以无法持续的速度增长,而全世界某些物质的供应是十分有限的。世界很可能从 21 世纪第二个或第三个 10 年起,开始面临常规石油的明显短缺。到 21 世纪中叶,人类的全部用水将接近可获得供水的 100%,某些地区将面临水资源严重短缺。2008 年,克莱尔出版了《石油政治学》一书,用一章论述了即将到来的资源危机。他强调,虽然以往多次资源短缺都得以缓解,但这次性质不同于以往,能源和关键资源的消耗与需求达到前所未有的程度,现有储量正明显地趋向枯竭,而且是许多资源同时枯竭。

斯蒂芬·李柏等人写的《即将来临的能源崩溃》一书也突出强调,人类面临的困境不仅仅是石油短缺,而是所有商品短缺都将加剧。金属及矿物、能源和水等之间存在相互依赖的关系,获取一种资源的努力经常会以消耗其他资源为代价。各种资源短缺同时出现且相互牵制,形成了恶性循环,最终将会拖垮人类文明。作者认为,人类缺乏足够的石油来满足全球增长的贪婪需求,如果石油消耗维持在每年约 310 亿桶,到 2040 年石油就会耗尽。按照现在的消耗速度,4~20 年内,我们将耗尽锑、铟、铅、银、钽、锡和铀;40 年内,铬、铜和锌将耗竭,镍、铂将紧随其后。

2008 年,世界自然基金会推出的《地球生命力报告》指出,地球自然资源消耗的速度过快,全球 3/4 的人口生活在过度消耗资源的国家,那里自然资源的消耗速度超过了环境再生水平。报告认为,不计后果地消耗"自然资产"会危及世界的未来,带来的生态冲击包括食物、水和能源等成本的提高。如果人类继续以目前的速度向地球索取资源,到 21 世纪 30 年代中期,人类将需要两个地球的资源,才能维持当前的生活方式。

在诸多资源枯竭论中,能源短缺受关注程度最高。早在 1865 年,英国经济学家斯坦利·杰文斯就写了一篇《煤炭问题》的文章,提出,英国即将进入能源短缺时代,预言未来将出现能源短缺、工业崩溃、国家衰退,而且这个问题没有解决的办法。1881 年,19 世纪最伟大的科学家之一威廉·汤姆森警告说,英国的能源基础十分薄弱,灾难就在眼前。他在报告中提出,英国的辉煌时期即将谢幕,因为"地下蕴藏的煤炭"行将"枯竭",唯一的曙光将是"风车或风机会以某种形式再次兴起"。

石油工业诞生后不久,就有科学家、政治家和能源分析家预测石油枯竭马上就要到来。1885 年,美国宾夕法尼亚州立地质局认为"石油的疯狂表现是暂时的现象,马上就会消失——现在的年轻人会看到这种现象将自然结束"。"一战"期间,美国不时出现关于未来石油很快枯竭的论断。一项始于 1916 年的美国参议院调查报告称,根据最乐观的看法,石油很可能在 25 年内枯竭。1919 年,美国地质调查局预测,美国的石油将会在 9 年内用完。1939 年,美国内政部预测全球石油供应将会在 13 年内完全枯竭。

"二战"期间,时任美国战时石油行政官的哈罗德·伊克斯发表了一篇广为流传的文章《我们正在耗尽石油》。他在文章中指出,如果有第三次世界大战的话,这场战争一定是石油战争,因为美国将来没有石油。此后,油荒恐惧症在1943—1945年间达到顶点。1949年,美国国务院预计,美国将在20年内面临石油短缺,除了从中东地区进口外别无他法。1951年,美国内政部修正了之前的预测,提出全球石油将会在下一个13年内枯竭。

1956年,哈伯特提出钟形曲线,预测美国石油产量将于20世纪60年代或70年代初达到顶峰,而美国的实际石油产量也确实从1970年创下历史纪录后开始回落。哈伯特曲线的这一成功预测,使"资源枯竭论"在70年代风行一时。1972年,罗马俱乐部发布的报告《增长的极限》进一步预言,世界石油和天然气将分别在1992年和1993年之前耗尽。1978年,哈伯特预测1965年出生的孩子将在有生之年见证世界石油的枯竭,人类将进入"一个无增长时代"。当时不少人相信,石油储量难以满足消费的持续增长,世界石油工业将于20世纪末或21世纪初步入末路。

在整个20世纪,至少出现过三轮石油枯竭论热潮:第一轮始于"一战"期间,终于大量石油充斥市场的1930年;第二轮从"二战"开始,几年后随着石油生产逐渐过量,枯竭论渐渐被否定并在20世纪60年代末被彻底否定;第三轮始于20世纪70年代初,经历两次石油危机而达顶峰,最后在1986年油价暴跌的反石油危机中戏剧性地戛然而止。

到了20世纪末和21世纪初,世界油气资源虽未如期出现枯竭,但油价大幅上涨引起了新的全球能源短缺恐慌,特别是石油峰值论十分流行。石油峰值论认为,世界已经接近或者已经达到石油生产的顶点,并已经开始或即将出现无法阻挡的下降趋势。一名石油峰值论者甚至警告说,石油枯竭的后果将包括战争、饥饿和经济萧条,甚至可能出现现代智人的灭绝。"最初的预测是石油生产顶峰将会于2005年感恩节前后到来;随后,又有人预测'不可逾越的供求缺口'将在2007年前后到来;再后来,这一时刻又被推到2011年。现在,还有人说'2010年之前将极有可能出现石油峰值'。"

在历经多年经济持续增长,特别是在1993年由石油净出口国变成净进口国后,中国对石油等资源短缺的担心与日俱增。诸多分析认为,世界即将面临资源、能源特别是石油短缺。例如,2001年出版的《石油与国家安全》一书写道："石油是一种天然储量有限、日渐枯竭的资源,(2010 年前后)石油生产的鼎盛时期即将结束,大多数油田的产量在下降,常规石油资源的枯竭已是世界面临的严峻现实。"《资源阴谋》一书的作者指出,"在资源有限的前提下,我们正快速进入一个资源短缺时代。就矿产资源来说,石油和天然气将在几十年内耗尽,乐观一点估计也不会超过 100 年,而根据现在的开采、消耗速度和全球已探明的储量,金矿将在 15 年内进入枯竭期,银矿会在 20 年内进入枯竭期,铜矿为 30 多年,镍矿为 50 年。除铁矿以外,支撑现代社会和生活方式的大部分矿产资源都会在 21 世纪内耗尽"。

与此同时,国外诸多资源枯竭论的相关研究被引入国内。部分研究出于中国特有的能源和资源不安全感,或者出于营销策略等考虑,资源短缺一定程度上被泛化或夸大,给人以世界末日即将因能源、资源枯竭而来临之感。

世界各地的资源短缺或枯竭论者观点各异,出发点也不尽相同,但总体上多强调资源对经济增长的制约,抑或说经济因资源的有限性而存在增长的极限。丹尼斯·梅多斯指出,问题的本质是在资源有限的地球上,人类始终追求无限的发展。美国经济学家斯蒂芬·李柏指出,发展中国家在经济发展这架梯子上越爬越高,不断消耗着珍贵而有限的资源,终有一日资源耗竭,全球经济增长不可能无休止地持续下去。中国学者薛平认为,人口与自然资源的矛盾是人类社会生产活动的一个基本矛盾,主要表现为人类需求的无限性与资源供给的有限性之间的供求矛盾。

第二节　有限资源的"无限"供给

不可否认,地球上某种资源的绝对储量是一定的和有限的,但从某种意义上说,可供人类利用的资源量是相对无限的。目前,人类使用过的主要能源(包括薪柴、煤炭、石油、天然气等)归根结底都来自太阳能。科学界普遍认为,在地球毁灭之前,太阳还将存在几十亿年。从这个意义上说,在地球和人类消亡之前,太阳能的供应是无限的,而地球之外又有成千上万颗像太阳一样的恒星。仅就地球而言,除人类已经发现并利用的化石能源和清洁能源外,还存在大量可再生和潜在的能源,如氢能、核聚变能、可燃冰(天然气水合物)等。

可以说,在人类存在的有限期限内,是应该有足够的能源资源可供利用的,问题在于如何把潜在的能源和相对无限的太阳能等转化成能为人类有效、方便和经济地利用的能源。人类在资源供应上面临的根本问题不是绝对的资源总量够不够用的问题,而是如何经济和有效地利用的问题,面临的主要是技术和成本等方面的挑战。而在决定技术和经济利用的因素中,价格、投资和政治意愿等起着非常重要的作用。

从经济学基本原理的角度看,资源供应从根本上说是由有效的需求决定的。市场经济永远是需求决定供给,因为有市场需求,尤其是有效的需求,企业才会生产和供应产品和服务。如果市场上没有对某种产品和服务的需求,那么提供这种产品和服务的成本就没有回报,企业也就无利可图。在有需求后,开始时因为供应不足,市场价格会比较高,企业的利润也较多。较高的利润吸引更多的企业提供产品和服务,而随着供应的增加,市场价格会回落。就资源而言,考虑到人口增长和资源需求的相对有限性,在一定程度上可以说,人类是否有足够的能源和资源供应取决于人类是否有足够的有效需求,资源的发展前景归根结底取决于人类的资源需求而不是供应。

美国经济学家朱利安·西蒙是个典型的资源乐观主义者,他甚至反对使用"资源有限"这个概念。他在《终极资源》一书中指出,"有限"更多的是语义和数学意义上的概念和假设,自然资源为人类提供的服务如同一条线上无法数清的点一样永远不可能数清,资源在任何合理的意义上都不是有限的。首先,资源需求上升会导致短时间内供应紧张,价格上涨。价格上涨一方面会使需求下降,另一方面会促使企业投资开发效率更高的开采技术,寻找替代资源,从而使资源困境得到缓解。其次,终极资源就是不断增加的人口。一个人一生创造的总是比他消耗的更多,只要人口继续增长,人类的资源前景就一定会越来越好。

西蒙表示,地球有限进而资源也是有限的假设存在很多的局限性。人类无法知道自然资源的数量以及它最终能提供的服务量,无法确定相关资源体系的界限在哪里。人类为寻求资源而走得越来越远,然后去其他大陆,之后开始探测海洋。海洋蕴藏的金属矿藏和其他资源的量超过我们所知的陆地上的任何资源的储藏量,而且人类已开始探测月球。如果常规能源价格涨到足够高,石油、煤炭和天然气等不可再生的化石能源可以由太阳能和核能及非常规资源等提供的能源服务来替代。他甚至指出,"地球上的化石燃料甚至核燃料有限,因而能源供应有限这一概念纯属无稽之谈"。

《石油经济导论》一书的作者鲍勃·蒂皮也认为,由于开采和自然再生速度差距极为悬殊,石油确实是一种耗竭性资源和不可再生的供给。现在我们正消耗它,然而我们永远不会耗尽石油。由于自然和经济原因,我们永远不会将最后一滴石油开采出来。经济学并不允许物质以人们凭直觉想象的以 X 除以 Y 的方式消耗完。人类始终无法确定石油资源的确切数量,最好的方式是经济地制定供应量,用年度消耗量来计算资源耗尽所需的时间是毫无意义的。对于石油来说,耗竭点存在于人类想象的极限之外。最终的供给应该是人类想象力与知识的函数,不是一个可测量的物理量。我们既不能准确预见供给的外部边界,也不能充分利用已知的地下资源。

在现有的石油储量中,有相当一部分资源靠常规技术方法是无法采收的,如果价格升高到足以让人类提高采收率技术,那么就能够采收其中一部分石油。仅在美国,采用常规方法无法采收的石油总量就达 3000 亿桶,是美国现有剩余探明石油储量的十多倍。近年来,美国的页岩气和致密油的成功开发进一步证明了,随着技术的进步和能源价格的上涨,很多非常规资源会转化成可开采的常规能源资源。"从非常现实的意义上看,人类只是刚刚开始从最初的常规石油资源中获得初始的且最廉价的那部分。石油以某一确定数量存在,但与有效率地开发和利用石油的想法相比,它并不稀缺,在世界耗尽石油之前人们会有好的办法。""科学在加速发展,更多人类可利用的资源被发现,有限空间就可以养活更多的人口。"

美国华盛顿大学圣路易斯分校经济学教授罗塞尔·罗伯茨认为,只要价格上升过高,人们就不会再非用石油不可,而会改用其他替代品,剩下的石油则因开发成本太高,无人开发,自然永远不会用完。欧佩克(OPEC)创始人艾哈迈德·扎基·亚马尼多次指出,"石器时代的终结并非源于缺少石头,同样石油时代也不会因为石油枯竭而消亡,想法、创新性和科技使得我们不会因用尽石油而使石油时代终结"。石油时代的终结也可能发生在石油采光之前,如果油价持续居高不下,人们就会减少石油消费,加快寻找替代能源,石油时代的结束也就不远了。

美国经济学家兰兹伯格则进一步指出,拥挤是人口增长带来的一种溢出成本,"地球能承载多少人口"这类问题完全是错的,因为地球并不能做出决策。我们没有必要去担心地球能承载多少人口,而是应该去想想如果每个人都得到和你一样多的财富,地球上的财富可以供多少人分享,也可以因此来相应调整家庭的人口规模。"也有人会问,如果石油和其他非可再生资源用尽后,我们该怎么办? 这又是一个错误的问题,因为这个问题的潜台词就是,我们的能源消耗会给邻居带来成本,而非给自己带来成本。"

中石化研究员张抗强调,人类文明发展史上曾经历过不同的能源"时代","柴薪时代"之后依次是"煤炭时代""石油时代",但每个时代的兴起绝不意味着前一主力资源的枯竭,而是因为后一时代产生了更高效、更方便、更能促进社会发展的一种或几种新能源。"石油时代"之后的"后石油时代"也不会是因为石油枯竭而到来,它应该是因地、因时地发展各种基础能源和新能源等多种清洁、高效能源并存的时代。

第三节　资源储量潜力巨大

无论是从种类还是地理位置来看,全球矿产资源的分布都不均衡。美国地质调查局估计,地球上有大量钾盐——可供人类使用610年,能确保未来多个世纪的化肥生产所需。此外,已知铁矿石储量可供人类使用590年。地球上拥有可供人类使用约136年的铜资源。而南美洲拥有的铜矿资源占全球剩余铜储量的一半左右。地质学家、必和必拓(BHP)有色金属业务首席执行官安德鲁·麦肯齐称,"我们认为地球上的矿产资源可供人类再使用一万年以上。当然,人类文明会发生变化,会使用不同的矿物,但一万多年是相当长的一段时间"。

化学元素无处不在,地壳的厚度在4.8～48公里之间,多数地块已开采的范围只是最上面的0.8公里。按照化学家的说法,如果有人有兴趣在海洋中采矿,那么他们可以开采出1000万吨黄金,价值超过500万亿美元。加拿大安大略省采矿公司 HTX 的首席执行官斯科特·麦克莱恩(Scott McLean)称,"地球的矿产资源取之不尽,还能供人类使用几千年"。科罗拉多矿业大学经济学家J·E·蒂尔顿估计,"在不考虑采矿成本的前提下,以现在的消耗速度计算,在地壳中发现的铜和铁可以分别满足 1.2 亿年和 25 亿年的需求"。

就油气资源而言,世界并未如 20 世纪的许多预测那样进入短缺时代,油气剩余探明储量持续增加,新发现的储量远超过产出的油气。在 1971—1996 年间,世界石油总产量为 806.4 亿吨,但新增储量达到 1610 亿吨。全球剩余石油探明储量由 1971 年的 729.4 亿吨升至 2012 年的 2358 亿吨,储采比由 28.3 年提高到 52.9 年。1980 年以来,世界剩余探明石油储量增长了一倍多,仅 1992—2012 年,储量就增加了近 6300 亿桶。世界天然气剩余探明储量由 1983 年的 92.68 万亿立方米增至 2013 年的 185.7 万亿立方米。近 30 年来,每年新增天然气储量平均为 4 万亿~5 万亿立方米(大于产量水平),天然气储采比一直保持在 60 年左右。世界天然气处在储量、产量和储采比同增的时期,预计在中期内,天然气剩余探明可采储量仍将保持增长态势。

世界尚有大量有待发现的常规油气资源。目前,全球常规油气资源的探明程度分别为 80% 和 60%,全球已开采油田一次采油的平均采收率仅为 15% 左右,二次采油的平均采收率仅为 30% 左右,还有 70%~85% 的剩余石油没有采出。100 年前仅 1/10 被视为"可探明的",但技术革新应该使我们能以经济可行的方式勘探到 35% 的储量,即增加 2.5 万亿桶。中东、东欧和非洲的石油储量占全球的 3/4,勘探钻井数量却只有全球的 1/7,石油勘探活动仍然过度集中于北美地区。20 世纪 60 年代前,人们普遍认为世界常规石油可采资源量为 500 亿吨。2000 年,第 16 届世界石油大会估计世界石油可采资源量为 4582 亿吨。

美国剑桥能源研究会主席丹尼尔·耶金指出,世界石油明显没有走向枯竭,数字油田技术将使世界石油储量增加 1250 亿桶,比伊拉克全部探明的储量还要多。自 19 世纪石油工业诞生以来,全球已采出 1 万亿桶石油。根据当前的分析,世界至少拥有 5 万亿桶石油资源量,其中 1.4 万亿桶石油储量可以充分开发。总液体产量从 1946 年的每日不到 1000 万桶增至 2011 年的每日 8850 万桶。按照当前的计划,总产能(大于总产量)应该会从 2010 年的每日 9200 万桶增至 2030 年的每日 1.14 亿桶。

据国际能源署估计,全球常规天然气可采资源总量为471万亿立方米,已累计采出66万亿立方米,目前剩余405万亿立方米。1987—2008年,天然气资源量增长87%。随着时间的推移,天然气资源量仍将呈"增长"趋势。总体看,全球天然气的勘探开发程度仍然很低,按照目前天然气资源量计算,仅为15%左右,巨大的资源量有待开发。随着技术的进步和探明程度的提高,天然气资源量将逐渐转化为可采储量。因此,天然气资源量在较长时间内可以保证天然气的稳定供给。

世界非常规油气资源也非常丰富。按照油气有机生成学说,生烃岩层中所产生的油气被排出、迁移,富集于有较高孔隙性、渗透性岩层空间内,就会形成常规油气藏。而没有被排出生烃岩层中的油气,则属于非常规油气,其中保留于煤层中的气体为煤层气,保留于泥、页岩中的气体为页岩气。此外,致密油、油页岩、油砂等油气资源也被列入非常规油气资源的范围。据估算,如稠油、沥青、焦油砂和油页岩、煤层气、致密砂岩天然气、深盆气、天然气水合物等非常规油气,估算总资源量多达40万亿桶(54570亿吨),是常规油气资源量的10倍多。据国际能源署统计,世界非常规天然气资源量为922万亿立方米,其中致密砂岩气为210万亿立方米,煤层气为256万亿立方米,页岩气为456万亿立方米。

目前,除加拿大的阿尔伯塔超重油砂和委内瑞拉的奥里诺科重油及美国等地的页岩气、煤层气和致密砂岩气外,多数非常规油气资源因技术和经济原因尚未开发。全球重油、油砂和油页岩的储量大大超过了全球常规石油储量。如果油价能够维持在至少每桶80美元(2007年美元计算),剩余的全球常规和非常规石油储量为迄今为止所有已生产出来石油的4.5倍。在21世纪后半叶,非常规天然气将成为天然气供应的重要来源。在过去的20年里,美国非常规天然气产量以平均每年8%的速度增长,从1990年的907亿立方米增至2009年的3089亿立方米。从全球来看,2007—2030年,世界非常规天然气产量将从3670亿立方米提高到6290亿立方米,届时将占天然气供应总量的15%。

2013年,英国石油公司发布的《2030年世界能源展望》预测,到2030年,非常规油气产量的强劲增长将对全球能源格局产生重大影响,从而改变对主要经济体的预期,并将对贸易收支平衡产生重大影响。届时,美国国内能源需求的

99%都将由其自身提供。这份报告还预测,到2020年,全球石油产量的净增长将全部来自致密油、油砂以及生物燃料这些非常规能源的供应,在2020—2030年的占比将超过70%。到2030年,页岩气和致密油将占全球能源供应增量的20%。丹尼尔·耶金认为,到2030年,非常规石油资源将占到石油总产能的1/3,而且随着技术的进步,到那时大多数非常规石油将被统称为"常规石油"。

与石油和天然气相比,世界煤炭储量数量更巨大,分布更广泛。据2014年英国石油公司对世界能源做的统计,世界煤炭剩余可采储量由1978年的6364亿吨增长到2013年年底的8915亿吨。近年来,煤炭储采比有所下降,由20世纪90年代前后的200年左右降至2010年的118年。导致这一现象的主要原因是新兴市场国家近年来消费的大幅度增长和全球煤炭勘探活动的相对停滞。出于环保和效率等考虑,世界上许多国家逐渐减少煤炭消费,甚至放弃煤炭勘探与生产,导致煤炭探明储量多年来没有多大变化。除剩余储量外,煤炭待发现的资源量也远多于油气资源待发现的资源量。

各种替代能源资源潜力巨大,基本可以分为以下几类:一是储量相对有限,但可以再生,而且已形成一定规模的能源或资源,例如风能、水电、地热和生物能等。二是储量巨大,但技术难度大,目前尚未规模开发的,例如氢能、核聚变以及可燃冰等,这些资源的合理利用将使人类获得足够的燃料。氢占大气质量的75%,水、矿物燃料和所有生物体中都含有氢,而且燃烧时不会排放二氧化碳。世界各大洋中可燃冰资源总量换算成甲烷气体约为1.8兆~2.1兆立方米,约相当于已知化石能源储量的2倍;核裂变所需的铀相对有限,但核聚变如果能够解决技术问题和成本等难题,将基本不存在资源制约问题。三是资源量相对无限,但技术、成本和效率等需要极大提高的能源,例如太阳能。太阳将比地球存在更久的时间,宇宙中其他恒星也可以发挥和太阳同样的作用,因此太阳能的资源量是相对无限的,制约在于技术、成本和规模化应用,特别是能量储存和转化技术的突破。四是其他可能的和未知的能源,例如无机成油、太空能源资源等。

金属或矿物储量多数比化石能源丰富。人们似乎可以预测石油、天然气、煤和铀等这些能源原料的储量还可以供人类使用多长时间,而金属或矿物的情况则似乎不可预测,如今世界上还有许多金属矿藏没有查明。与石油不同,地球上铁、镍、银和铜的资源非常丰富,资源潜力几乎不可估量,还远远不能描绘出"哈伯特曲线"。美国的铁和铅同样或多或少地呈现出钟形曲线,但并没有耗尽。2007年,美国生产了5200万吨铁和12万吨铅(提炼过的),而美国这两种金属的基础储量分别为150亿吨和1900亿吨。2007年,美国铁矿石资源量估计为1100亿吨,全球为8000亿吨,按照历史最高产量数据计算,美国资源可采900年,全球为400年。全球铅资源估计量为15亿吨,按现有全球产量,够开采400年以上。

1970年,哈里森·布朗称,"全球将在2001年消耗完铜储量,铅、锡、锌、金、银和铂等金属也将在20世纪80年代后期被消耗殆尽"。实际上,世界上的铜和其他金属并没有枯竭,铜的储量远多于他当初的估计值。1950—2006年,全球铜产量累计超过4亿吨,几乎是1950年美国地质调查所估计的全球储量的4.5倍。2008年,美国地质调查所估计全球仍有5.5亿吨的铜储量,该数值是1950年估计值的6倍。

此外,地球表面最大的黄金贮藏地是海洋,储量约为100亿吨。目前几乎没有可行的办法来提取海底黄金,而海底黄金与太空黄金的储量相比简直是九牛一毛。然而,目前我们没有办法获得那些黄金。

第四节　需求并非无止境

作为世界主导能源,木材被煤炭取代,煤炭被石油取代,这不是因为资源枯竭,而是需求不足。有分析指出,未来世界资源产业的长远发展也许将更多地受制于需求不足,而不是储量的枯竭。就油气而言,资源量、探明储量和生产量正随着世界经济的发展和消费需求的增长而增长。人类对石油的开发利用不会陷入需求旺盛而供应枯竭的尴尬境地,相反,在成本和环境等因素的综合作用下,在石油储量远未耗竭之前,需求就有可能得到抑制而逐步萎缩。例如,近几十年来,有许多可以开采的煤炭资源已因需求不足而被放弃。到21世纪中叶,石油也可能会因需求的萎缩而使地下的某些石油资源无人开发或推迟开发。消费者在某个特定价格对石油的需求决定石油的生产,大多数情况下,对某种商品的需求而不是资源的枯竭导致产量不断下降。

人口增长并非是无限的。人口无限增长进而资源需求无限增长是资源枯竭论一个关键性的理论假设，而许多对人口无限增长的恐慌又多源于线性预测。在马尔萨斯生活的年代，世界人口约 9.8 亿，每 25 年人口翻一番，因此马尔萨斯认为，人口按几何级数增长将导致战争和疾病。20 世纪七八十年代，人口处于 S 形曲线的陡增时期。不断有人谈论"世界人口爆炸"，警告越来越多的世界人口将不可避免地引发世界性饥荒和资源短缺。托马斯·霍默－迪克森在批评西蒙等资源乐观主义者时强调，未来将发生以前没有过的稀缺资源并发症，而人口的规模和增长是其关键变量。

事实上，马尔萨斯、埃利希等人预见的人口大灾难并没有发生，人口的增长同许多事物的发展变化一样是波动起伏、有峰有谷的，而非线性增长。随着世界人口出生率和增长率的下降，近年来国际社会对世界人口老龄化和未来人口减少的担心反而越来越突出。2006 年，联合国预计，到 2025 年，世界平均生育率会降至死亡率以下。2007 年 7 月，英国《经济学人》刊文指出，在越来越多的国家，妇女生育的儿童数量开始不足以维持人口稳定，已经有 4/9 的人生活在生育率低于死亡率的国家，世界人口依然在增长，但最近似乎已临近拐点。联合国人口司司长兹洛特尼克认为，整体上全球人口正向非激增方向发展，到 2030 年，世界将达到更替生育率。人口学家估算，50 年后，全球人口将达到 100 亿左右的峰值。

理查德·沃特森在《未来 50 年大趋势》一书中指出，全球人口在 2050 年左右将开始减少。2010 年 11 月，菲利普·朗曼在《外交政策》上撰文指出，地球上人口太多不再是人口学家的心病，现在让人担心的是人太少。随着出生率的持续下降，人类面对的现状将是人口数量的下降速度将与其曾经的增长速度一样快，甚至更快。俄罗斯人口已经比 1991 年减少了 700 万。《日本时报》2011 年 11 月 2 日刊登的德意志银行全球战略家桑吉夫·桑亚尔题为《人口增长停止》的文章指出，未来世界面临的问题不是人口过多而是过少，世界人口很有可能在 21 世纪 50 年代达到 90 亿的顶点，比普遍的预测提前半个世纪，随后会大幅度下降。英国《自然》杂志刊登的一篇研究文章称，从全球范围看，人口在 2070 年出现下降的可能性是 50%。据联合国预测，到 2150 年，全球人口可能只有目前的一半。

　　需求也有峰值。一般而言,资源枯竭论或悲观主义者都倾向于高估消费,但就长期而言,需求总是对价格做出反应而起伏变化的。2010 年 3 月,克里斯托弗·约翰逊撰文认为,全球石油需求峰值或许即将到来。他指出,当前世界经济正处在快速增长当中,然而石油需求量的增长却没有跟上经济增长的速度。事实上,石油需求在西方发达国家已经出现了峰值,而这种现象目前有向发展中国家蔓延的趋势。过去 10 年,石油需求强度(用石油需求增长除以经济增长)以每年 2% 的速度下降,而且有加快的趋势。能源效率的提升、环保问题和可替代能源的不断开发都在逐渐削减世界对于石油的需求。根据加拿大分析师沃尔什的计算,全球人均石油消费的高点出现在 1973 年,从那时起,人均石油消费缓慢但稳定下降。其中,2010 年 3 月,美国人均石油及其衍生品的消费量是日均 2.28 加仑,与 10 年前相比,下降超过 10%。

　　西方发达国家正向后工业社会迈进,能源需求接近峰值、增速放缓,部分国家的能源需求近年来甚至出现总量下降趋势。美国能源特别是石油的消费明显下降。2000—2010 年,北美、欧洲和独联体的一次性能源消费总量年均增长0.2%,远低于世界平均的 2.67% 和亚太的 6.34%。据英国石油公司预测,2011—2030 年,世界能源消费平均增速为 1.6%,发达国家的能源消费几乎停止增长(年增 0.2%)。美国碳排放量在 2012 年降至 1994 年以来的最低点,与2007 年、2005 年相比,分别减少了 13% 和 10.7%。据国际能源署统计,全球2012 年能源相关的二氧化碳排放比 2010 年增长 1.4%,其中经济合作与发展组织国家减少了 1.2%。国际能源署预计,2020 年,世界石油消费量为每日 9700万桶,远远低于其在 20 世纪 90 年代预测的每日 11200 万桶。

　　但一些石油需求分析员认为,未来 15 年内将出现石油消耗量停止增长的情况。国际能源署石油需求分析员爱德华多表示,石油需求强度下降的趋势在未来还会不断加快,"一个石油需求市场的结构性变化逐步显现"。国际能源署石油工业市场部负责人戴维称,一些发展中国家的价格控制和补贴或许能够在短期内推动石油需求的增长,但是长期来看,这种下降仍是不可避免的。"在考虑经济发展、燃料来源多样化以及可替代能源等多种因素后,石油需求强度在未来五六年恐怕还有每年 2.5% 左右的降低。"

日本能源经济研究所预计,全球 GDP(国内生产总值)年均增长率将从1980—2007 年的 3% 降至 2008—2035 年的 2.8%。全球一次能源消费年均增长率将从 1980—2007 年的 2% 降至 2008—2035 年的 1.5%,亚洲地区从 1980—2007 年的 4.6% 降至 2008—2035 年的 2.5%。日本国内石油产品需求于 2003 年达到顶峰后开始进入持续下降阶段,预计 2030 年将进一步降至 1.8 亿吨。

2013 年 8 月,《经济学人》刊文指出,世界对石油的饥渴将接近峰值。在发达国家,石油需求已经达到峰值,2005 年起开始下降。文章认为,即便考虑到中国和印度的需求,两大技术革命也将削弱世界对石油的需求:一是由压裂技术引领的页岩气革命,将推动天然气对石油的替代进程;二是汽车技术变革,燃油效率的提高以及混合动力、电动汽车和天然气汽车等的推广,不可避免地会影响对石油的需求。花旗银行指出,如果汽车和卡车的燃油效率每年平均提高2.5%,将足以抑制石油需求,并大胆预测每日 9200 万桶的石油消费峰值将会在未来几年内到来。2013 年 12 月,爱德华·L·莫斯在《石油》杂志上刊文指出,能效的增加将使 2020 年的石油需求每日减少 380 万桶,天然气在 2025 年有望取代至少每日 320 万桶的汽油和柴油消费,石油需求峰值最早将在 2020—2025 年出现。

资源替代前景广阔。资源利用的一个关键问题是,我们需要的是金属和化石燃料提供的服务,而不是这些金属和燃料本身。例如,过去人们使用电话线导致对铜的需求不断增加,光纤或手机实现了通信需求,铜的需求显著降低,人们需要的是通信服务,并不是铜。资源替代几乎涉及所有矿产种类,在能源方面主要表现为高效能源替代低效能源,比如石油替代煤炭,可再生能源替代不可再生能源;在非能源方面表现为新材料的不断涌现,非金属、金属与非金属复合材料替代金属矿产。

人类现在利用的很多资源都在不同程度上存在着替代品,在技术、价格、生活方式等发生变化后,人类对某种资源需求的趋势也发生了改变。20 世纪初,世界范围内对使用马车作为交通工具的需求终止了,仅仅 10 年左右的时间,汽车广泛应用。整个世界快速地从 19 世纪 50 年代使用鲸油作为燃料,转变到 19世纪 60 年代采用煤油。互联网的应用已大大改变了人们的沟通和交往方式,通过减少商务旅行、改变信息和物流传递方式,改变和减少了对某种资源的需求。20世纪70年代全球水银产量一度出现峰值,价格高涨。但人们认识到水银进入食物链会严重破坏人类的免疫、酶、基因和神经系统后,水银被锌、镍镉、陶瓷和有机化合物替代,全球水银生产及价格迅速下降,1993年后,水银完全停产。

经济成本是推动资源替代的重要动力。在原料紧缺、价格上涨的情况下,消费者和企业会采取其他办法来应对。部分人会选择燃烧木头取暖减少油气消费,波音787飞机的机身不再使用铝材,而是采用很轻的石墨化纤化合材料和纤维玻璃。在能源领域,如果天然气价格降低,就会导致天然气发电增加、燃煤发电减少。2009年,页岩气的开发导致美国天然气价格下降,从而使美国煤炭发电量下降11%,天然气发电量增长近5%。欧洲天然气发电的比例占到8%~10%。如果石油或天然气价格上涨,就会在一定程度上导致煤炭替代油气的情况的发生。

与此同时,资源的循环利用比重显著上升。在发达国家,有色金属再生已成为独立的工业体系,发展中国家也日益重视资源的循环利用。目前回收矿种主要集中于铜、铁、铝等大宗常用金属。2000年,全球再生钢消费量与原生钢数量之比达48.3%,再生铝与原生铝之比达32.9%。在铁、钢、铜、铝和锌等金属的生产方面已形成正常的循环经济。在德国,如今从次生原料和废钢中获取的钢材已经占到钢材产量的一半。平均每辆汽车含有500多千克钢,从中可以回收近一半,回收废钢的成本低于用矿石生产钢的成本。黄金的价格在历史上一直居高不下,因此人类一直反复使用黄金,在所发现的黄金中,高达85%至今还在使用。

第五节　资源短缺的实质及应对措施

从长远来看,人类会有充足的能源和资源支持消费需求,资源不会真正枯竭,相对短缺的是高效、洁净、廉价的资源。可再生能源环保且资源充足,但目前在成本和效率上竞争力较弱。氢随处可见,但在自然界中很少独立存在。世界范围内的油砂、重油、油页岩等非常规油气资源十分丰富,但在目前技术条件下,利用它们将带来更严重的环境污染。总体而言,未来能源和资源供应更多地受制于技术、成本、环保等因素,而不是资源量。人类社会面临的资源短缺问题,或表现为有效需求不足造成的经济性短缺,或表现为政治性短缺,比较多的情况表现为局部性和临时性的市场短缺,而非资源性短缺或枯竭。不同类型的短缺,成因不同,需采取的对策也截然不同。

一是经济性短缺。目前世界上一些国家或人群面临的资源短缺主要是经济性的短缺,表现为有效需求不足。有效需求指的是不仅要有购买的欲望,而且要有购买的能力。因购买力不足而出现的经济性短缺突出表现在粮食和水资源领域,在能源方面主要表现为部分国家和群体的能源贫困问题。世界上有近 8 亿人缺粮或少粮,并不是说世界上没有足够的粮食,而是这 8 亿人没有足够的购买力。当今世界上受饥荒威胁最大的国家,比如安哥拉、索马里、埃塞俄比亚、莫桑比克和阿富汗等都是人均收入最低的国家。联合国粮食及农业组织评估报告表明,全世界有 34 个国家始终存在粮食紧急状况,其中 26 个是非洲国家。水资源短缺也主要出现在财力不足的发展中国家。国际水资源管理研究所的一份报告称,在全球缺水地区中,有 10 亿人面临的是"经济性缺水"。非洲是世界上缺水最严重的地区:在全球没有安全饮水比例最高的 25 个国家中,有 19 个是非洲国家。经济不发达和贫困是经济性短缺的根源,发展经济、消除贫困是解决经济性短缺的关键。

二是政策性或体制性短缺。有一些国家的资源短缺是由国内政治因素,特别是体制僵化和政策失误导致的。针对这类短缺,解决办法主要是提高政府治理和管理水平,完善市场机制。21 世纪的许多大饥荒并不是气候或天气等自然灾害导致的,根本上是由"失败的政府"造成的。1984—1985 年,埃塞俄比亚粮食歉收,虽然收到了西方国家捐赠的粮食,但是军政府用掉了大量的粮食以养活军队。在军政府最终被罢黜前,上百万人可能已饿死。在现代社会中,政治稳定且坚持市场经济的国家是不太可能发生饥荒的。1996 年,联合国粮食及农业组织将 14 个撒哈拉以南的非洲国家列为面临粮食紧急状态的国家,其中有 10 个国家是因为内乱导致的。

三是相对性或区域性短缺。人们经常谈到世界性能源或资源危机,实际上资源短缺或危机多为区域性或相对性短缺,真正全球性短缺或危机并不常见。

即便是国际社会公认的两次石油危机，也与人们的想象相去甚远：一是当时的供应中断更多是政治性的，针对的是部分国家；二是即便在美国和日本等受制裁最重的国家，实际的石油供应短缺并不严重，美国加油站长龙和日本"手纸危机"主要是由恐慌、囤积及价格管制等导致的"人造危机"。

石油禁运并未造成美国燃油的短缺，因为那时原油实际上并不短缺。美国能源信息署的数据显示，美国 1973 年的进口原油比 1972 年多 3.7 亿桶，1974年进口量再攀高峰，比 1973 年的进口量多 8500 万桶。1973 年禁运的真相是，机动燃油的短缺和天然气的长途航线运输是政府对能源市场干预过多造成的。现在全球粮食供应总量充足而局部短缺，问题主要在于粮食分配方式和部分国家购买力低下。同样，在水资源问题上，尽管人们经常谈到世界性水资源危机，但从绝对数量看有足够的水满足需求，多数情况下，水资源短缺是一个区域性的分配问题和管理问题，需要采取政治上的解决办法。在国际层面，进一步加强对话与合作，在国内加强水资源的分配与管理。

四是国际争端或地区冲突等导致的供应中断或短缺，例如两次石油危机、俄罗斯与乌克兰的天然气价格争端。历史上，因地区争端或冲突导致的资源供应短缺时有发生，资源国利用资源作为武器打击消费国也并不罕见。但总体上，随着全球一体化的发展，资源国与消费国的相互依赖程度日益加深，出口国主动中断供应的情形在减少，使用资源武器的频率也在降低。对于许多资源国而言，资源出口收入是其主要经济支柱，其对资源的依赖程度和对资源安全的关注并不亚于某些消费国。针对这种短缺，对内应提高市场竞争力和综合保障能力，完善应急反应机制，例如建立战略石油储备体系；对外应加强国际对话与合作，促进双边争端或地区争端的和平解决。

在使用能源武器方面，人们经常提及前些年频繁发生的俄罗斯与乌克兰的天然气争端，指责俄罗斯利用能源出口换取政治利益。实际上，在欧俄能源关系中，俄罗斯在油气出口收入方面对欧洲的依赖大于欧洲在油气进口方面对俄罗斯的依赖。在几次俄乌天然气争端和 2014 年乌克兰危机引发的能源争端中，不可否认俄罗斯方面有政治考虑，但实质是价格争端，俄罗斯针对的主要是乌克兰而非欧洲。俄乌能源争端既有俄乌互打政治牌的一面，也有俄罗斯日益注重经济和市场因素，越来越强调与国际社会接轨的一面。

　　五是需求主导型的市场短缺,主要表现为价格上涨。自 21 世纪初以来的资源价格高位震荡,从本质上讲是世界经济强劲增长带动的需求主导型价格上涨,不同于两次石油危机时主要由供应中断造成的油价上涨,更不是资源耗尽所致。从全球角度看,随着国际能源、资源市场化和一体化程度的加深,资源价格与经济增长之间已不像昔日那样单纯地显现为负相关性。资源价格上涨主要是世界经济强劲增长带动的,如果世界经济增长因高价而减速或衰退,那么与世界经济增长密切相关的资源需求和价格也会回落。如果世界经济有足够的上升势头,它们就能抵消高油价造成的影响。

　　总体上,人类并不会因为一种资源的枯竭而停止前进,一定会通过科学研究寻找出新的替代品,以替代原有的人类资源。科学在加速发展,更多的可利用资源被发现,在有限的空间就可以养活更多的人口。全球性资源枯竭的可能性极小,但能做的有限,明智的选择是避免不必要的恐慌,针对不同类型的资源短缺采取适合国情的对策,大力发展经济,注重需求侧管理,加快替代能源研发和市场化改革。就一个国家而言,自然资源稀缺从根本上说不是一个大问题,没有稀缺性就没有经济学,也就没有危机压力下巨大的创造力。日本、新加坡等资源稀缺国的经济成功和部分资源富国陷入"资源诅咒"的事实表明,自然资源的多寡与经济发达与否并无必然联系,社会资源才是经济成功最重要的战略资源。

　　从全球范围而言,资源供应短缺不是资源总量的枯竭或不足,而是在一定时期内特定的高效、清洁、经济资源相对或局部供应不足,其主要或根本原因则是政府干预或管制导致的市场失灵。如果市场能自由顺畅运转,世界将不必害怕短缺,最怕的是无效率和恐慌导致的不理智行为。当前应尽量避免石油将消失殆尽或资源即将枯竭这一类观点引发恐慌,导致资源战争和资源争夺之类的鼓噪与幻觉,或造成国内政策的失误与资源配置的不当。

第二章 核能的应用技术

核能为人类的发展指明了方向,其以经济、清洁、高效、安全向人类展示出广大的发展前景,相信在不久的将来,我们的电能将彻底告别传统化石能源的控制,真正做到绿色、持久、低价。

人类的进步离不开能源,蒸汽机的发明引起了18世纪的工业革命,使人类进入了蒸汽时代,蒸汽机的主要能源物质是煤炭。19世纪60年代活塞式内燃机问世,直到今天,人类的主要生产运作还是靠内燃机,可以说是内燃机使人类步入了现代社会,内燃机的主要能源物质是石油。不管是蒸汽机还是内燃机,所使用的能源物质都是化石燃料,属于不可再生资源。1973年、1979年我们人类经历了两次能源危机,其中有政治因素也有经济因素,通过这两次能源危机,让我们看清楚人类的发展史是能源的消耗史,一旦现在依赖的常规能源耗尽,我们的正常生活将陷入万劫不复的深渊。日常生活困扰还不是最可怕的,因为能源危机人类可能爆发战争,现在国际上的战事多少都牵扯到能源。

新能源开发是我们走出困境的必经之路,目前进行试探性利用的新能源主要是太阳能、地热能、风能、海洋能、生物质能和核聚变能等。现阶段,国际上发展较快的是运用核能发电。在法国,核能发电量占整个国民用电量的78%,是世界上核能发电量比重最大的国家。我国的核能发电量仅占2%,出于国家经济的发展需要,我国正在大力发展核电事业。

第一节 人类对核能的认识

让世界知道核的应该是1945年8月6日和9日美军分别向日本长崎和广岛投下的两颗代号分别为Boy和Fat的两颗原子弹(如图2-1所示)。据日本官方统计,这两次核爆炸直接炸死3万多人,此后15年,因为辐射以及放射粉尘而死亡的人数有 19 万。核能是以这样极其不光彩的"开场白"登上人类历史舞台的,这也就导致人类对核能利用的恐惧,冷战时期美、苏两个超级大国的核军备竞赛,更加剧了人类对核能的恐惧。但凡事都有两面性,核能能摧毁人类也能造福人类,正如滕建群上校所说,核能开发与利用像其他技术一样,一经发现,它即经历了分裂:一是为军事所吸纳,二是用于发电、医疗等领域,成为造福人类的重要能源。

图 2 - 1　核能给人类的第一张名片 Boy 和 Fat

图 2 - 2　两颗原子弹爆炸时令人毛骨悚然的美丽

图 2 - 3　城市被核子武器攻击后的惨状

　　人类对核能的恐惧除以上原因外,还有对各种射线辐射的忧虑。因为射线无色无味、看不见摸不着,我们人类可能天生对某些不能感知的事物心存畏惧,但辐射并不是因为人类发明了原子弹而产生的。

　　我们常见的有 α 射线、β 射线和 γ 射线三种。α 射线是氦原子核流,β 射线是电子流,γ 射线是波长短于 0.2 埃的电磁波,其中 α 射线的电离能力最强,β 射线次之,电离能力最差的是 γ 射线,三种射线的穿透能力和上边的顺序相反。

　　在现实生活中,辐射离我们并不遥远,我们无时无刻不在接受着放射性照射,为什么这样说呢? 因为阳光就是太阳上氢原子核发生核聚变反应所放出的一种能量形式。还有我们平时体检时所进行的某些检测,如拍 X 光,做脑 CT 检查等,都与辐射有关。

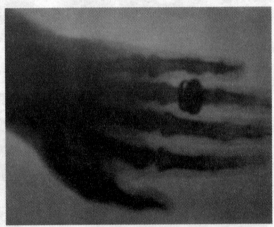

图 2-4　1895 年,伦琴在维尔茨堡大学发现了 X 射线,右图是人类历史上第一张 X 光照片

　　我们日常生活中接受的照射剂量如表 2-1:

表 2-1　日常生活中接受的照射剂量

我国某些高本底地区	水、粮食、蔬菜、空气	土壤	北京—欧洲往返一次	肺部透视一次	核电站周围
3.7 毫希/年	0.25 毫希/年	0.15 毫希/年	0.04 毫希	0.02 毫希	0.01 毫希/年

　　通过以上数据,我们可以清晰地看到,在人类利用核能造福人类的同时,只要通过恰当的辐射防护,完全可以抵消其对我们生活所产生的影响。

第二节　核能的原理

我们身边的一切物质都是由原子构成的,核能就是由小小的原子核发生某种变化而释放出来的。较轻的原子核融合成一个新核或重核分裂成其他新核都将释放出能量,我们分别称之为核聚变和核裂变。目前人类能加以控制的是核裂变,我们的核电站都是利用核裂变进行发电的。核能发电利用铀燃料进行核分裂连锁反应所产生的热,将水加热成高温高压水。核反应所放出的热量较燃烧化石燃料所放出的能量要高很多(相差约百万倍)。

表 2 - 2　裂变释放的能量

能量形式	能量,MeV
裂变碎片的动能	168
裂变中子的动能	5
瞬发 γ 能量	7
裂变产物 γ 衰变—缓发 γ 能量	7
裂变产物 β 衰变—缓发 β 能量	8
中微子能量	12
总共	207

注:在核物理计算中,我们经常使用电子伏特(eV)而非焦耳(J)作为能量单位,其换算关系是 $1\ eV = 1.6 \times 5^{-19}\ J$。

核裂变的原理如图 2 - 5 所示,一个中子轰击重核^{235}U,使其分裂成两个较轻的核,并发射出两到三个中子和射线,新产生的中子继续轰击其他^{235}U 核,并继续产生中子,放出能量。

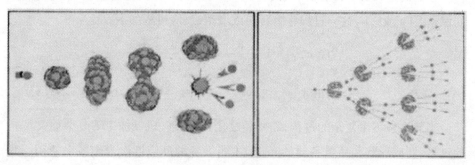

图 2 - 5　核裂变的原理

第三节　核能发电的原理

目前商用的核电站都是通过核裂变工作的,既然是通过核裂变工作,首先需要解决的就是燃料问题,现在的核电站都是通过什么发电呢? 我们前面以^{235}U 为例介绍过核能的原理,那核电站的燃料就是^{235}U 吗?

随着电力需求量的迅速增长和由此引起的能源不足,核能已经成了一种重要的替代能源,目前可以作为反应堆核燃料的易裂变同位素有^{235}U、^{239}Pu 和^{233}U 三种。其中只有^{235}U 是自然界中天然存在的,但天然铀中只含 0.71% 的^{235}U。因此,单纯以^{235}U 作为燃料很快就会使天然铀资源耗尽。

图 2 - 6　两种铀矿石

幸运的是,我们可以把天然铀中 99% 以上的^{238}U 或^{232}Th 转换成人工易裂变同位素^{239}Pu 或^{233}U,这一过程称为转换或增殖,反应过程如下:

$$^{238}U(n,\gamma)^{239}U \xrightarrow[23\ min]{\beta^-} {}^{239}Np \xrightarrow[2.3\ d]{\beta^-} {}^{239}Pu$$

$$^{232}Th(n,\gamma)^{235}Th \xrightarrow[22\ min]{\beta^-} {}^{233}Pa \xrightarrow[27\ d]{\beta^-} {}^{233}U$$

当然这是一个复杂的过程,需要经过化学、物理、机械加工等复杂而又严格的过程,制成形状和品质各异的元件,才能供各种反应堆作为燃料来使用。我国进行核燃料加工和核燃料处理的主要是中核 404 厂,四川广元的 821 厂也从事相关工作,它们是我国核工业的幕后英雄。

如果把核燃料比作石油,核反应堆就相当于发动机的气缸,反应堆是把核能转化为热能的装置。核燃料裂变产生大量热能,用循环水(或其他物质)导出热量使水变成水蒸气,推动汽轮机发电,这就是核能发电的原理。当然,实际发电过程是十分复杂的。

图2-7　核电站的心脏——反应堆

发动机光有气缸是不能正常工作的,必须有装置将能量输出。这点同反应堆一样,反应堆把核能转化为热能,热能并不能直接用来发电,因此我们需要另一个关键设备——蒸汽发生器。蒸汽发生器是反应堆冷却剂系统和二回路系统间的传热设备。它将反应堆冷却剂的热量传给两侧的水,两侧的水蒸发后形成汽水混合物,经汽水分离干燥后的饱和蒸汽成为驱动汽轮机的工质。

图2-8　反应堆的能量输出装置——蒸汽发生器

反应堆冷却剂泵(主泵)是用来输送反应堆冷却剂的,功能类似于发动机水泵,使冷却剂在反应堆、主管道和蒸汽发生器所组成的密闭环路中循环,以便将反应堆产生的热量传递给二回路介质。

如果说以上装置是"发动机",那么核电站中的汽轮发电机组就相当于汽车能量输出的终端——轮子。汽轮发电机组是通过蒸汽推动汽轮机高速转动,带动发电机工作,从而产生电能的装置,这也是我们建核电站的终极目标。

图2-9 核电站的"轮子"

按反应堆冷却剂和中子慢化剂的不同,反应堆可分很多种,目前核电站的反应堆型主要是压水堆、沸水堆、重水堆、改进型气冷堆、压力管式石墨沸水堆、快中子增殖堆。

第四节 发展核能的必要性及前景

21世纪是能源的世纪,我国经济的高速发展离不开能源,但我国作为世界大国并不拥有与国力相当的能源储备。随着经济全球化和政治多元化的发展,能源已经上升到了国家安全层面,伊拉克战争后的国际石油形势已经凸显出中国能源安全潜伏的危机。现代世界谁掌握了能源,谁就拥有优先发展的权力。

随着人类的发展,常规能源迟早有耗尽的一天。有人计算过,按照现在的消耗速度,石油还够我们使用50年,如果我们人类坐以待毙,那么迎来的只有能源危机。风能、太阳能、地热能、潮汐能、生物质能、海水温差等新能源很难在短期内实现大规模的工业生产和应用,只有核能才是一种可以大规模使用的安全、经济的工业能源。20世纪50年代以来,美国、法国、比利时、德国、英国、日本、加拿大等发达国家都建造了大量核电站,核电站发出的电量已占世界总发电量的 16%,其中法国核电站的发电量已占该国总发电量的 78%。

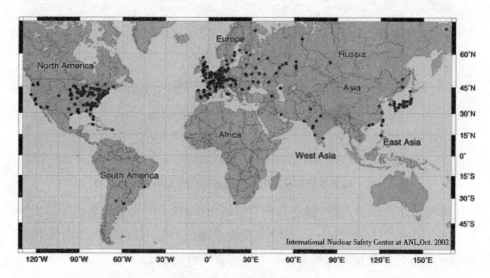

图 2 - 10　世界核电分布图

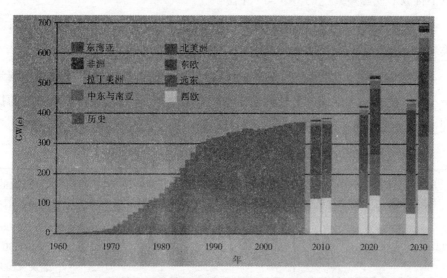

图 2 - 11　全世界核发电能力预测 2020—2030 年(来源:国际原子能机构)

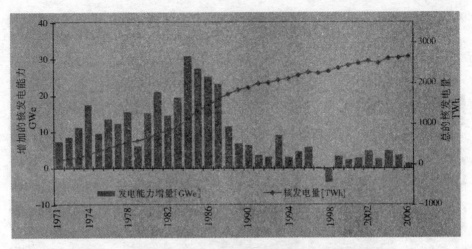

图2－12　核发电能力和发电量的提高（来源：国际原子能机构）

核电是一种经济能源,在一些核电发达国家,核电的发电成本已经低于煤电。早年日本的一项调查显示,如果核能的成本为100,经过换算,水电为163,石油火电为137,液化天然气火电为137,煤炭火电为112。

核能是一种清洁能源,与常规能源相比,核电本身不排放 SO_2、NO_x 和烟尘,也不排放形成温室效应的 CO_2 等气体。

核能是一种高效能源,与煤电厂相比,一座30万千瓦的核电站,每年只需换料14吨,其运输量是同样规模煤电厂的 $1/10^5$。

核能是一种安全能源,只要能确保自身安全运行,核电站对环境的影响是极小的。核电站产生的放射性物质受到严格的监控,运行时严格控制三废的排放量,即使在发生事故的情况下,放射性物质对周围居民也不会有很大影响。

表2－3

居民受到的辐射剂量		氧化硫（SO_2）吨/年	氮氧化物（NO_x）吨/年	烟灰和特殊物质吨/年	采矿面积亩/年	危害健康的相对指数
煤电厂	0.048	46000 ~ 127500	26250 ~ 30000	3500	1210	SO_2:32000 NO_x:4530 烟灰:1100
核电厂	0.018	0	0	0	30 ~ 42	氪氙:1 碘:20

国际经验证明,核电是一种经济、清洁、高效、安全的新能源。

我国核电起步并不晚,但与国际先进水平相比还有一定的差距,目前我国核能发电量占2%,根据国家发改委的规划,2020年,核能发电量将达到4%,详见下表。

表2-4 我国正在运行的核电机组

机组名称	所在地	额定功率	并网时间
秦山核电站	浙江海盐	30万千瓦	1991-02-05
大亚湾核电站1号机组	广东深圳	90万千瓦	1993-08-31
大亚湾核电站2号机组	广东深圳	90万千瓦	1994-02-07
秦山二期1号机组	浙江海盐	60万千瓦	2002-02-01
岭澳核电站1号机组	广东深圳	98.4万千瓦	2002-04-05
岭澳核电站2号机组	广东深圳	98.4万千瓦	2002-13-16
秦山三期1号机组	浙江海盐	72.8万千瓦	2002-11-10
秦山三期2号机组	浙江海盐	72.8万千瓦	2003-06-12
秦山二期2号机组	浙江海盐	60万千瓦	2004-03-11
田湾核电站1号机组	江苏连云港	100万千瓦	2006-05-12

表2-5 在建和即将开工的核电机组

机组名称	所在地	额定功率	预计并网时间
岭东核电站1号机组	广东深圳	100万千瓦	在建中
岭东核电站2号机组	广东深圳	100万千瓦	在建中
秦山二期3号机组	浙江海盐	60万千瓦	在建中
秦山二期4号机组	浙江海盐	60万千瓦	在建中
三门核电站1号机组	浙江三门	100万千瓦	在建中
三门核电站2号机组	浙江三门	100万千瓦	在建中
宁德核电站1号机组	福建宁德	100万千瓦	规划中
宁德核电站2号机组	福建宁德	100万千瓦	规划中
阳江核电站1号机组	广东阳江	100万千瓦	规划中
阳江核电站2号机组	广东阳江	100万千瓦	规划中
海阳核电站1号机组	山东海阳	100万千瓦	规划中
海阳核电站2号机组	山东海阳	100万千瓦	规划中
大连核电站1号机组	辽宁大连	100万千瓦	在建中
大连核电站2号机组	辽宁大连	100万千瓦	在建中

核电发展到现在经历了三代,并已经规划出了第四代核电的技术指标。20世纪50年代,苏联和美国建成了实验性原子电站,国际上把它们称为第一代核电站;20世纪60年代中期,在试验性和原型核电机组基础上,陆续建成电功率在30万千瓦以上的核电机组,目前世界上商业运行的400多座核电机组绝大部分是在这段时期建成的,称为第二代核电机组;第三代核电技术吸取了二代核电运行经验,是充分利用近几十年的科技成果而研发成功的。目前,具有代表性的第三代核电技术有:

表 2-6

AP1000	非能动先进压水堆
EPR	欧洲压水堆
APR1400	韩国先进压水堆
APWR	先进压水堆(日本三菱)
ABWR	先进沸水堆(GE)
ESBWR	经济简化性沸水堆(GE)

我国为了提升自己的核电技术、缓解资源与环境压力,全面引进 AP1000 核电技术,并在我国浙江三门、山东海阳开工建设。

能源是人类永恒的话题,尽管现在的核能技术已经留给人类无限美好的想象空间,但追求完美的人一定还会问,我们的铀矿石消耗完之后,人类的出路在哪?答案还是核能,国际热核实验反应堆已经在法国马赛落户,这是一项可以让人类永远不为能源发愁的研究项目。

我们开始介绍了核能包括核裂变和核聚变,现在人类能加以控制的是核裂变,有一种仅用 1 g 燃料即可获取 8 t 石油能量的方法,这就是核聚变。D-T 核聚变可以释放出大量能量,D-T 大量存在于海水的重水之中,特别是海洋表层 3 米左右的海水里。据测算,每升海水中含有 0.03 g 氘,所以地球上仅在海水中就有 45 万亿吨 D-T。聚变反应堆不产生硫、氮氧化物等污染物质,不释放温室效应气体;D-T 反应的产物没有放射性,中子对堆结构材料的活化也只产生少量较容易处理的短寿命放射性物质。核聚变危险性非常小,绝对不会发生像美国三里岛和苏联切尔诺贝利核电站那样的事故,因为一旦发生故障,由于堆内的温度下降,核聚变反应便会自动停止,不必担心核聚变会失控。因此,核聚变反应堆可以建设在大都市的近郊。

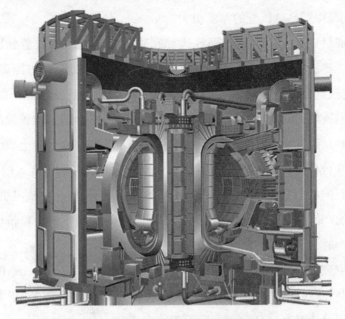

图 2 - 13　聚变装置侧视图和聚变装置效果图

目前,核电占世界总发电量的 16% ,在发达国家占更大的份额,最高达 80% ,即使目前反核的德国其核能也占 20% 的比例。我国核能目前只有不到 2% 的份额,发展余地很大。将核能作为世界一次能源的主要替代能源,战略意义重大。核能是安全、清洁的能源。核电是稳定、可靠的电力,核能是可持续的能源。核能是经济的能源,是大规模减排温室气体唯一现实可行的选择。核能产氢将最终取代运输中的石油燃料,减轻对石油需求的压力,解决运输的温室气体排放问题。

"中国核电的技术水平已经进入了世界第一阵营。"中核集团总经理钱智民在出席 2017 年 12 月 8 日的"中央外宣媒体团走进中国核电企业集中采访活动"时说。

"核能在一个国家不仅仅是能源,还代表一个国家的综合国力。所以'一带一路'的很多沿线国家都希望能够发展核能。"钱智民称,"这样就给我们国家正处于发展上升期的核电提供了一个很好的发展机遇。"

目前看来,"一带一路"沿线国家是中国核电出口的重要阵地。就像钱智民所说的那样,"一带一路"沿线大概有 40 个国家,有的是已经有核电的,有的是没有核电准备发展核电的,尤其是一些目前处在经济发展阶段的发展中国家对能源的需求,特别是对核能的需求很大。

官方资料显示,2015 年,中国在运和在建的核电机组的数量分别为 20 多台,其中,在建核电机组数量位居世界第一。"我国已成为名副其实的核电大国,正在向核电强国迈进。"国防科工局副局长王毅韧在上述活动中说。

根据中核集团的测算,"一带一路"沿线大概有 40 个国家准备发展核电,如果中国能够获得其中 20% 的市场,就相当于拿到了高达 30 台核电机组的市场。

"这 30 台核电机组,对于带动我们国家的产业作用是非常大的。"钱智民说,"按照目前我们在国际上已经出口的核电机组来看,每一台核电机组给我们直接带动的产值在 300 亿人民币左右,相当于 30 万辆汽车的出口价值,另外也可以把国内的一些先进的产能带出去。"

中国第三代核电技术"华龙一号"再获重大进展。2017 年 11 月 16 日,英国核能监管办公室(ONR)和英国环境署(EA)发表联合声明,宣告"华龙一号"在英国的通用设计审查(GDA)第一阶段工作完成。

第三章　太阳能技术

第一节　太阳能

随着世界经济的快速发展,对能源的需求越来越大。目前,世界各国大多以石油、天然气和煤炭等化石燃料作为主要能源,这必将导致能源的日益枯竭与环境污染的日益加剧,能源与环境已成为 21 世纪人类面临的两项重大难题,包括太阳能、风能、水能、生物质能、海洋能、地热能等在内的可再生能源的发展与应用受到广泛关注。

一、太阳及太阳能概述

太阳能是由太阳中的氢经过聚变而产生的一种能源。它分布广泛,可自由利用,取之不尽,用之不竭,是人类最终可以依赖的能源。太阳能以辐射的形式每秒钟向太空发射 3.8×10^{19} MW 能量,其中有二十二亿分之一投射到地球表面。地球一年中接收到的太阳辐射能高达 1.8×10^{18} kW·h,是全球能耗的数万倍,由此可见太阳的能量有多么巨大。利用太阳能的分布式能源系统逐渐受到各国政府的重视。要想合理地利用太阳能,首先要了解太阳的物理特性、太阳辐射的性质以及我国的太阳能资源分布与利用形式等。

1. 太阳的物理特性

人类对太阳的利用已有悠久的历史,中国早在两千多年前的战国时期就已经懂得用金属做成的凹面镜聚集太阳光来点火。那么,太阳的能量是从哪里来的呢?正像一年四季里人们亲身感受到的那样,太阳是一个热烘烘的大火球,每天都在向人们居住的地球放射出大量的光和热。太阳位于地球所在的太阳系的中心。

太阳与地球、月亮最大的区别在于,它是一个发光的巨大的气体恒星,是一个炽热的大气球。天文学家通常把其结构分成"里三层"和"外三层"。太阳内部的"里三层",由中心向外依次是核反应区、辐射区和对流区。核反应区是太阳能产生的基地;辐射区是向外传播太阳能的区域;对流区是太阳能向表层传播的区域。太阳外部有"外三层",也就是我们日常所能看见的太阳大气层,它从里向外分别为光球层、色球层和日冕层。太阳的表面温度约 5770 K,中心温度约 1.56×10^8 K,压力约为两千多亿大气压。由于太阳内部温度极高,压力极大,其内部物质早已离化而呈离子态,不同原子核的相互碰撞引起一系列类似于氢弹爆炸的核子反应是太阳能量的主要来源。

2. 太阳能辐射与吸收

太阳是以光辐射的方式将能量输送到地球表面的,其中一部分光线被反射或散射,一部分光线被吸收,只有大约 70% 的光线通过大气层到达地球表面。太阳光在到达地球平均距离处,垂直于太阳光方向的辐射强度(辐射强度也称辐照强度,是指在单位时间内,垂直投射到地球某一单位面积上的太阳辐射能量,通常用 W/m^2 或 kW/m^2 表示)为一常数 1.367 kW/m^2,此值称为太阳常数(Solar Constant)。到达地球表面的太阳辐照度(辐照度也称辐射通量,是指在单位时间内,投射在地球某一单位面积上太阳辐射能的量值,通常用 $kW \cdot h/m^2$ 表示)与太阳光穿透大气层的厚度有关。通过太阳在任何位置与在天顶时,日照通过大气到达测点路径的比值来描述大气质量 AM(Air Mass)。

大气质量为零的状态(AM0),是指在地球空间外接收太阳光的情况。太阳与天顶轴重合时,路程最短,只通过一个大气层的厚度,太阳光线的实际路程与此最短距离之比称为光学大气质量。光学大气质量为 1 时的辐射也称为大气质量为 1(AM1)的辐射。当太阳光线与地面垂直线呈一个角度 θ 时,大气质量 $= 1/\cos \theta$。

由于地面阳光的强度和光谱成分变化都很大,因此为了对不同地点测得的不同太阳能电池的性能进行有意义的比较,就必须确定一个地面标准,然后参照这个标准进行测量(一般采用 AM1.5 的分布,即总功率密度为 1 kW/m^2,即接近地球表面接收到的功率密度最大值)。太阳光的波长范围为 10 pm ~ 10 km,但绝大多数太阳辐射能的波长为 0.29 μm ~ 3.0 μm 之间。

3. 日地运动

地球以椭圆形的轨道绕太阳运行,椭圆形的轨道称为黄道。在黄道平面内,长轴为 1.52×10^8 km,短轴为 1.47×10^8 km。

①赤黄交角　地球与太阳赤道面大约呈 23.45°(23°26′)夹角方向运行时被太阳俘获,变成绕太阳旋转的行星。地轴(即地球斜轴,又称地球自转轴)与黄道平面的夹角称为赤黄交角。

②角速度　地轴相对太阳的转动速度不一样,对北半球而言,夏天快、冬天慢,对南半球而言,夏天慢、冬天快。

③南北回归线与夏至、冬至日　当北半球为夏至日(6 月 21/22 日)时,南半球恰好为冬至日,太阳直射北纬 23.45°的天顶,因而称北纬 23.45°纬度圈为北回归线。当北半球为冬至日(12 月 21/22 日)时,南半球恰好为夏至日,太阳直射南纬 23.45°的天顶,因而称南纬 23.45°为南回归线。

④春分日与秋分日　春分日(3 月 20/21 日)与秋分日(9 月 22/23 日),太阳恰好直射地球的赤道平面。

4.天球坐标

观察者站在地球表面,仰望星空,平视四周所看到的假想球面,按照相对运动原理,太阳似乎在这个球面上自东向西周而复始地运动。要确定太阳在天球上的位置,最方便的方法是采用天球坐标,常用的天球坐标有赤道坐标系和地平坐标系两种。

(1)赤道坐标系

赤道坐标系是以天赤道 QQ' 为基本圈,以天子午圈的交点 O 为原点的天球坐标系,PP' 分别为北天极和南天极。如图 3 - 1 可见,通过 PP' 的大圆都垂直于

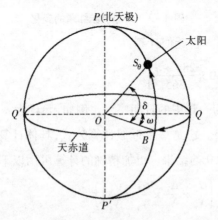

图 3 - 1　赤道坐标系图

天赤道。显然,通过 P 和球面上的太阳(S_θ)的半圆也垂直于天赤道,两者相交于 B 点。在赤道坐标系中,太阳的位置 S_θ 由时角 ω 和赤纬角 δ 两个坐标决定。

①时角 ω 相对于圆弧 QB,从天子午圈上的 Q 点起算(即从太阳的正午起算),规定顺时针方向为正,逆时针方向为负,即上午为负,下午为正。通常用 ω 表示,其数值等于离正午的时间(小时)乘以15°。

②赤纬角 δ 同赤道平面平行的平面与地球的交线称为地球的纬度。通常将太阳的直射点的纬度,即太阳中心和地心的连线与赤道平面的夹角称为赤纬角,通常以 δ 表示。地球上赤纬角的变化如图 3-2 所示。对于太阳来说,春分日和秋分日的 $\delta=0°$,向北极由0°变化到夏至日的 $+23.45°$;向南极由0°变化到冬至日的 $-23.45°$。赤纬角是时间的连续函数,其变化率在春分日和秋分日最大,大约一天变化 $0.5°$。赤纬角仅仅与一年中的哪一天有关,而与地点无关,即地球上任何位置的赤纬角都是相同的。

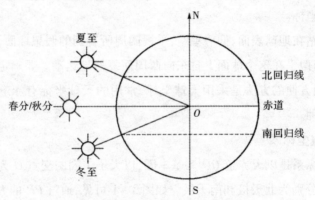

图 3-2   地球上赤纬角的变化

赤纬角可用以下方程近似计算:

$$\delta = 23.45\sin\left[360 \times \frac{284 + n}{365}\right] \qquad\qquad 式1$$

上述公式中,n 为一年中的日期序号。例如,元旦为 $n=1$,春分日为 $n=81$,12 月 31 日为 $n=365$。这是一个近似计算公式,具体计算时不能得到春分日、秋分日的 δ 值同时为 0 的结果。更加精确的计算可用以下近似计算公式:

$$\delta = 23.45\sin\left[\frac{\pi}{2}\left(\frac{\alpha_1}{N_1} \times \frac{\alpha_2}{N_2} \times \frac{\alpha_3}{N_3} \times \frac{\alpha_4}{N_4}\right)\right] \qquad 式2$$

式中,$N_1 = 92.975$ 为从春分日到夏至日的天数,α_1 为从春分日开始计算的天数；

$N_2 = 93.269$ 为从夏至日到秋分日的天数，α_2 为从夏至日开始计算的天数；

$N_3 = 89.865$ 为从秋分日到冬至日的天数，α_3 为从秋分日开始计算的天数；

$N_4 = 89.012$ 为从冬至日到春分日的天数，α_4 为从冬至日开始计算的天数；

例如，在春分日，$\alpha_1 = 0$，以此类推。

式2比式1计算值的精确度提高了5倍，但计算较复杂，所以在一般情况下都用式1来计算赤纬角 δ。

（2）地平坐标系

人在地面上观看空中的太阳相对地面的位置时，太阳相对地球的位置是相对于地面而言的，通常用高度角和方位角两个坐标决定。在某个时刻，由于地球上各处的位置不同，因而各处的高度角和方位角也不相同。

①天顶角 θ_z　天顶角就是太阳光线 OP 与地平面法线 QP 之间的夹角。

②高度角 α_S　高度角就是太阳光线 OP 与其在地平面上的投影线 Pg 之间的夹角，它表示太阳高出水平面的角度。高度角与天顶角之间的关系为：

$$\theta_z + \alpha_S = 90°$$

③方位角 γ_S　方位角就是太阳光线在地平面上的投影与地平面上正南方向间的夹角 γ_S。它表示太阳光线的水平投影偏离正南方向的角度，取正南方向为起始点（即 $0°$），向西（顺时针方向）为正，向东为负。

（3）太阳能角的计算

①太阳高度角的计算　高度角与天顶角、纬度（φ）、赤纬角及时角之间的关系为：

$$\sin \alpha_S = \cos \theta_z = \sin \varphi \sin \delta + \cos \varphi \cos \delta \cos \omega \qquad \text{式3}$$

在太阳正午时，$\omega = 0$（正午以前为负，正午以后为正），上式可简化为

$$\sin \alpha_S = \cos \theta_z = \sin \varphi \sin \delta + \cos \varphi \cos \delta = \cos (\varphi - \delta) = \sin \left[90° \pm (\varphi - \delta) \right]$$

当正午太阳在天顶角以南（即对于北半球而言，$\varphi > \delta$）时，$\alpha_S = 90° - (\varphi - \delta)$。

当正午太阳在天顶角以北（即对于南半球而言，$\varphi < \delta$）时，$\alpha_S = 90° + (\varphi - \delta)$。

②方位角 γ_S 的计算　方位角与赤纬角、高度角、纬度及时角之间的关系为：

$$\sin \gamma_S = \cos \delta \sin \omega / \sin \alpha_S$$

$$\cos \gamma_S = \frac{\sin \alpha_S \sin \varphi - \sin \delta}{\cos \alpha_S \cos \varphi} \qquad \text{式4}$$

③日出、日落时的时角 ω_S 日出、日落时太阳高度角为 $0°$，由式 3 可得：

$$\cos \omega_S = -\tan \varphi \tan \delta$$

日出时的时角为 ω_{Sr}，其角度为负值；日落时的时角为 ω_{Ss}，其角度为正值。对于某一地点而言，太阳日出与日落时的时角相对于太阳正午是对称的。

④日照时间 N 日照时间是当地从日出到日落之间的时间间隔。由于地球每小时自转 $15°$，所以日照时间 N 可以用日出、日落时角的绝对值之和除以 15 得到：

$$N = \frac{\omega_{Ss} + |\omega_{Sr}|}{15} = \frac{2}{15}\text{arc}\cos(-\tan \varphi \tan \delta)$$

⑤日出、日落时的方位角   日出、日落时的太阳高度角为 $0°$，此时，$\cos \alpha_S = 1$，$\sin \alpha_S = 0$，由式 4 可得：

$$\cos \gamma_{S,0} = \frac{\sin \alpha_{S,0} \sin \varphi - \sin \delta}{\cos \alpha_{S,0} \cos \varphi} = -\frac{\sin \delta}{\cos \varphi}$$

由此可知，由上述公式所得到的日出、日落时的方位角都有两组解，但只有一组是正确的解。我国所处位置大致可划分为北热带（$0° \sim 23.45°$）和北温带（$23.45° \sim 66.55°$）两个气候带，当太阳赤纬角 $\delta > 0°$（夏半年）时，太阳升起和降落都落在北面的象限（即数学上的第一、二象限）；当太阳赤纬角 $\delta < 0°$（冬半年）时，太阳升起和降落都落在南面的象限（即数学上的第三、四象限）。

5. 我国的太阳能资源

太阳能资源的区划通常采用三种方式。

第一级区划按年太阳辐射量分区。

第二级区划是利用各月日照时数大于 6 h 的天数这一要素为指标。一年中各月日照时数大于 6 h 的天数最大值与最小值之比值，可看作当地太阳能资源全年变幅大小的一种度量，比值越小说明太阳能资源全年变化越稳定，就越有利于太阳能资源的利用。此外，最大值与最小值出现的季节也说明了当地太阳能资源分布的一种特征。

太阳光在一天中实际的照射时数称日照时间。日照时间可分为最大可能日照时间与地理的或地形的可能日照时间，太阳边缘升起与降落之间的时段称为最大可能日照时间，太阳辐射能够达到一个给定平面的最长时段称为地理的或地形的可能日照时间。日照时间又可以分为天文日照时间和实际日照时间。天文日照时间是假设某地为晴天的日照时间,也就是实际日照时间的上限。实际日照时间与天文日照时间的比值称为日照率,可用来衡量一个地方为晴天的概率。

若干年的年日照时间与年份数的比值称为年平均日照时间,此指标是太阳能利用价值的评估指标之一。

第三级区划是利用太阳能日变化的特征值作为指标。其规定为,以当地真太阳时(实际上日常用的计时是平太阳时,平太阳时假设地球绕太阳是标准的圆形,一年中每天都是均匀的。北京时间是平太阳时,每天都是 24 小时。而如果地球绕日运行的轨道是椭圆的,则地球相对于太阳的自转并不是均匀的,每天并不都是 24 小时,有时候少有时候多。考虑到该因素得到的是真太阳时。真太阳时要求每天中午 12 点,太阳处在头顶最高处)9～10 时的年平均日照时数作为上午日照情况的代表,同样以 11～13 时代表中午,以 14～15 时代表下午。那一段的年平均日照时数长,则表示该段有利于太阳能的利用。第三级区划指标说明了一天中太阳能利用的最佳或不利时段。

为了便于太阳能资源的开发与利用,按年太阳总辐射量空间分布,也就是第一级区划方法,中国气象科学研究院根据 1971—2000 年太阳能资源分布实测数据将我国的太阳能资源划分为四个区域。

Ⅰ. 太阳能资源最丰富带:西藏大部、新疆南部以及青海、甘肃和内蒙古的西部。这些地区的年太阳辐照量超过 6300 MJ/m^2,年总辐射量大于 1750 kW·h/m^2,平均日辐射量大于 4.8 kW·h/m^2,而且月际最大与最小可利用日数的比值较小,年变化较稳定,是太阳能资源利用条件最佳的地区。

Ⅱ. 太阳能资源很丰富带:新疆大部、青海和甘肃东部、宁夏、陕西、河北、山东东北部、山西大部、内蒙古东部、东北西南部、内蒙古东部、东北西南部、云南、四川西南部。该地区年太阳辐照量为 5040～6300 MJ/m^2,年总辐射量在 1400～1750 kW·h/m^2 之间,平均日辐射量在 3.8～4.8 kW·h/m^2 之间,大部分地区可利用时数的年变化比较稳定。

Ⅲ. 太阳能资源较丰富带:其年太阳辐照量为 3780～5040 MJ/m^2,年总辐射量在 1050～1400 kW·h/m^2 之间,平均日辐射量在 2.9～3.8 kW·h/m^2 之间,它主要包括黑龙江、吉林、辽宁、安徽、江西、山西南部、内蒙古东北部、河南、山东大部、江苏、浙江、湖北、湖南、福建、广东、广西、海南东部、四川和贵州大部、西藏东南部、台湾。

Ⅳ.太阳能资源一般带:太阳能资源一般带的年太阳辐照量小于3780 MJ/m^2,年总辐射量小于1050 kW·h/m^2,平均日辐射量小于2.9 kW·h/m^2,它主要包括四川中部、贵州北部、湖南西北部以及重庆市。

6.太阳能利用的基本形式

太阳能利用的基本方式有三种:太阳能热利用、太阳能热发电和太阳能光伏发电。

(1)太阳能热利用

太阳能热利用的基本原理是将太阳辐射能收集起来,通过与物质的相互作用转换成热能加以利用。目前使用最多的太阳能收集装置主要有平板型集热器、真空管集热器和聚焦集热器三种。根据其所能达到的温度和用途的不同,太阳能热利用可分为低温利用(<200 ℃)、中温利用(200~800 ℃)和高温利用(>800 ℃)。目前低温利用主要有太阳能热水器、太阳能干燥器、太阳能蒸馏器、太阳房、太阳能温室、太阳能空调制冷系统等,中温利用主要有太阳灶、太阳能热发电聚光集热装置等,高温利用主要有高温太阳炉等。

太阳能热利用技术有几大特点:①技术比较成熟,商业化程度较高;②太阳能热效率比较高,如太阳能热水器、太阳灶、太阳能干燥器,其平均热效率均能达到50%左右;③应用范围广,具有广阔的市场,如农业、畜牧业、种植业、建筑业、工业、服务业和人类日常生活领域均能推广和应用。

(2)太阳能热发电

太阳能热发电是先将太阳辐射能转换为热能,然后再按照某种发电方式将热能转换为电能的一种发电方式。

太阳能热发电技术可分为两大类型:一类是利用太阳热能直接发电,如利用半导体材料或金属材料的温差发电、真空器件中的热电子和热离子发电、碱金属的热电转换以及磁流体发电等。其特点是发电装置本体无活动部件。但它们目前的功率均很小,有的仍处于原理性试验阶段,尚未进入商业化应用。另一类是太阳能热动力发电,就是说,先把热能转换成机械能,然后再把机械能转换为电能。这种类型已达到实际应用的水平。美国、西班牙、以色列等国家和地区已建成具有一定规模的实用电站,通常所说的太阳能热发电即为这种类型的太阳能热发电系统。太阳能热发电是利用聚光集热器把太阳能聚集起来,将某种工质加热到数百摄氏度的高温,然后经过热交换器产生高温高压的过热蒸汽,驱动汽轮机并带动发电机发电。从汽轮机出来的蒸汽,压力和温度均已大大降低,经冷凝器凝结成液体后,被重新泵回热交换器,又开始新的循环。世界上现有的太阳能热发电系统大致可分为槽式线聚焦系统、塔式系统和碟式系统三大基本类型。

亚洲首座太阳能热发电实验电站,我国首个、亚洲最大的塔式太阳能热发电电站——八达岭太阳能热发电实验电站,历经 6 年科研攻关和施工建设于2012 年 8 月在延庆建成,并成功发电。这也使我国成为继美国、西班牙、以色列之后,世界上第四个掌握太阳能热发电技术的国家。该实验电站位于八达岭镇大浮坨村,热发电实验基地占地 300 亩,基地内包括一个高 119 m 的集热塔和100 面共 10000 m^2 的定日镜。2013 年 6 月,该电站发电并入国家电网。电站正在建设 1 MW 槽式热发电系统,投入使用后,发电量将进一步增加。

随着新技术、新材料和新工艺的不断发展,研究开发工作的不断深入,常规能源成本的增加和资源的逐步匮乏,以及大量燃用化石能源所造成的环境污染的日益加重,发展太阳能热发电技术将会逐渐显现出其经济社会的合理性。特别是在常规能源匮乏、交通不便而太阳能资源丰富的边远地区,当需要联合开发热电时,采用太阳能热发电技术是切实可行的。

(3)太阳能光伏发电

太阳能光伏发电是利用半导体的光生伏打效应将太阳辐射能直接转换成电能,太阳能光伏发电的基本装置是太阳能电池。

太阳能电池本身无法单独构成发电系统,还必须根据不同的发电系统配备不同的辅助设备,如控制器、逆变器、储能蓄电池等。光伏发电系统可以配以蓄电池而构成可以独立工作的发电系统,也可以不带蓄电池,直接将太阳电池发出的电力馈入电网,构成并网发电系统。

光伏发电具有许多优点,如安全可靠、无噪声、无污染,能量随处可得,不受地域限制,无须消耗燃料,无机械转动部件,故障率低,维护简便,可以无人值守,建站周期较短,规模大小随意,无须架设输电线路,可以方便地与建筑物相结合等。这些优点都是常规发电和其他发电方式所不及的。理论上讲,光伏发电技术可以用于任何需要电源的场合,上至航天器,下至家用电源,大到兆瓦级电站,小到玩具,光伏电源可以无处不在。

二、太阳能光伏发电现状与发展前景

太阳能光伏发电最早可追溯至 1954 年贝尔实验室发明出来的太阳能电池,当时研发的动机只是希望能为偏远地区提供电能供给,那时太阳能电池的效率只有 6% 。从 1957 年苏联发射第一颗人造卫星开始,一直到 1969 年美国宇航员登陆月球,太阳能光伏发电技术在空间领域得到了充分发挥,在其他领域也得到了越来越广泛的应用。

1. 世界光伏发电的发展现状

(1)发展综述

受欧债危机等影响,传统光伏装机大国如德国、意大利等普遍下调补贴费率,但在 2012 年全球仍新增光伏装机容量 29.7 GW,同比增长 3.6% 。从装机分布看,欧洲新增光伏装机量约为 18.2 GW,其中德国以 7.6 GW 的装机容量重回全球首位,同比增长 2% ;意大利则由 2011 年的全球第一下滑至 2012 年的全球第四,装机量 3.0 GW。与此同时,全球光伏装机市场发展重心逐渐向新兴光伏国家倾斜,中、美、日光伏市场正在加快崛起。中国在 2012 年的新增光伏装机容量达到 4.5 GW,同比增长 66.7% ,成为仅次于德国的全球第二大光伏市场;美国以 3.3 GW 的装机容量位居全球第三,同比增长 78.6% ;日本光伏应用市场延续了 2011 年的上升势头,光伏新增装机容量近 2.0 GW,约占全球新增光伏装机市场的 6% ,同比增长 53.8% 。截止到 2012 年年底,全球光伏累计装机容量突破 100 GW。

(2)全球光伏制造业发展现状

①多晶硅行业

从产量看,多晶硅产量保持平稳增长。2012 年全球产能达 40 万吨,同比增长 20% ,产量约 23.4 万吨。其中,电子级多晶硅产量约 2.5 万吨,其余为太阳能级多晶硅。受供需关系所影响,多晶硅价格下降较快,全球多晶硅价格降幅达 30% 以上,至 2012 年年底,多晶硅现货价格约为 16 美元/千克。从区域发展角度看,全球多晶硅进入四国争霸阶段。2012年,我国以7.1万吨的产量位居全球首位,美国以5.9万吨位居第二,韩国、德国和日本产量分别为4.1万吨、4万吨和1.3万吨。其中,我国和韩国主要生产太阳能级多晶硅,日本主要供应电子级多晶硅,美国和德国则兼而有之。而在产能方面,我国以19万吨的产能稳居全球第一,美国以8.6万吨的产能位居第二,韩国以5.7万吨的产能位居第三,德国和日本约为5.5万吨和1.9万吨。从发展势头看,逐渐形成中、美、韩、德四国拉锯,日本则盯紧电子级多晶硅这一细分市场。

从企业发展角度看,全球多晶硅产业集中度趋高。全球前十家多晶硅产量排名中,德国Wacker公司以3.8万吨的产量位居全球首位,我国江苏中能公司以3.7万吨的产量位居次席,韩国OCI、美国Hemlock和美国REC公司分别以3.3万吨、3.1万吨和2.1万吨位居三到五位。前十家企业的多晶硅产量已占据全球多晶硅总产量的79%。号称"四大金刚"的前四家多晶硅企业产能占全球的45%,产量则占据全球的59.4%。

②硅片行业

产业规模保持平稳发展,产业集中度不断提高。2012年,全球硅片产能超过60 GW,同比增长7.1%,每瓦耗硅量已下降至6 g/W以下,部分企业的耗硅量已下降至5.2 g/W。2012年硅片产量保持平稳,达36 GW,与2011年基本持平。近年来,硅片产量的增长由前几年的快速增长转至平稳发展。从发展区域看,全球硅片产量逐渐集中在亚太地区,尤其是我国,我国硅片产能已超过40 GW,占据全球总产能的67%以上,2012年全球硅片产量主要分布在中国大陆、中国台湾地区、日本、韩国和欧洲等国家和地区。2012年生产规模最大的前十家硅片企业的产能达26 GW,产量达16.6 GW,约占全球总产量的46%。其中,中国大陆有7家,这7家硅片企业的产能占前十大硅片产能的75%,最大的保利协鑫硅片产能已达8 GW,产量达5.6 GW。

③电池片行业

全球电池片生产规模保持增长势头。2012年,全球太阳能电池片产能超过70 GW(含薄膜电池),产量达37.4 GW,与2011年的35 GW相比,同比增长6.9%。在电池种类上,晶体硅电池产量约为33 GW,薄膜电池约为4 GW,聚光电池约为100 MW。在区域分布上,中国大陆以21 GW产量位居全球首位,接下来分别是中国台湾、日本、欧洲、美国等国家或地区。值得关注的是,由于2012 年美国对中国大陆生产的晶硅电池片征收 23% ~249% 不等的关税,部分中国大陆企业纷纷通过使用中国台湾等第三方电池片,以规避美国"双反"征税,促使中国台湾等地区的晶硅电池片快速发展。尤其是中国台湾地区,依托自身强劲的半导体产业基础,再加上美国"双反"的有利因素,使其产量同比增长达 22%,远高于全球增幅。

产业集中度略有提高。从生产企业看,全球前十家企业的电池片产量达到14.6 GW,约占全球总产量的 39%,同比增长 2 个百分点。在电池类型上,9 家为晶硅电池生产企业,只有美国 First Solar 一家薄膜电池企业(CdTe 薄膜电池)。在区域布局上,中国大陆和中国台湾地区共占据 8 席,另外两家分别为美国 First Solar 和韩国韩华集团(韩华集团 2012 年收购德国最大电池片生产企业Q-Cells 的晶硅电池业务,其总产能达到 2250 MW),其中中国英利以 2 GW 的产量位居全球首位,其晶硅电池片产能也已达到 2450 MW,美国 First Solar 公司则以 1.9 GW 的产量位居第二(主要是 CdTe 薄膜电池),而中国晶澳则以 1.8 GW的产量位居全球第三,其产能也已达到 2.8 GW。

④电池组件行业

组件产量依然保持平稳增长势头。2012 年,电池组件产能达 70 GW,同比增长 11.1%,产量达 37.2 GW,同比增长 6.3%。从区域看,中国依然是太阳能电池组件的最大生产国,产量达 23 GW,主要是晶体硅电池(占比达到 98%),欧洲则以近 4 GW 的产量位居第二(其中薄膜电池占比约为 20%),日本以约2.4 GW 产量位居第三(其中薄膜电池约 600 MW,占比达 25%)。而韩国、马来西亚、新加坡等亚洲国家产量也达到 GW 量级。

从产业集中度看,全球出货量最大的前十家组件企业产量达 13.9 GW,占世界总产量的 38%,同比增长 2 个百分点。在这十家光伏企业中,中国占据六席,美国占据两席,日本和韩国各占一席。其中英利以近 2.3 GW 的产量位居第一,First Solar(美国)以 1.9 GW 位居第二,尚德、天合、阿特斯、晶澳、Sharp(日本)、Sunpower(美国)、韩华(韩国)和晶科分别以 1.7 GW、1.7 GW、1.6 GW、1.1GW、1.06 GW、0.925 GW、0.85 GW 和 0.84 GW 分列第三到第十位。

⑤薄膜电池行业

由于晶硅电池生产成本与售价大幅下降,造成薄膜电池因为光电转换的效率不及晶硅电池、成本优势不明显等原因丧失了对晶硅电池的竞争优势。因此,近年来薄膜电池产量出现了下滑态势。2012 年,全球薄膜电池产量约 3530 MW,同比下降 13.9%。其中硅基薄膜电池 950 MW,CIGS 约 680 MW,CdTe 约 1900 MW,中国大陆薄膜电池产量约 400 MW,几乎均为硅基薄膜电池。虽然薄膜电池产量出现了下滑,但有分析机构统计,薄膜电池市场规模在 2012 年近 30 亿美元。如果 First Solar 等 CIGS 主要薄膜厂商在效率、成本、产量和市场路线方面取得突破的话,薄膜市场在 2016 年有望回暖至 76 亿美元的规模。

在薄膜电池产量下降的同时,其占全球光伏市场的市场份额也在逐步下滑。在 2010 年前,由于多晶硅价格较高,晶硅电池生产成本一直居高不下,薄膜电池相较于晶硅电池成本优势明显。因此,虽然薄膜电池的光电转换效率较低,但其市场份额依然不断上升,并在 2009 年达到最高 16.5% 的市场份额。但由于晶硅电池组件生产成本大幅下降(每瓦 0.6 美元左右),产业化转换效率不断提高(单晶硅组件 16.5%,多晶硅组件 15.5%),而薄膜电池技术却迟迟得不到突破,薄膜电池相较晶硅电池的优势逐渐丧失,因此市场份额也逐渐下滑,至 2012 年,薄膜电池所占市场份额为 9.4%。

⑥光伏设备行业

因欧债危机的冲击,加上德国和意大利政府关于光伏发电补助对策的动向不明,导致光伏产品生产厂设备投资更加谨慎。据统计,2011 年全球光伏设备销售收入达 130 亿美元,2012 年下降到 36 亿美元。2011 年有 23 家供应商的光伏设备营收超过 1 亿美元,而 2012 年仅有 8 家,相信这种局面不会持续太久,在不久的将来,全球光伏设备销售收入仍会突破 100 亿美元的大关。

(4)全球主要国家和地区光伏产业发展现状

①欧洲

欧洲光伏产业的重心在德国。德国政府极为重视光伏产业,不但率先启动光伏示范项目,加大技术研发投入,将光伏发电列入国家能源发展规划,还出台了可再生能源法案,启用光伏上网电价补贴。德国光伏应用市场逐渐扩大,带动光伏制造产业快速发展。以德国为先导,欧盟加大了对光伏产业的支持力度,逐渐形成了完整的光伏产业链。欧洲光伏产业链各个环节均有优秀的企业,在原辅料、设备以及光伏应用等环节较为突出。

在原辅料方面,欧洲多晶硅的产量约占全球的 25%,主要集中于德国 Wacker 公司,其产量约占欧洲总产量的 80% 以上,其他的还有 MEMC 意大利工厂(产能 6000 t)、俄罗斯 Nitol(产能 5000 t)、英国 PV Crystal(产能 1800 t)、德国 Solar World(产能 3200 t)、挪威 Elkem(产能 3200 t)等。Wacker 公司 2012 年产能超过 5 万吨,产量 3.8 万吨,同比增长约 19%,其多晶硅部门收入 11.4 亿美元。另外,德国 Heraeus(贺利氏)控股集团是全球最主要的银铝浆供应商之一,目前在该市场的份额超过了美国杜邦,并收购了美国 Ferro 公司的电子浆料业务,使得 Heraeus 在光伏产业浆料市场的份额一举超过了 50%。

设备方面,全球十大光伏设备制造企业包括欧洲的多家企业如瑞士梅耶博格、德国 Gebr. Schmid、德国 Rena、瑞士欧瑞康。欧洲企业在全球光伏设备市场所占份额超过 50%,主要供应地区是亚洲尤其是中国。

逆变器方面,欧洲逆变器的生产企业大多集中在德国,包括全球著名的德国西门子公司和 SMA 公司,在全球光伏逆变器市场所占份额接近 50%,主要满足欧洲自身需求,还有部分出口至其他地区。

光伏组件方面,2012 年欧洲太阳能电池组件产量约为 2 GW,约占全球产量的 5%。欧洲太阳能电池制造同样集中于德国,主要的企业有德国 Solar World(其欧洲部分包括硅片 750 MW、电池片 300 MW、组件 500 MW)、德国 Q-Cell(欧洲的产能包括:电池片 250 MW、组件 120 MW)、德国 Solon(组件产能 440 MW)、德国 Scott(450 MW)、德国 Bosch(630 MW)、德国 Conergy(250 MW)、西班牙 Isofotón(230 MW)、比利时 Photovoltech(150 MW)、德国 Sovell(200 MW)、德国 Solland Solar(200 MW)等。在薄膜电池制造环节,欧盟也有很多较抢眼的企业,如德国 Miasole、Wurth、Solibro,这些企业在 CIGS 电池的生产制造方面,走在全球前列。在晶硅电池制造环节,虽然欧盟也有较优秀的企业,如挪威 REC、德国 Solar World 等硅片生产企业,德国 Solar World、肖特太阳能、博世等电池组件生产企业。

在发展环境建设方面,欧洲十分重视光伏产业的发展环境建设。在科技研发领域,欧洲十分重视光伏电池技术的研发,欧洲乃至全球晶硅电池的研发主要集中于德国弗朗霍夫太阳能研究所、荷兰 ECN 研究所、比利时 IMEC 这三个研究所。在配套服务体系领域,比较有影响力的行业组织主要有欧洲光伏工业协会,依托强劲的欧洲市场,每年全球的装机量主要来源于该机构发布的装机数据。欧洲的 Intersolar 展览是全球最大的展览之一,每年都有几千家光伏企业参加此展会,而 PVSEC(欧洲太阳能光伏巡回展览会)是全球主要光伏技术论坛之一,每年全球主要光伏企业均会参加此展会及论坛,交流技术发展情况。在电池认证领域,德国的 TUV 认证是全球最权威的认证机构之一,全球几乎所有主要光伏企业的产品都通过了该机构的认证。

在光伏应用市场方面,从 2006 年起,欧洲就成为全球最大的光伏应用市场,市场份额在 2008 年达到最高,接近 85%,之后由于美、日等市场的扩大有所下降,但规模却一直在快速增长,从 2007 年的每年 2 GW 新增装机量跃升至 2012 年的 18 GW。从整体规模看,2011 年欧洲光伏市场规模达到了 580 亿美元,从业人数超过 40 万人,欧洲本土光伏产业占据了 58% 的市场份额,约为 336 亿美元,若考虑出口情况,欧洲本土光伏产业的市场份额将达到 67%,约为 389 亿美元。其中上游环节(原辅料、设备、组件等)约 66 亿美元,占欧洲光伏上游市场的 25%;逆变器环节约 22 亿美元,占欧洲逆变器市场的 53%;平衡组件环节约 57 亿美元,占欧洲平衡组件市场的 80% 以上;系统安装环节约 143 亿美元,占据了全部欧洲市场;后续服务环节约 98 亿美元,同样占据了全部欧洲市场。

②美国

尽管美国比较重视光伏技术,在研发上的投入力度很大,但其产业发展主要在 2009 年之后,目前初步形成了较完整的产业链,在原材料、设备、薄膜电池等环节较为突出。到 2011 年,美国光伏产业从业人数超过 10 万人。

原辅料方面,美国在光伏原辅料市场占比较高,涌现出一些优秀的企业,如多晶硅生产企业 Hemlock、MEMC、REC 以及背板和浆料生产企业杜邦、3M(背板、浆料)等。美国多晶硅早年以电子级为主,这几年开始大力发展太阳能级多晶硅。2012 年,美国多晶硅产量达 6 万吨,约占全球产量的 25%。主要的多晶硅企业有 Hemlock(产能 50000 t)、REC(产能 22000 t)、MEMC(产能 8000 t)、Hoku(产能 4000 t)、三菱(产能 1800 t)等。由于美国电力成本较低,德国 Wacker

和日本的一些企业因此将工厂转移至美国。其中 Hemlock 在 2012 年的产量达3.1 万吨,高居全球多晶硅企业首位。

设备方面,凭借在电子设备方面良好的研发以及产业基础,美国一直领跑全球光伏设备市场,优秀企业有应用材料、GT Solar 等。其中应用材料 2012 年的光伏设备销售收入达 4.3 亿美元。

光伏组件制造方面,美国电池组件产量逐年提高,从 2007 年的 347 MW 上升至 2010 年的 1205 MW,2011 年 First Solar、Sunpower 的出货量分别高达 1980 MW、735 MW,加上其他企业,2011 年美国电池组件出货量接近 3 GW,约占全球的 8%。美国主要的晶硅电池企业有 Solar World(在美产能:硅片 250 MW,电池片 500 MW,组件 350 MW)、Suniva(组件产能 170 MW)、Sunpower(组件产能 870 MW)等。其他的主要是薄膜电池企业如 First Solar(组件产能 2300 MW)、Miasole、Soydra、Stlon、Ascent、Solo 等。由于竞争力问题,部分企业早已全球布局,如 Sunpower 在菲律宾、First Solar 在马来西亚等,同时部分其他国家的企业为了打进美国市场也在美国布局组件生产环节。

在发展环境建设方面,美国主要的光伏技术研发机构包括 NREL、桑迪、劳伦茨等国际著名研究机构,主要的光伏行业组织有美国太阳能工业协会(SEIA),产品认证机构有 UL 认证,光伏产品欲进入美国市场必须通过这个认证。

应用市场方面,近几年在美国政府提出的新能源政策刺激下,加上光伏组件价格不断下降和成熟的商业化运作体系,美国光伏应用市场呈现高速增长态势,从 2008 年 280 MW 跃升至 2010 年的 878 MW,到 2011 年上升至 1855 MW,2012 年更是达到创纪录的 3313 MW(约占全球 2012 年新增光伏装机量的10%),累计光伏装机量达到 7.7 GW,成为全球第三大光伏应用市场。其中大规模光伏电站的市场规模以及占比不断加大,2008 年大规模光伏电站装机容量仅有 20 MW,占比仅为 7%,2010 年这两个数字分别为 242 MW 和 28%,到 2012 年进一步上升至 1781 MW 和 54%。

③日本

日本政府非常重视光伏产业的发展,不仅在技术研发方面投入大量资金,还在全球率先大规模启动光伏应用市场,极大地促进了光伏制造业的发展。日本光伏产业的一个突出特点就是各个环节比较均衡。

多晶硅方面，日本多晶硅主要以电子级为主，受制于其能源价格较高，多年来其多晶硅产量变化不大，部分企业为了适应光伏行业的发展，也在将其产能转移至电力成本较低的地方，如 Tokuyama 就到马来西亚新建产能 20000 t 的多晶硅工厂。日本的多晶硅企业主要有 Tokuyama（产能 9200 t）、三菱（产能 4300 t）、M. setek（产能 3000 t）、住友（产能 1400 t），2012 年，日本多晶硅产能达 18000 t，产量为 13000 t，同比增长 8.3%，约占全球产量的 6%。其中 Tokuyama 的产量为 8000 t，位居世界第六位，比 2011 年上升两位，约占日本产量的 61.5%。

设备方面，日本凭借其在电子制造设备上的优势在全球光伏设备市场拥有一席之地，著名企业有 Komastu-NTC、东京电子、爱发科等。其中 Komastu-NTC 在 2011 年的销售收入超过 7 亿美元，是全球十大光伏设备厂之一。

电池制造方面，日本起步较早，在 2006 年以前，日本一直位居全球光伏电池组件领先地位。夏普一度成为全球光伏电池组件的龙头老大，但随着中国、美国和欧洲在该领域的快速崛起，日本已屈居第四。尽管如此，日本仍有一些优秀的光伏组件制造企业，如夏普、京瓷、松下（收购三洋）、三菱、Shell 等。日本在薄膜电池方面研究比较深入，晶硅第一代、薄膜第二代的概念都是日本先提出来的，一些企业如夏普、京瓷和三菱发展硅基，Shell、本田发展 CIGS 电池等，CdTe 电池在日本的研究较少。由于在晶硅电池方面难以与中国企业竞争，日本企业将更多精力放在了薄膜电池上。2012 年，日本光伏电池组件出货量为 2.4 GW，约占世界组件市场的 6%，其中薄膜电池组件出货量近 600 MW，占日本组件出货量的 25%。

在发展环境建设方面，日本主要光伏技术研发机构包括东京大学、东京理工大学、AIST 产业研究所等，主要的光伏行业组织有日本光伏协会（JPEA）、新金属协会等行业协会，产品认证机构有两个，即 J-PEC 和 JET，光伏产品欲进入日本市场必须经过这两个认证。

在光伏应用市场方面，日本是第一个大规模启动国内光伏市场的国家，一度成为全球最大的光伏应用市场，随着欧洲、美国和中国对光伏装机的重视，日本已下降为全球第四大市场。日本光伏应用市场的发展重点在屋顶系统，占比高达 90%，受福岛核事故的影响，日本从 2012 年起开始大力发展大规模地面电站。2012年的日本光伏应用市场延续了2011年的上升势头,光伏新增装机容量达2.0 GW,约占全球新增光伏装机市场的6%,同比增长53.8%,光伏累计装机总量达6.9 GW。家用市场仍是日本光伏应用市场的主力,2012年新增装机量1.5 GW,商用和工业屋顶市场在新政策刺激下有所增长,新增装机量达0.5 GW。

④韩国

凭借其在半导体产业的优势,韩国光伏产业发展重点在多晶硅环节。随着韩国光伏应用市场的扩张,更多韩国企业开始进军电池组件领域。

多晶硅方面,韩国是全球多晶硅主要生产国家之一,主要企业有OCI(产能42000 t)、熊津(产能5000 t)、KCC(产能6000 t)、Hksilicon(产能3200 t)。2012年产能达5.7万吨,产量达到4.1万吨,均位列全球第三,产量占全球的比重约为18%,其中OCI的产量高达3.3万吨,高居全球十大多晶硅企业的第三位。

组件方面,由于韩国光伏应用市场启动较晚,国内企业涉足组件制造领域的时间也比较晚,现有企业的规模也不大,产能均未超过GW,主要企业有现代重工(产能600 MW)、LG太阳能(产能350 MW)、Millinet(产能300 MW)、Shinsung(产能250 MW)、STX(产能180 MW)、KPE(产能120 MW)等。2012年韩国组件的产能接近3 GW,产量约为800 MW。

2. 中国光伏发电的发展现状

中国于1958年开始研制太阳能电池,1959年第一块有实用价值的太阳能电池诞生。1971年3月,中国首次应用太阳能电池作为科学实验卫星的电源,开始了太阳能电池的空间应用。1973年,中国首次在灯浮标上进行应用太阳能电池供电实验,开始了太阳能电池的地面应用。

(1)中国光伏产业的发展现状

20世纪70年代末到80年代中期,我国一些半导体器件厂开始利用半导体工业废次单晶硅和半导体器件工艺生产单晶硅太阳能电池,我国光伏工业进入萌发期。20世纪80年代中后期,我国一些企业引进成套的单晶硅电池和组件生产设备以及非晶硅电池生产线,使我国光伏电池/组件总生产能力达到4.5 MW,我国光伏产业初步形成。20世纪90年代初期,我国光伏产业处于稳定发展时期,生产量逐年稳步增加。20世纪90年代末我国光伏产业发展较快,设备不断更新。尤其是近年来,在我国"送电到乡"等工程及国际市场的推动下,一批电池生产线、组件封装线、晶硅锭/硅片生产线相继投产或扩产,使我国光伏产业的生产能力大幅提高,我国光伏产业进入全面快速发展时期。

2013年以来,受政策引导和市场驱动等因素的影响,我国光伏产业发展形势较2012年有所好转,骨干企业经营状况趋好,国内光伏市场稳步扩大。

2013年全球新增光伏装机36 GW,同比增长12.5%;全年多晶硅、组件价格分别上涨47%和8.7%。欧盟对我国光伏"双反"案达成初步解决方案,我国对美、韩多晶硅"双反"做出最终裁决,外部环境进一步改善。国内企业经营状况不断趋好,截至2013年年底,在产多晶硅企业由年初的7家增至15家,多数电池骨干企业扭亏为盈,主要企业第四季度毛利率超过15%,部分企业全年净利转正。

2013年全国多晶硅产量达8.4万吨,同比增长18.3%,进口量为8万吨;电池组件产量约26 GW,占全球份额超过60%,同比增长13%,出口量为16 GW,出口额达127亿美元。国内市场快速增长,新增装机量超12 GW,累计装机量超20 GW,电池组件内销比例从2010年的15%增至43%。全行业销售收入达3230亿元(制造业2090亿元,系统集成1140亿元)。

受政策引导和市场调整的影响,产业无序发展得到一定的遏制,众多企业加大内部整改力度,部分落后产能开始退出。同时,部分企业兼并重组意愿日益强烈,出现多起重大并购重组案。从工业和信息化部发布的第一批符合《光伏制造行业规范条件》企业名单(共109家)情况看,2013年多晶硅、硅片、电池组件产量分别占全国的85.7%、61%和74%;从业人员及销售收入分别占光伏制造业的58%和78%。2013年,我国前十大光伏企业销售收入占全行业23.6%,前50家销售占比为63.6%,产业发展逐步向东部苏、浙,中部皖、赣及西、北部蒙、青、冀等区域集中。

我国骨干企业已掌握万吨级多晶硅及晶硅电池全套工艺,光伏设备的本土化率正在不断提高。2010年至今,每千吨多晶硅投资下降47%,每千克多晶硅综合能耗下降35%,多晶硅企业人均年产量上升165%,骨干企业副产物综合利用率达99%以上;每兆瓦晶硅电池投资下降超过55%,每瓦电池耗硅量下降25%,骨干企业单晶、多晶及硅基薄膜电池转换效率由16.5%、16%、6%增至19%、17.5%、10%;光伏发电系统投资由每瓦25元降至9元。

　　受国际贸易保护的影响,我国部分光伏企业正在酝酿实施产业转移,通过到海外建厂等方式规避贸易风险。同时,全球市场的开拓也正朝着多方位、多元化和多样化方向发展,而不再局限于以往的欧洲市场。此外,为了适应产业发展需求,提升企业竞争力,光伏企业业务逐渐由以往的电池组件制造向下游系统集成甚至电站运营方向拓展。一方面可以通过电站建设拉动自身光伏组件产品的销售;另一方面可以促使业务多元化,通过电站投资与运营带来更高的投资收益率。国内如尚德、英利、天合、阿特斯等重点光伏企业已纷纷开拓下游系统集成业务。与此同时,大型发电集团也开始向电池制造业进军。为了控制产品质量和成本,现在这些发电企业均开始不同程度地涉足电池制造业,发电集团的涉足将会进一步加剧国内光伏市场的竞争。

　　相信随着相关政策及配套体系的进一步完善,我国光伏产业发展总体将平稳回升,多晶硅、电池价格趋于平稳,国内应用市场将持续扩大,主要企业有望实现稳步盈利。

　　(2)中国光伏市场的发展现状

　　1973 年 3 月,太阳能电池首次应用于我国第二颗人造卫星上,同年太阳能电池首次被应用在天津塘沽海港浮标灯上,从此开始了我国太阳能电池空间和地面应用的历史。从 20 世纪 70 年代初到 80 年代末,由于成本高,太阳能电池在地面上的应用非常有限。20 世纪 90 年代以后,随着我国光伏产业的初步形成和光伏电池成本的逐渐降低,应用领域开始向工业领域和农村电气化方向发展,光伏发电市场稳步扩大。光伏产业也被逐步列入国家和各地政府计划,如西藏的“阳光计划”“光明工程”“阿里光伏工程”以及光纤通信电源、石油管道阴极保护、村村通广播电视、大规模推广农村户用光伏电源系统等。

　　目前,太阳能光伏发电在民用建筑设计施工中得到了较广泛的应用。2008年,国家鸟巢体育馆拥有 100 kW 并网光伏电站,深圳国际园林花卉博览园拥有 1 MW 并网光伏电站,上海世博园区中国馆和主题馆拥有 3 MW 并网光伏电站;2009 年,世运会主场馆在看台的屋顶上安装了容量为 1027 kW 的太阳能光伏发电系统,呼和浩特东站的站房安装的太阳能光伏发电系统的直流峰值总功率为 132.48 kW;2011 年,山西省肿瘤医院建设实施了装机容量为 2.07 MW 级屋顶光伏并网系统;广东省立中山图书馆拥有 181 kW 的太阳能光伏发电系统。国内开始使用太阳能光伏产生的电能作为船舶的推动力,2007 年,沈阳泰克太阳能应用有限公司研制成功了"001 号"太阳能旅游船;2010 年,首艘由中国国内集成商自主集成的太阳能混合动力电力推进系统船舶——"尚德国盛号"太阳能混合动力游船问世。太阳能光伏发电在国内大型交通枢纽中应用也较多,如上海虹桥枢纽光伏发电装机容量达 6.57 MW、杭州东站枢纽光伏发电装机容量达 10 MW、南京南站枢纽光伏发电装机容量达 10.67 MW。

2012 年,为保障国内光伏产业的健康发展,我国加大了对光伏应用的支持力度,先后启动了两批"金太阳"示范工程,发布《太阳能发电发展"十二五"规划》,启动分布式光伏发电规模化应用示范区等举措。再加上光伏系统投资成本不断下降,我国光伏应用市场一片繁荣,当年新增装机量达到 4.5 GW,同比增长 66.7%,累计装机量达 8020 MW。其中青海新增装机量达 1160 MW,继 2011 年突破 GW 后再创新高,继续位居全国第一。

2013 年我国光伏应用市场再次爆发,国内市场快速增长,新增装机量超 12 GW,累计装机量超 20 GW,其主要原因在于:首先,随着光伏组件价格的继续下调,光伏发电成本不断下降,在上网电价变动不大的形势下,光伏电站投资回报率前景看好,使得更多资金进入光伏电站领域。其次,我国相继出台措施推动分布式光伏系统应用。2012 年 9 月,国家能源局发布了《关于申报分布式光伏发电规模化应用示范区的通知》,每个省、市、自治区申报规模不超过 500 MW。10 月,国家电网正式发布了《关于做好分布式光伏发电并网服务工作的意见》,大大推进了我国分布式光伏系统的并网进程,也极大地刺激了分布式光伏系统的投资热情。三是部分省、市、自治区相继出台了激励政策,进一步促进本地光伏应用市场的发展。如江西省政府印发了《支持光伏产品推广应用与产业发展工作实施方案》,并于 2013 年 3 月投入 8000 万元专项资金,用于奖励 2012 年光伏产品推广与产业发展应用示范项目;江苏省政府出台了《关于继续扶持光伏发电政策意见的通知》,对 2012 年至 2015 年间新投产的非国家财政补贴光伏发电项目,实行地面、屋顶、建筑一体化统一上网电价,每千瓦时上网电价分别确定为 2012 年 1.30 元、2013 年 1.25 元、2014 年 1.20 元和 2015 年 1.15 元。浙江省则出台了在现有上网电价政策基础上,省里再补贴 0.3 元每千瓦时的电价政策。

（3）中国光伏产业存在的问题

光伏产业可能是中国发展速度最快，也是出现"产能过剩"问题最快的新兴产业。在不到十年的时间里，中国光伏产业从最初的高利润、低风险行业急转直下，2011年后出现严重的"产能过剩"，光伏企业面临严峻考验。造成"过剩"问题的直接原因是主要出口国家提高贸易壁垒、减少光伏补贴，但根本原因在于中国光伏产业畸形的市场结构，国内市场发展缓慢是造成光伏产业发展危机的症结所在。

首先，国内光伏应用市场发展严重滞后于产业发展。我国光伏产业经过最近几年的爆发式增长，已经跃升至全球最大光伏产业制造基地，产能占全球一半以上。同时，各种影响产业发展的关键技术先后被突破，产业发展初期多晶硅、单晶硅大量进口的情况完全改变，生产设备大量依赖进口的情况也有所好转。中国不仅是全球光伏产能最大的国家，也是生产技术和工艺水平先进的国家。然而，光伏产业严重依赖国际市场，中国光伏装机量增长非常缓慢，即便是近三年加快发展速度，国内每年新增光伏装机容量也不足全球的1/10。

其次，光伏发电在国家能源结构中的份额低。我国能源结构中，煤炭占有绝对的主导地位。从改革开放到现在，原煤在能源生产总量中的比重维持在70%以上。虽然"十五"和"十一五"期间，国家加大了对新能源的投资力度，但从结构看，新能源所占的比重并没有明显上升，2010年，新能源占全部能源生产的比重为9.4%，较2000年仅提高了1.5个百分点。整个新能源比重低，而光伏发电占能源生产的比重更低。

最后，分布式光伏电站的比重偏小。与光伏应用先进国家相比，不仅我国的光伏装机的规模较低，而且光伏应用的结构也有所不同。从理论上讲，太阳能辐射总能量虽然巨大，但单位面积获取的光照热量却相对较小，对太阳能利用最佳的途径应该是"分散获取，就地消费"，因此很多国家在发展太阳光伏发电市场时更注重分散式屋顶电站的建设。相比之下，我国屋顶光伏电站发展非常缓慢，扶持政策也倾向于大型光伏电站。截至2011年年底，政府支持的以建设大规模电站为目标的"金太阳示范工程"三期共批准120万千瓦，是以分布式就地开发利用的"太阳能屋顶计划"批准建设总容量（30万千瓦）的4倍。但是，这种"大规模—高集中—远距离—高电压输送"的发展模式本身存在非常大的局限性。我国非耕用土地资源和太阳能资源都丰富的西部地区并不缺电,而电力供应紧张的东部地区的光照条件不如西部,土地资源也非常紧张。如果在西部地区大规模发展光伏电站不得不面临远距离输电的问题,光伏发电成本本身就比较高,如果再加上数千公里的输电成本,其经济效益将变得非常低,因此必须大力发展分布式光伏电站(屋顶光伏电站)。

(4)我国台湾地区的光伏发电产业发展现状

我国台湾地区在 1980 年开始研发太阳能发电技术,2000 年,茂迪正式投入太阳能电池领域,2002 年,益通投入生产晶硅太阳能电池。自 2005 年进入快速发展期以来,我国台湾地区的光伏产业主要集中在硅片和电池组件环节,且以晶硅电池为主。近两年,薄膜太阳能发展较快,已经成为仅次于大陆地区的全球第二大太阳能电池生产地。

多晶硅方面,受制于技术和资金壁垒,我国台湾地区的多晶硅生产企业不多,比较大的只有福聚太阳能一家,2012 年其产能达到 8000 t,下一步有望扩大至 18000 t。

硅片和电池片是我国台湾地区的重点发展环节,涉足的重点企业有茂迪、昱晶、绿能、新日光、尚志、茂硅、升阳科等。在硅片领域,绿能是我国台湾地区最大的生产企业,2011 年产能达 1500 MW,位居全球第七,其后依次是茂迪、尚志、茂硅。电池片方面,我国台湾地区的企业竞争力较强,产量逐年攀升,从 2008 年的不足 1000 MW 上升至 2011 年的 4400 MW 左右,2012 年更是突破 5 GW,达到了 5500 MW,四家主要厂商茂迪、昱晶、新日光、升阳科的出货量占其中的 67%,2012 年茂迪、昱晶都突破了 1 GW,其他厂商也都有所增长,联景、旺能、太极的出货量都在 300~350 MW 左右。

组件方面,台湾地区涉足的企业较多,一方面是电池片企业为了打通产业链,均进入该领域;另一方面是部分企业直接打入该环节,包括友达、旺能、强茂、景懋等。另外,还有一些企业如光宝、联电、联相、富阳光电等瞄准薄膜电池前景,纷纷涉足薄膜电池制造。但从整体看,我国台湾地区的组件制造环节还稍显薄弱。

以 2011 年第四季度为例,该季度台湾地区的光伏产业销售收入约为 222 亿元新台币,其中多晶硅环节约为 1 亿元新台币,硅片环节为 44 亿元新台币,电池片环节为 156 亿元新台币,组件环节为 15 亿元新台币,薄膜电池为 6 亿元新台币,硅片约占 20%,电池片占据 70%,其他环节合计不到 10%,差距较明显。

3. 太阳能光伏发电的发展前景

化石能源储量的有限性和环境污染性是各国加快发展可再生能源的主要原因。根据国际能源组织(IEA)的预测,全世界煤炭只能用 200 年左右,油、气将在 30～60 年后消耗殆尽。据估计,我国的煤只可开采 80 年,石油和天然气可开采 30 年。发展核能所需的铀也将在不到 100 年内开采殆尽,中国国内剩余可开采年限仅为 50 年。同时,化石能源的大量开采和使用还造成严重的环境污染,核电站的运行则始终伴随着安全隐患。比较而言,太阳能光伏发电不存在能源枯竭的问题,运行阶段没有排放,不产生副产品,对缓解全球能源紧张、减少温室效应具有更好的效果。据相关机构预测:到 2020 年,全球光伏发电量将占到总发电量的 4%;2040 年,这一比重将上升到 20%;到 21 世纪末,太阳能光伏发电的比重将提高到 60% 以上。可见,在化石能源加速枯竭的压力下,随着太阳能光伏技术的不断成熟,其在各国能源结构中的比重将越来越大,光伏发电市场的发展前景良好。

另一方面,在政策的刺激下,各国加大了对光伏技术的研发力度,使得光伏系统价格和光伏发电成本不断下降,光伏发电的价格竞争力不断上升。太阳能电池硅片厚度已经从 20 世纪的 450～500 μm 下降到目前的 160～180 μm,改进硅切片技术在降低电池片厚度的同时还提高了产品的光电转换率,这不仅大幅减少了光伏系统硅材料的用料,降低了生产成本,还提高了光伏系统的发电效率,降低了运营成本。同时,硅料生产的技术进步降低了产业中上游环节的成本,改良型西门子法、新硅烷法、流化床法、冶金法等新技术被广泛采用,与传统西门子法比较,采用这些新技术的企业将硅料生产成本降低了 30%～50%,使得多晶硅价格在近几年有较大幅度的下降。

世界能源结构变化和太阳能光伏技术的进步为中国光伏市场的发展创造了良好的外部环境和条件,国内光伏应用市场虽然起步较晚,发展较慢,但随着政府政策和光伏企业战略向国内市场倾斜,国内市场有望步入快速发展期。国内光伏应用市场发展的实际情况不仅要依靠政府政策的支持和光伏企业的不断努力,也受宏观能源环境、能源结构、能源价格的变化以及相关技术发展的影响。

从短期看,①市场发展必须得到政府的政策支持,特别是经济补贴。短期内,光伏电站的发电成本与传统的化石能源发电和其他新能源发电(风电、核电)比较仍较高,大型集中式光伏电站的修建需要政府补贴。同时,作为唯一可能在家庭住户推广的新能源发电方式,光伏电站的初期安装成本下降的空间已经不大,如果缺少政府补贴,以目前的价格在家庭住户中推广分布式电站几乎是不可能的。因此,补贴虽然不能解决光伏应用市场发展的全部问题,但确实是短期内光伏应用市场发展的必要条件,现行补贴政策必须继续执行。②特殊环境条件下的应用市场继续发展,但规模有限。光伏电站在"十一五"时期出现井喷式增长,但增长最稳定的光伏应用产品却是一些特殊环境和条件下应用的产品,例如远离电网的科考队伍、游牧民家庭使用的小型光伏电站,市政和公共建筑使用的太阳能路灯、景观照明、交通信号,在小型电子产品(计算器、手机、玩具、移动电源)上使用的微型光伏板以及航天器中使用的高性能光伏发电系统等。这些应用市场几乎没有受到美国"双反"和欧债危机的影响,特别是太阳能路灯、信号灯等产品由于不需要电缆和变配电设备,在成本上已经与传统产品相差无几,成为国内很多城市旧城改造和新城建设的重要项目。但是,这些产品对太阳能光伏电池和系统的需求量不大,对缓解当前光伏产品产能过剩、光伏企业经营困难等问题的作用比较有限。③非屋顶光伏电站将成为国内光伏市场发展的突破口。光伏电站的产权问题和并网问题在短期内得到彻底解决的可能性不大,国内分布式的屋顶光伏电站的高速发展尚需时日。相比之下,不需要并网和储能,不用借助建筑物屋顶,空地资源丰富的地区安装光伏电站的条件更加成熟。例如,农田灌溉和沙漠治理消耗的电量大,用电时间刚好与光伏发电时间一致,农田灌溉渠道和沙漠地区均可安装光伏系统。如有相应的扶持政策,且与农业产业化、环境治理等相关政策结合,降低初期安装成本,在这些地区大力推广光伏电站将有助于促进国内市场的发展。④标准厂房、工业园区、公共建筑分布式电站先行发展。对光伏应用市场而言,发达国家屋顶电站的比重都很高,且这种即发即用的方式对缓解化石能源紧缺、降低输电能耗比重、减少对电网冲击的效果最好。推广分布式电站的主要障碍是屋顶业主和电网公司,因此产权更简单清晰、自身用电量较大的建筑物可以先行发展,厂房和商业建筑屋顶光伏电站的发展将先于居民住宅。

从长远看,①光伏产品性价比不断提高是国内市场大发展的先决条件。受美国"双反"和欧债危机的影响,光伏产品的价格已经大幅下降。多晶硅的价格从每吨300多万下降到10多万,电池片的价格从每瓦40多元降到3元左右,硅片占组件的成本已经下降到20%以下,光伏产品成本进一步下降的空间已经不大。未来,产品性价比的提高将主要依靠产品性能的提升。目前,批量生产的单晶硅系统的转化率最高为19%,多晶硅系统的转化率最高为17.5%,据估算,如果转化率提高到20%,按照现行价格和50%的建设补贴,用户收回安装成本的时间将缩短到6年以内,如果转化效率提高到目前理论上的最大值25%,那么用户只需要4~5年就能够收回成本。一批将眼光放在国内市场的大型光伏企业在极端困难的情况下没有放弃技术研发,无论是多晶硅还是单晶硅转化率都在不断提高,再加上产品成本的适度下降,未来分布式光伏电站的成本回收期有望缩短到3年左右,这将是大多数居民用户都能够接受的水平。②能源供需矛盾增大和能源结构变化将促进光伏应用市场的发展。根据预测,"十二五"时期能源消费总量将保持4.8%~5.5%的年增长率,国内能源供需矛盾将进一步升级,加快包括太阳能在内的可再生能源发展速度的紧迫性增强。根据国家《可再生能源中长期发展规划》制定的目标,2020年可再生能源消费量要占到能源消费总量的15%左右,太阳能光伏发电容量要达到180万千瓦。《可再生能源发展"十二五"规划》将2015年太阳能光伏发电装机目标提高到了2000万千瓦,乐观的预测会达到3000万千瓦,如果这一发展目标得以实现,中国有望在2015年前后进入全球光伏发电前五位,国内市场对光伏产业的带动作用将增强。③市场成熟促进光伏产业链进一步延伸和完善。我国已经形成较完整的光伏制造业产业链,伴随国内光伏应用市场的发展,一个更加完整的光伏产业链即将形成,这主要表现在几个相关行业的发展。一是建筑物一体化工程。为了适应分布式光伏电站安装维护,保持建筑物的整体美观,未来建筑物的设计和修建过程将与光伏电站的设计和安装融合和同步。二是储、输电设备制造业。适用于分布式光伏电站的逆变器,低成本、小体积的储电设备需求增长将加速,从而拉动相关制造业的发展。三是光伏设备制造业。目前国内有十几家光伏设备生产企业,国产硅芯炉、硅铸锭炉的技术水平已经接近世界先进水平,进口设备一统国内光伏产业的情况已经得到改变,但丝网印刷机、高温烧结炉等关键设备仍主要依靠进口。随着一些关键技术和工艺被突破,国内光伏设备制造业的发展也将提速。

总之,太阳能光伏发电与火力发电、水力发电、柴油电站比较具有许多优点,无论从近期还是远期,无论是从能源环境的角度还是从应用领域需求的角度来考虑,太阳能光伏发电都极具吸引力。目前,太阳能光伏发电系统大规模应用的唯一障碍是其成本高。随着科技的进步和技术的不断革新,预计到2050年左右,太阳能光伏发电的成本将下降到与常规能源发电相当。届时,太阳能光伏发电将成为人类电力的重要来源。

简而言之,太阳能就是太阳的光线所产生的能量。然而,实际上并没有这么简单。太阳能是指太阳产生并辐射出去的能量。能量产生的过程叫作核聚变:较小的原子发生聚合作用,生成较大原子的过程。

太阳是一个巨大的由气体组成的星球,主要成分是氦气和氢气。通过持续不断发生的核聚变,太阳核心或太阳内部的氢原子会络绎不绝地聚合成氦原子。

1. 能量守恒定律

每当核聚变这一过程发生时,四个氢原子的原子核会发生聚合,变成一个氦原子。然而,这个氦原子的重量要比聚合前的四个氢原子加起来的重量要轻。你可能会问,是不是有物质在这个过程中凭空消失了。答案是,并没有。没有物质凭空消失。

依据能量守恒定律,这部分"消失的物质"实际上转化为了辐射能,由太阳发出,散播到无垠的宇宙之中。

2. 电磁频谱

一旦辐射能从太阳发出并进入宇宙,它就作为以光速行进的电磁波到达地球。我们对太阳辐射的感知就是光,然而,它不局限于光,而是更宽泛的、依据波长的变化连续排列的电磁波族。

关于太阳能的一大误解,是它包括了太阳产生的热量。实际上,地球不会接收到任何来自太阳的热量,因为它在1.5亿千米之外。实际上,一旦物品吸收了辐射能量,这种能量就转换成热量。

3. 可再生能源

我们的太阳能产生很多能量:每秒钟有超过 400 万吨氢原子被转化为氦。然而,即便是这样的速度,太阳将继续生产太阳能 50 亿年。因此,太阳能是终极的可再生能源。

第二节　太阳能发电优势及其发电史

一、太阳能发电史

现在你已经知道了太阳能是什么,让我们来看看太阳能发电的历史。当然,我们的祖先没有利用这种能量的技术,那我们是什么时候开始使用太阳提供的能量的?

太阳能的巨大潜力太难以掌控了,这正是为什么人类何时开始有意识地利用太阳能这件事情可以持续多年地引起不同的科学家的兴趣。本章提供了具有里程碑意义的历史事件的时间表。

公元前 700 年:阳光取火

这是太阳能利用的起源。可能看上去微不足道,但它仍然是人类对太阳能利用的开始。人类在此时已经掌握了如何使用太阳光生火。

公元前 214 年至公元前 212 年:阿基米德反光焚船

历史学家声称,希腊发明家阿基米德在公元前 3 世纪曾用太阳能来摧毁敌舰。他使用镜子把阳光反射到敌人的船上。

1767 年:太阳能炉的发明

太阳灶或烤箱利用阳光来加热饮料或饭菜。今天的太阳能烤箱相当便宜,是电力有限的地区的人们准备膳食的良好用具。它们仅靠太阳工作,没有燃料之需。

第一个太阳能烤箱的制造。这个烤箱的发明属于霍勒斯－本笃·索绪尔,他是瑞士的物理学家,完全不知道这个发明最终会帮助人们在未来几个世纪里生炊做饭。

1839年:光伏效应的发现

这一年发生了历史上的一个大事件。埃德蒙·贝克勒尔,法国物理学家,时年19岁,发现当一种材料暴露在阳光下时,电压存在高低。这个物理学家几乎不知道,他的发现为太阳能发电奠定了基础。

1873年:硒中的光导电性

英国工程师威洛比·史密斯发现了固体硒中的光导电性。

1876年:由光提供的电

基于史密斯3年前的发现,威廉·格里斯·亚当斯教授在学生理查德·埃文斯·戴的帮助下,第一个发现一旦材料暴露在阳光下,就会有电流。然后,他们将两个电极镀上硒,并发现一旦有光照射,电极上就会出现少量的电。

1883年:光伏电池的初步设计

美国发明家查尔斯·弗里茨第一个提出了如何使用太阳能电池的计划。他在19世纪末做了一个基于硒晶片的简单设计。

1905年:爱因斯坦的光电效应

阿尔伯特·爱因斯坦因众多科学理论而闻名;然而,关于光电效应的论文,并不真正为大多数人所知。他最终提出了光的光子理论,发表了光如何在金属表面上释放电子的描述,并于16年后的1921年,凭这一科学突破被授予诺贝尔物理奖。

1918年:单晶硅

一位名为扬·柴可拉斯基的波兰科学家发现了一种单晶硅的生长方法。这一发现为基于硅的太阳能电池奠定了基础。

1954年:光伏电池的诞生

贝尔实验室的卡尔文·福勒、大卫·查宾和杰拉德·皮尔森制造了世界上第一个光伏电池,即太阳能电池。这些人做了第一个能够将阳光转化成电能的装置,他们将转换效率从4%一直提升到11%。

二、太阳能发电的优势

●太阳能是可持续、可再生的天然能源。这意味着我们永远不会耗尽这种能量。我们不仅可以用它给车充电,也可以用它烧水和供暖。

●个人可以使用太阳能电池板来发电,为家庭提供电力,而不必使用公共电网。

　　● 这种能量的产生几乎不需要维护。一旦安装了电池板或能量槽并使之达到最大效率，维持他们运行所需要的额外工作就少之又少了。

　　● 太阳能发电很安静。太阳能电池板将太阳光转化为电能时，不会产生噪声。

　　● 太阳能发电并不妨碍正常生活。太阳能电池板安装在房顶或建筑物的屋顶上，完全不会造成交通堵塞。

　　● 大型的太阳能设施，无论太阳是否发光都能产生电力。太阳能发电具有持续性，是可靠的电力来源。太阳能发电厂能够从高温的太阳能中获得能量并将太阳能存储起来，当太阳不发光时再将能量释放出来。

　　● 发电厂和单个的太阳能系统不产生任何排放物，不会对环境造成不利影响。

　　最大的优势是太阳能的使用非常便利，从上到下都可以使用。随着屋顶太阳能电池板的广泛使用，燃煤电厂的负载正在变小。

　　太阳能发电具有持续不断的发展后劲。最新的项目之一位于印度。他们使用广泛的运河系统，把太阳能电池板运送到全国各地。

第三节　光伏发电系统的类型

　　太阳能光伏发电系统根据负载性质、应用领域以及是否与电力系统并网可以有多种多样的形式。根据其负载性质的不同，光伏发电系统分为直流光伏系统和交流光伏系统。根据应用领域的不同，太阳能光伏系统可分为住宅用、公共设施用以及产业设施用太阳能光伏系统等。住宅用太阳能光伏系统可以用于每家每户，也可以用于居民小区；公共设施用太阳能光伏系统主要用于学校、机关办公楼、道路、机场设施以及其他公用设施等；产业设施用太阳能光伏系统主要用于工厂、营业场所、宾馆以及加油站等设施。根据太阳能光伏系统是否与电力系统并网，光伏发电系统可分为独立光伏发电系统和并网光伏发电系统。此外，还有互补型光伏发电系统（混合系统以及小规模新能源系统等）。本章将着重介绍独立光伏发电系统、并网光伏发电系统以及互补型光伏发电系统的构成、特点及其应用。

一、独立光伏发电系统

独立光伏发电系统（Stand-alone PV System）不与电网相连，直接向负载供电，其主要应用在以下几个方面：一是通信工程和工业应用，包括微波中继站，卫星通信和卫星电视接收系统，铁路公路信号系统，气象、地震台站等；二是农村和边远地区应用，包括太阳能户用系统，太阳能路灯、水泵等各种带有蓄电池的可以独立运行的光伏发电系统。鉴于我国边远山区多、海岛多，独立运行的光伏发电系统有着广阔的市场。

独立光伏发电系统根据负载的种类，即是直流负载还是交流负载，是否使用蓄电池以及是否使用逆变器，可分为以下几种：直流负载直结型，直流负载蓄电池使用型，交流负载蓄电池使用型，直、交流负载蓄电池使用型等系统。

（1）直流负载直结型系统

直流负载直结型系统的太阳能电池与负载（如换气扇、抽水机）直接连接。由于该系统是一种不带蓄电池的独立系统，它只能在日照不足时、太阳能光伏系统不工作时也无关紧要的情况下使用，例如灌溉系统、水泵系统。

（2）直流负载蓄电池使用型系统

直流负载蓄电池使用型系统由太阳能电池、蓄电池组、充放电控制器以及直流负载等构成。蓄电池组被用来存储电能以供直流负载使用。白天阳光充足时，太阳能光伏发电系统把其所产生的电能，一部分供直流负载使用，另一部分（剩余电能）则存入蓄电池组；夜间、阴雨天时，则由蓄电池组向负载供电。这种系统一般用在夜间照明（如庭院照明等）、交通指示用电源、边远地区设置的微波中转站等通信设备备用电源、远离电网的农村等场合。目前这种系统比较常用。

（3）交流负载蓄电池使用型系统

图3－3所示为交流负载蓄电池使用型系统，该系统由太阳能电池、蓄电池组、充放电控制器、逆变器以及交流负载等构成。该系统主要用于家用电器设备，如电视机、电冰箱和洗衣机等。由于这些设备是交流设备，而太阳能电池输出的是直流电，因此必须使用逆变器将太阳能电池输出的直流电转换成交流

电。当然,根据不同系统的实际需要,也可不使用蓄电池组,而只在白天为交流
负载提供电能。

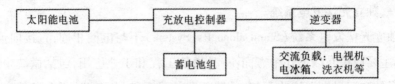

图 3 – 3　交流负载蓄电池使用型系统

(4)直、交流负载蓄电池使用型系统

图 3 – 4 所示为直、交流负载蓄电池使用型系统,该系统由太阳能电池、蓄
电池组、充放电控制器、逆变器、直流负载以及交流负载等构成。该系统可同时
为直流设备以及交流电气设备提供电能。该系统是直流、交流负载混合系统,
除了可为直流设备供电之外,还可为交流设备供电,因此,同样要使用逆变器将
直流电转换成交流电。

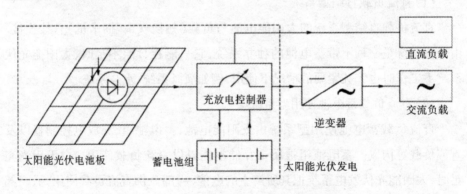

图 3 – 4　直、交流负载蓄电池使用型系统

住宅用太阳能光伏发电系统大多采用直、交流负载蓄电池使用型系统,主
要为无电、缺电的家庭和小单位以及野外流动工作的场所提供所需的电能。业
内人士经常称之为家用太阳能光伏发电系统或用户太阳能光伏发电系统等。

其工作过程是:光伏阵列首先将接收来的太阳辐射能量直接转换成电能,
一部分经充放电控制器直接供给直流负载,另一部分经过逆变器将直流电转换
为交流电,供交流负载使用,与此同时,多余的电能经充放电控制器以化学能的
形式存储于蓄电池组中。在日照不足或夜间时,储存在蓄电池组中的能量经过
逆变器后变成方波或 SPWM 波,然后再经滤波和工频变压器升压后变成交流

220 V、50 Hz 的正弦电源供给交流负载使用。此时逆变器工作处于无源逆变状态,是电压控制性电压源逆变器,相当于一个受控电压源。

住宅用光伏发电系统的容量一般在几百瓦到几十千瓦之间,主要用于照明和为常用家用电器(电视机、电冰箱、洗衣机甚至空调)等负荷供电。图 3 – 5 所示为住宅用光伏发电系统的应用场景。

图 3 – 5　住宅用太阳能光伏发电系统应用场景

二、并网光伏发电系统

并网光伏发电系统(Grid-connected PV System)是指将太阳能光伏发电系统与电力系统并网的系统,它可分为无逆流并网系统、有逆流并网系统、切换式并网系统、自立运行切换型太阳能光伏系统、地域并网型系统、直流并网光伏发电系统、交流并网光伏发电系统以及小规模电源系统等。

(1)无逆流并网系统

在正常情况下,相关负载由太阳能电池提供电能;当太阳能电池所提供的电能不能满足负载需要时,则负载从电力系统得到电能;如果太阳能电池所提供的电能除满足负载要求外,还有剩余电能,但剩余电能并不会流向电网。人们将此类光伏系统称为无逆流并网系统,如图 3 – 6 所示。

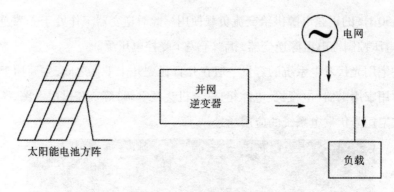

图3-6　无逆流并网系统

由上述分析可知,在无逆流并网系统中,当太阳能电池的发电量超过用电负载量时,只有通过某种手段让太阳能光伏系统少发一部分电,才能避免白白损失一部分太阳能。为了克服上述缺点,有逆流并网系统应运而生。

(2)有逆流并网系统

在正常情况下,相关负载由太阳能电池提供电能;当太阳能电池所提供的电能不能满足负载需要时,则负载从电力系统得到电能;如果太阳能电池所提供的电能除满足负载要求外,还有剩余电能,则剩余电能流向电网。人们将此类光伏系统称为有逆流并网系统(如图3-7所示)。对于有逆流并网系统来说,由于太阳能电池产生的剩余电能可以供给其他负载使用,因此可以充分发挥太阳能电池的发电能力,使电能得到最大化利用。

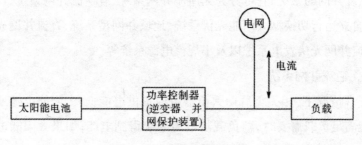

图3-7　有逆流并网系统

并网式系统的最大优点是可省去蓄电池。这不仅可节省投资,使太阳能光伏系统的成本大大降低,有利于太阳能光伏系统的普及,而且可省去蓄电池的维护、检修等费用,所以该系统是一种十分经济的系统。目前,不带蓄电池的有逆流并网式屋顶太阳能光伏系统正得到越来越广泛的应用。

(3)切换式并网系统

切换式光伏并网系统如图 3-8 所示,该系统主要由太阳能电池、蓄电池组、充放电控制器、逆变器、自动转换开关电器(ATSE,Automatic Transfer Switching Equipment,由一个或几个转换开关电器和其他必需的电器组成,主要用于监测电源电路过压、欠压、断相、频率偏差等,并将一个或几个负载电路从一个电源自动转换到另一个电源的电器,如市电与发电的转换、两路市电的转换;主要适用于低压供电系统,即额定电压交流不超过 1000 V 或直流不超过 1200 V,在转换电源期间中断向负载供电)以及负载等构成。正常情况下,太阳能光伏系统与电网分离,直接向负载供电。而当日照不足或连续雨天,太阳能光伏系统出力不足时,自动转换开关电器自动切向电网一边,由电网向负载供电。

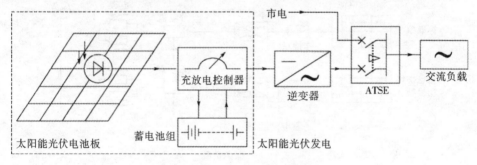

图 3-8　市电并联光伏发电系统

不难看出,切换式并网系统是在独立发电系统的基础上,在用电负载侧增加一路交流市电供电,与太阳能光伏发电经逆变的交流供电回路组成 ATSE 双电源自动切换,供电给交流用电负载。对于直流用电负荷,交流市电整流同样可组成 ATSE 双电源自动切换直流供电系统。这种并联光伏发电系统的供配电方式,显然比独立发电系统优越得多。它具有独立光伏发电系统的灵活、简单,应用普遍的特点,其最大的优点是一旦太阳能光伏系统供电不足或中断,可借助 ATSE 自动切换,由市电供电,从而提高供电的可靠性,同时也可使系统减少配置蓄电池组的容量,节约一定的投资成本。

切换式并网系统可以解决太阳能光伏发电系统发电量不足或中断时负载

的供电保障问题,此时用电负载可以改由市电供电,满足用电需要。但是,ATSE 自动切换装置的切换时间是毫秒到秒量级,在切换期间,负载供电会中断,这可能导致许多用电设备不能正常工作,甚至可能造成相关设备数据丢失或设备损坏,所以切换式并网系统并不是一种不间断供电系统。

(4)自立运行切换型太阳能光伏系统

自立运行切换型太阳能光伏系统一般用于救灾等特殊情况。图 3-9 所示为自立运行切换型(防灾型)太阳能光伏系统。通常,该系统通过系统并网保护装置与电力系统连接,所产生的电能供给负载使用;当灾害发生时,系统并网保护装置动作,使太阳能光伏系统与电力系统分离;带有蓄电池的自立运行切换型太阳能光伏系统可作为紧急通信电源、避难所、医疗设备、加油站、道路指示、避难场所指示以及照明等的电源,当灾害发生时向灾区的紧急负载供电。

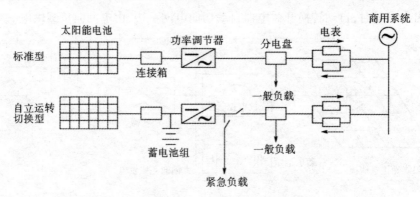

图 3-9　自立运行切换型太阳能光伏系统

(5)地域并网型太阳能光伏系统

传统的太阳能光伏并网系统结构如图 3-10 所示,系统主要由太阳能电池、逆变器、控制器、自动保护系统以及负荷等构成。其特点是太阳能光伏系统分别与电力系统的配电线相连。各太阳能光伏系统的剩余电能直接送往电力系统(称为卖电);当各负荷所需电能不足时,直接从电力系统得到电能(称为买电)。

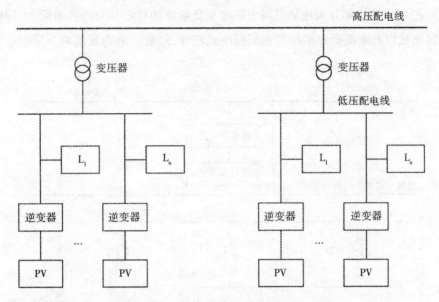

图 3 - 10　传统的太阳能光伏并网系统结构

I——民用负荷;L——公用负荷;PV——太阳能电池

传统的太阳能光伏系统存在如下问题。

①成本问题

目前,太阳能光伏系统的发电成本较高,这是制约太阳能光伏发电的普及的重要因素,如何降低成本是人们最关注的问题。

②逆充电问题

所谓逆充电问题,是指当电力系统的某处出现事故时,尽管将此处与电力系统的其他线路断开,但此处如果接有太阳能光伏系统的话,太阳能光伏系统的电能会流向该处,有可能导致事故处理人员触电,严重的会造成人员伤亡。

③电压上升问题

由于大量的太阳能光伏系统与电力系统并网,晴天时,太阳能光伏系统的剩余电能会同时送往电力系统,使电力系统的电压上升,导致供电质量下降。

④负载均衡问题

为了满足最大负载的需要,必须相应地增加发电设备的容量,但这样就会使设备投资额增加,不经济。

地域并网型太阳能光伏系统在一定程度上解决了上述问题(如图 3 - 11 所

示),图中的虚线部分为地域并网太阳能光伏系统的核心部分。各负载、太阳能光伏电站以及电能储存系统与地域配电线相连,然后与电力系统的高压配电线相连。

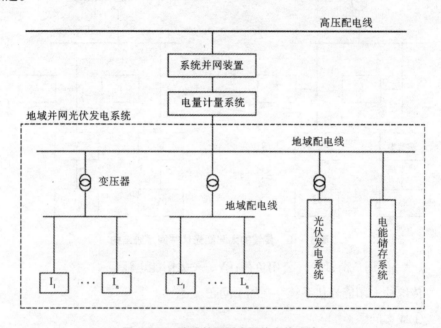

图3-11 地域并网型太阳能光伏系统

太阳能光伏电站可以设在建筑物的壁面,如学校、住宅等的屋顶、空地等处。太阳能光伏电站、电能存储系统以及地域配电线等相关设备可由独立于电力系统的第三者(公司)建造并经营。

地域并网型太阳能光伏系统的特点如下。

①太阳能光伏电站(系统)发出的电能首先向地域内的负载供电,有剩余电能时,电能存储系统先将其储存起来,若仍有剩余电能则卖给电力系统;当太阳能光伏电站的出力不能满足负载需要时,先由电能存储系统供电,仍不足时则从电力系统买电。与传统的并网系统相比,这种并网系统可以减少买、卖电量。太阳能光伏电站发出的电能可以在地域内得到有效利用,可提高电能的利用率,降低成本,有利于光伏发电的应用与普及。

②地域并网太阳能光伏系统通过系统的并网装置(内设有开关)与电力系统相连。当电力系统的某处出现故障时,系统并网装置检测出故障,并自动断开开关,使太阳能光伏系统与电力系统脱离,防止太阳能光伏系统的电能流向电力

系统,有利于系统的检修与维护。因此这种并网系统可以很好地解决逆充电问题。

③地域并网太阳能光伏系统通过系统并网装置与电力系统相连,所以只需在并网处安装电压调整装置或使用其他方法,就可解决太阳能光伏系统同时向电力系统送电时所造成的系统电压上升问题。

④负载均衡问题。由于设置了电能储存装置,可以将太阳能光伏发电的剩余电能储存起来,可在最大负载(用电高峰期)时向负载提供电能,因此可以起到均衡负载的作用,从而大大减少调峰设备,节约成本。

(6)直流并网光伏发电系统

太阳能光伏发电系统要与城市电力系统并网运行,由于前者是直流电,而后者通常是交流电,因此只有两种方法:一是把太阳能光伏发电系统的直流电逆变成交流电,再与交流电并网运行;二是把城市电力系统的交流电整流成直流电,再与太阳能光伏发电系统的直流电并网运行。从实际运用看,并网系统也可以分为直流并网系统和交流并网系统。

直流并网光伏发电系统的接线原理图如图3-12所示。对于中小型光伏发电系统,采用交流变直流再并网的运行方式有许多可取之处,主要表现在以下几方面。

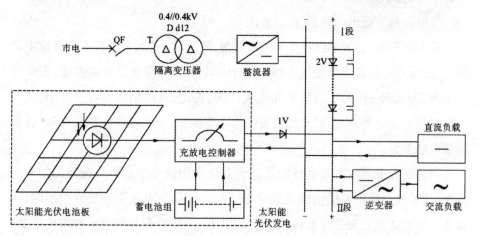

图3-12 直流并网光伏发电系统接线原理图

①并网简单易行

众所周知,交流并网需要两个交流系统的电压、频率、相位相同或相近,然后采用准同期或自同期进行并网。而直流并网只需两个系统的正负极性相同、电压相等就可以并网运行。上图中的太阳能光伏发电系统输出直流电压,光伏电池板、蓄电池组按一定电压值配置,经充放电控制器控制,数值基本上是稳定的。交流系统经晶闸管整流直流调压,其技术成熟稳定,可达到无级直流调压。因此,直流并网系统比交流并网系统更简单易行。

②投入主要设备简单经济,技术成熟可靠

直流并网投入的主要设备是大功率晶闸管整流设备,交流并网投入的主要设备是大功率晶闸管变压、变频逆变器,前者仅整流和调压,一般只需要采用三相桥式半控(或可控)整流,仅控制晶闸管触发回路脉冲信号的控制角,从而改变晶闸管导通角的大小,达到整流和无级调压,输出一定值的直流电源电压。

后者是从直流变交流,为了关断晶闸管,一般采用与负载并联或串联的电容器,所需晶闸管数量是半控整流电路的 2 倍。晶闸管触发回路不仅要像整流一样控制晶闸管导通角的大小,达到一定的交流电压值,还需要控制其触发频率,控制三相交流输出按 50 Hz 正弦函数规律周期性地改变输出电压值的大小和正负,控制三相电压相位互差120°等,最后达到输出 50 Hz、平衡对称、有一定大小电压值、按正弦函数变化的交流电源电压。不难看出,前者过程相对简单、设备经济,技术相对容易、成熟可靠。

③电源功率输出的调节、控制方便

从上图看出,直流母线经2 V 二极管分成Ⅰ、Ⅱ两段,Ⅰ段是市电直流电源段,Ⅱ段是共用的直流负载输出段。对于中小型太阳能光伏发电系统,发电能力不大,为达到一定程度的稳定和连续性发、供电,宜根据发电容量大小,适配一定容量的蓄电池,作为积累光伏发电的功率能量,但它不同于作为存储、备用的蓄电池配置。

该并网发电系统正常运行方式应当是让太阳能光伏发电系统发出的全部功率,经Ⅱ段母线配电输出给负载供电。只有光伏发电功率不足或中断时,才由市电通过2 V 二极管向Ⅱ段用电负载供电,补充或全部供给负载用电需要,实现最经济的运行方式。但是,要实现这种最经济的运行方式,就要合理控制Ⅰ、Ⅱ段的母线电压正负差值的大小。

当Ⅱ段电压高于Ⅰ段,电压差值为正,光伏发电系统输出功率,反之,市电输出部分或全部用电功率。由于太阳能光伏发电系统最终是靠蓄电池组的充放电来实现发电、供电的，每种蓄电池都有最佳的充电电压和允许的放电终止电压值，由充放电控制器控制。只要设定当Ⅱ段电压低于蓄电池组允许的放电终止电压值时，此时意味着太阳能光伏发电系统输出功率满足不了负载需要，这时调节市电系统整流器的输出电压值以及 2 V 二极管的节数，使Ⅰ段电压克服 2 V 压降后，恰好大于Ⅱ段的电压值，达到Ⅰ段向Ⅱ段补充供电，满足负载用电的需要，又维持Ⅱ段电压在蓄电池允许的放电终止电压值。当太阳能光伏发电系统输出功率增加时，蓄电池放电电压克服 1 V 二极管压降后又大于这时Ⅱ段的电压，太阳能光伏发电系统加大供电，直到Ⅱ段电压高于Ⅰ段，市电又停止供电。以上控制过程，最终只需要控制和维持Ⅰ、Ⅱ段的电压值和电压差，就能达到调节和控制功率输出的目的，其过程比较简单和方便，而且可完全实现自动化控制。

④能有效防止逆功率反送

防止功率反送包括两个方面：一方面要防止光伏系统向市电系统反送功率，另一方面也要防止后者向前者反送功率。装 2 V 多节二极管的目的，一是调节控制Ⅰ、Ⅱ段母线的电压差值，二是防止太阳能光伏发电系统向市电系统反送电。此外，在隔离变压器 T1 的市电侧，装设带有逆变功率保护的空气断路器 QF，以便更加可靠地保证光伏系统不会向市电系统逆功率反送。同理，装设 1 V 二极管，是为了防止市电系统向光伏系统反送电。

⑤用电负载形式多样化

直流供电系统可直接向直流负载供电，如直流电动机、LED 灯、直流电源等，工业上还有直流电镀、电解等；可以直接向变频调速的交流电机负载供电，减少交流供电变频调速过程的交—直—交中的交—直环节；可以借助逆变器向交流负载供电。单独的用电负载逆变器功率小，没有大功率电源逆变器的影响那么大。直流供电没有无功的传递，损耗小，单相输送，选用的电缆根数少。

⑥采用防止谐波对市电系统影响的措施

在市电供电系统中，配置 1∶1 电压变比的变压器 T1，并按照（Dd12）方式接线，就是为了有效地防止直流系统产生的多次谐波，主要是三次谐波窜入市电系统，影响市电供电电能的质量。

直流并网光伏发电系统具体的供配电方式，应根据用电负载的重要性、容量大小、分布情况、负载特性等具体情况灵活合理地选用。

(7)交流并网光伏发电系统

交流并网光伏发电系统主要由太阳能电池方阵和并网逆变器等组成,如图 3－13 所示。白天有日照时,太阳能电池方阵发出的电经并网逆变器将电能直接输送到交流电网上,或将太阳能发出的电经并网逆变器直接为交流负载供电。

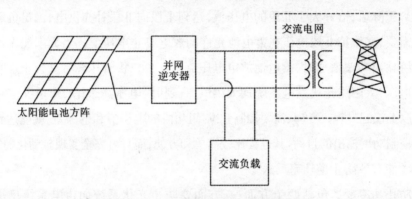

图 3－13　交流并网光伏发电系统原理图

图 3－14 所示为某 10 kW 交流并网光伏系统图,主要由光伏阵列、并网逆变器以及交、直流配电柜等构成。系统采用 13 串 3 并阵列组合以最终构成 3 个

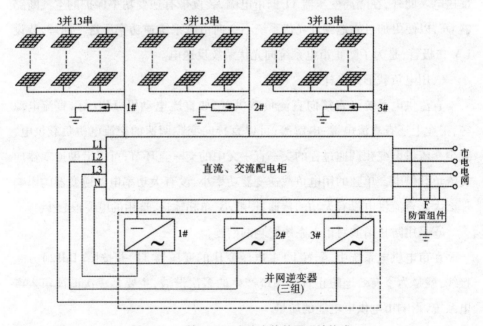

图 3－14　某 10 kW 交流光伏并网系统构成

独立单相并网逆变系统连入三相四线电网,每块电池板的功率为 85 W。这种设计的优点在于系统运行可靠性高、容易维护,而且即使某相发生故障,其他两相仍可继续发电。

　　从图 3-14 可以看出,该交流并网系统的并网逆变器与交、直流配电柜分开配置。其中交、直流配电柜内主要包括交、直流保护开关,防雷器件,直流电压表,直流电流表,交流电压表以及三相电度表等。在光伏阵列输出端以及三相四线制市电输入端均加装防雷器,以确保系统安全可靠运行。图 3-15 所示为深圳国际园林花卉博览园 1 MW BIPV(Building Integrated Photovoltaic,光伏建筑一体化)并网光伏系统实景图。

图 3-15　深圳国际园林花卉博览园 1 MW(BIPV)并网光伏系统实景图

三、互补型光伏发电系统

　　太阳能光伏系统与其他发电系统(如风力、柴油发电机组、集热器、燃料电池、生物质能等)组成多能源的发电系统,通常被称为互补型光伏发电系统或混合发电系统。互补型光伏发电系统主要适用于以下情况:太阳能电池的出力不稳定,需使用其他能源作为补充时;太阳能电池的热能作为综合能源被加以利用时。互补型光伏发电系统一般可分成风光互补发电系统、风—光—柴互补发电系统、太阳光热互补发电系统、太阳能光伏-燃料电池互补发电系统以及小规模新能源电力系统等,其中风光互补发电系统应用最广泛。

1.互补型光伏发电系统的类型

(1)风光(风—光—柴)互补型发电系统

风光(风—光—柴)互补发电系统主要由风力发电机组(柴油发电机组)、太阳能光伏电池阵列、电力转换装置(控制器、整流器、蓄电池、逆变器)以及交、直流负载等组成,其系统结构分别如图3-16和图3-17所示,图3-18所示为风光互补路灯实景图。风光(风—光—柴)互补发电系统是集太阳能、风能、柴油发电机组发电等多能源发电技术及系统智能控制技术为一体的混合发电系统。

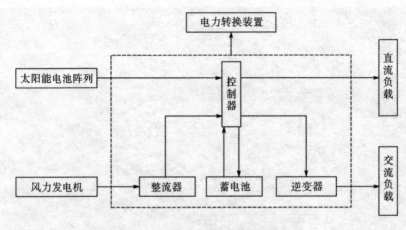

图 3 - 16　风光互补发电系统结构框图

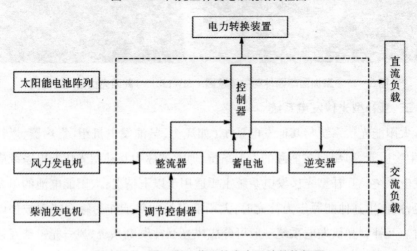

图 3 - 17　风—光—柴互补发电系统结构框图

图3-18　风光互补路灯实景图

风光互补发电系统根据当地的太阳辐射变化和风力情况,可以在以下四种模式下运行:太阳能光伏发电系统单独向负载供电;风力发电机组单独向负载供电;太阳能光伏发电系统和风力发电机组联合向负载供电;蓄电池组向负载供电。

①太阳能电池阵列

太阳能电池阵列是将太阳能转化为电能的发电装置。当太阳照射到太阳能电池上时,电池吸收光能,产生光生电子—空穴对。在电池的内建电场作用下,光生电子和空穴被分离,光电池的两端出现异号电荷的积累,即产生"光生电压",这就是"光生伏打效应"。若在内建电场的两侧引出电极并接上负载,则负载中就有"光生电流"流过,从而获得功率输出。这样,太阳能就直接变成了可使用的电能。

太阳能电池方阵将太阳辐射能直接转化为电能,按要求它应有足够的输出功率和输出电压。单体太阳能电池是将太阳辐射能直接转换成电能的最小单元(一般不能单独作为电源使用),做电源用时应按用户的使用要求和单体电池的电性能将几片或几十片单体电池串、并联连接,经封装,组成一个可以单独作为电源使用的最小单元,即太阳能电池组件。太阳能电池方阵产生的电能一方面经控制器可直接向直流负载供电,另一方面经控制器向蓄电池组充电。从蓄电池组输出的直流电,一方面通过 DC/DC 变换供给直流负载,另一方面通过逆变器后变成了 220 V(380 V)的交流电,供给交流负载。

太阳能电池方阵的功率需根据使用现场的太阳总辐射量、太阳能电池组件的光电转换效率以及所使用电器装置的耗电情况来确定。

②风力发电机

风力发电机是将风能转化为电能的机械。从能量转换角度看,风力发电机由两大部分组成:一是风力机,它将风能转化为机械能;二是发电机,它将机械能转化为电能。小型风力发电机组一般由风轮、发电机、尾舵和电气控制部分等构成。常规的小型风力发电机组多由感应发电机或永磁发电机、AC/DC 变换器、蓄电池组、逆变器等组成。在风的吹动下,风轮转动起来,使空气动力能转变成机械能。风轮的转动带动了发电机轴的旋转,从而使永磁三相发电机发出三相交流电。风速不断变化,忽大忽小,导致发电机发出的电流和电压也随着风速变化。发出的电经过控制器整流,由交流电变成具有一定电压的直流电,并向蓄电池进行充电。从蓄电池组输出的直流电,一方面通过 DC/DC 变换供给直流负载,另一方面通过逆变器后变成 220 V(380 V)的交流电供给交流负载。

图 3 - 19 所示为风力机输出功率曲线,其中 v_c 为启动风速,v_R 为额定风速,此时,风机输出额定功率,v_p 为截止风速。

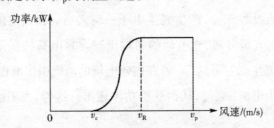

图 3 - 19　风力发电机的输出特性

当风速小于启动风速时,风机不能转动。当风速达到启动风速后,风机开始转动,带动发电机发电。发电机输出电能供给负载以及给蓄电池充电。当蓄电池组端电压达到设定的最高值时,由电压检测电路得到信号电压,通过控制电路进行开关切换,使系统进入稳压闭环控制,既保持对蓄电池充电,又不致使蓄电池过充。当风速超过截止风速 v_p 时,风机通过机械限速机构使风力机在一定转速下限速运行或停止运行,以保证风力机不被损坏。

③电力转换装置

由于风能的不稳定性，风力发电机所发出的电能的电压和频率是不断变化的。同时，太阳能也是不稳定的，它所发出的电压也随时变化，而且蓄电池只能存储直流电能，无法为交流负载直接供电。所以，为了给负载提供稳定、可靠的电能，需要在负载和发电机之间加入电力转换装置，这种电力转换装置主要由整流器、蓄电池组、逆变器和控制器等组成。

a 整流器　整流器的主要功能是对风力发电机组和柴油发电机组输出的三相交流电进行整流，整流后的直流电经控制器再对蓄电池组进行充电，整流器一般采用三相桥式整流电路。风电支路中的整流器的另外一个重要作用是，在外界风速过小或者基本没风的情况下，风力发电机的输出功率较小，由于三相整流桥中的电力二极管的导通方向只能是由风力发电机的输出端到蓄电池组端，所以，整流器可有效防止蓄电池对风力发电机的反向供电。

b 逆变器　逆变器是电力变换过程中经常使用到的一种电力电子装置，其主要作用是将蓄电池存储的或由整流桥输出的直流电转变为负载所能使用的交流电。风光互补型发电系统中所使用的逆变器要求具有较高的效率，特别是轻载时的效率要高，这是因为这类系统经常在轻载状态下工作。另外，由于输入的蓄电池电压随充、放电状态的改变而变动较大，这就要求逆变器能在较大的直流电压变化范围内正常工作，而且能保证输出电压稳定。

c 蓄电池组　小型风光互补型发电系统的储能装置大多使用阀控式铅酸蓄电池组，蓄电池通常在浮充状态下长期工作，其电能量比用电负载所需的电能量大得多，多数时间处于浅放电状态。蓄电池组的主要作用是能量调节和平衡负载：当太阳能充足、风力较强时，可以将一部分太阳能或风能储存于蓄电池中，此时蓄电池处于充电状态；当太阳能不足、风力较弱时，储存于蓄电池中的电能向负载供电，以弥补太阳能电池阵列、风力发电机组所发电能的不足，达到向负载持续稳定供电的目的。

d 控制器　控制器根据日照强度、风力大小及负载的变化情况，不断对蓄电池组的工作状态进行切换和调节：一方面把调整后的电能直接送往直流或交流负载；另一方面把多余的电能送往蓄电池组存储起来。当太阳能和风力发电量不能满足负载需要时，控制器把蓄电池组存储的电能送往负载，以保证整个系统工作的连续性和稳定性。

④备用柴油发电机组

当连续多天没有太阳、无风时,可启动柴油发电机组对负载供电并对蓄电池补充电,以防止蓄电池长时间处于缺电状态。一般柴油发电机组只提供保护性的充电电流,其直流充电电流值不宜过高。小型的风光互补发电系统有时可不配置柴油发电机组。

风光互补发电系统具有以下优点:

a 利用太阳能、风能的互补性,可以获得比较稳定的输出,发电系统具有更高的稳定性和可靠性。

b 在保证同样供电的情况下,可大大减少储能蓄电池的容量。

c 通过合理的设计和匹配,可以基本由风光互补发电系统供电,很少或基本不用启动备用电源如柴油发电机组等,可获得较好的社会效益和经济效益。

(2)太阳能光、热互补型发电系统

图 3-20 所示为太阳能光、热互补型发电系统的构成。在日常生活中所使用的电能与热能同时利用的太阳光—热混合集热器就是其中的一种。光、热互

图 3-20　太阳能光、热互补型发电系统

补型发电系统用于住宅负载时可以得到有效利用,即可以有效利用设置空间、减少建材的使用量以及能量回收期、降低设置成本以及能源成本等。太阳光—热混合集热器具有太阳能热水器与太阳电池阵列组合的功能,它具有如下特点:

①太阳能电池的转换效率大约为 10% ,加上集热功能,太阳光—热混合集热器可提高能量转换效率。

②集热用媒质的循环运动可增强太阳能电池阵列的冷却效果,可抑制太阳能电池单元随温度上升导致的转换效率下降。

(3)太阳能光伏—燃料电池互补型发电系统

图 3-21 所示为太阳能光伏—燃料电池互补型发电系统的系统组成,燃料电池所用燃料为都市煤气。该系统可以综合利用能源,提高能源的综合利用率,将来可作为住宅电源使用。太阳能光伏—燃料电池互补型系统由于使用了燃料电池发电,因此可以节约电费,显著降低二氧化碳的排放量,减少环境污染。

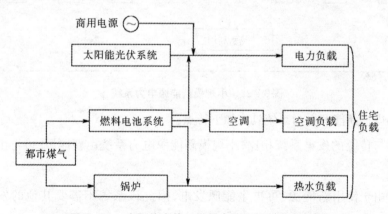

图 3-21　太阳能光伏—燃料电池互补型发电系统

(4)小规模新能源电力系统

图 3-22 所示为小规模新能源电力系统。该系统由发电系统、氢能制造系统、电能存储系统、负载经地域配电线相连构成(图中的虚线表示如果需要的话也可与电力系统并网)。发电系统包括太阳能光伏系统、风力发电、生物质能发电、燃料电池发电、小型水力发电(如果有水资源)等;负载包括医院、学校、公寓、写字楼等民用、公用负荷;氢能制造系统用来将地域内的剩余电能转换成氢

能。当其他发电系统所产生的电能以及电能存储系统的电能不能满足负载的需要时,通过燃料电池发电为负载供电。

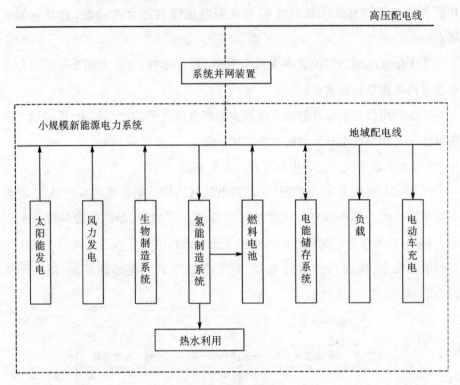

图 3 – 22　小规模新能源电力系统

小规模新能源电力系统具有如下特点:

①与传统的发电系统相比,小规模新能源电力系统由新能源、可再生能源构成。

②由于使用新能源、可再生能源发电,因此该系统不需要其他的发电用燃料。

③由于使用清洁能源发电,因此该系统对环境没有污染,环境友好。

④氢能制造系统的使用,一方面可以使地域内的剩余电力得到有效利用,另一方面可以提高系统的可靠性、安全性。

一般来说,小规模新能源电力系统与电力系统相连可提高其供电的可靠性与安全性。但由于该系统有氢能制造系统和燃料电池以及电能存储系统,因此,我们需要对小规模新能源电力系统的各发电系统的容量进行优化设计,并对整个系统进行最优控制,以保证供电的可靠性与安全性,尽可能使其成为独立的小规模新能源电力系统。

随着我国经济的快速发展,能源的需求越来越大。能源消耗的迅速增加与环境污染的矛盾日益突出,因此清洁、可再生能源的应用是必然趋势。可以预见,小规模新能源电力系统与大电力系统同时共存的时代必将到来。

2. 风光互补型光伏发电系统的控制器

风光互补型光伏发电系统主要由太阳能光伏电池、风力发电机组、控制器、蓄电池、逆变器、交流和直流负载等部分组成。其中,控制器是整个系统的心脏,其性能的优劣直接决定整个系统的安全性与可靠性。所以,对于风光互补型光伏发电系统而言,控制器的精心设计显得至关重要。下面以某单位研制的2 kW 风光互补型光伏发电系统控制器为例,详细讲述其结构组成、各电路的工作原理及主要性能指标等。

(1)结构组成

独立运行的 2 kW 风光互补型发电系统控制器主要由主电路、驱动电路、整流电路、控制电路、辅助电源电路和显示电路等组成。

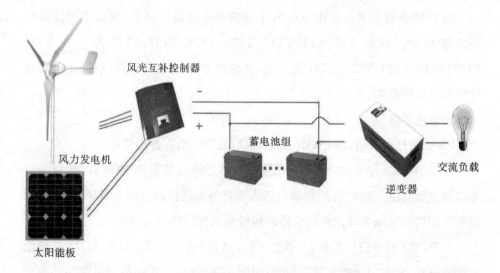

图 3 - 23 风光互补型光伏发电系统的构成

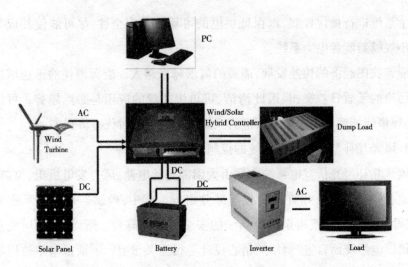

图 3 - 24 风光互补型光伏发电系统的工作流程图

（2）工作原理

①主电路

其主电路为 Buck 型 DC/DC 功率变换电路。由 MOSFET 功率开关管 VT7、VT8、VT12、VT13、VT19、VT20、VT23、VT24、VT26、VT27、VT31、VT32,电感 L,电容 C19、C23、C26、C28、C31,续流二极管 VD8、VD12、VD14、VD15、VD16 等组成。

由于 MOS 管最大占空比为 0.5,不能满足电路设计要求,因此本电路采用两组 MOS 管并联的方式,VT8、VT13、VT20、VT24、VT27、VT32 为一组,VT7、VT12、VT19、VT23、VT26、VT31 为一组,使两组 MOS 管交替工作,以满足电路设计对占空比的要求。

②驱动电路

PWM 信号有两组,即 PWM1 和 PWM2,其中一组为备用信号。

由于 SG3525 输出的高频 PWM 脉冲信号不能直接驱动 MOS 管,所以需要专门的驱动电路。MOS 管的驱动电路需要具备实现控制电路与被驱动 MOS 管栅极之间的电气隔离以及提供合适的栅极驱动脉冲两个功能。

以 PWM1 脉冲信号为例,三极管 VT11、VT14 及二极管 VD21、VD22 共同组成推挽电路,其作用是放大脉冲信号;由脉冲变压器 T2 实现控制电路与功率电路隔离,同时产生四组相同的脉冲信号,每组信号经三组驱动电路提供给三只 MOSFET 功率开关管。

由于各个 MOSFET 功率开关管的驱动电路均相同,所以我们以 MOSFET 功率开关 VT8 驱动电路为例进行说明。驱动电路采用栅极直接驱动的方式,由 R16、R17、R19、R24、VD17 和 VT5 组成,电路中有一个射极跟随器,并且在 VT5 的发射结反向并联了一个二极管 VD17,其目的是为输入电容放电提供通路,增强电路的驱动能力。

③整流电路

整流电路由整流桥 B1、B2、B3、B4,保险管 FU1、FU2,电容 C8、C9 构成。

整流桥 B1、B2、B3、B4 的作用是将交流电全桥整流,变为脉动直流电。其中,B1 为太阳能光伏发电单相输入整流;B2、B3、B4 为风力发电三相输入整流。保险管 FU1、FU2 对电路进行限流保护:当电流大于 40A 时,自动切断电路,对电路实施保护。电容 C8、C9 构成滤波电路,其作用是将整流后的脉动直流电变换为较平滑的直流电,供下一级变换。

④控制电路

控制电路由 U2(PIC16F684)、U5(SG3525)及其外围电路组成。U2 负责输入过欠压的检测与保护,蓄电池过欠压的检测与保护,蓄电池充、放电管理,输出电压、电流显示等工作。U5 在 U2 的控制下产生 PWM 脉冲,完成对功率电路的控制。

a 交流输入过欠压检测与保护　　交流输入过压保护值为 124 V ± 3 V,过压保护恢复为 114 V ± 3 V;交流输入欠压保护值为 38 V ± 3 V,欠压保护恢复值为 42 V ± 3 V;交流输入电压信号经 VR1 及其外围电路取样后被送到 U2 的 12 脚,U2 检测后根据采样电压的高低确定是否需要关闭 U5。

b 蓄电池过欠压检测与保护　　蓄电池过压保护值为 57.5 V ± 1 V,过压保护恢复为 53.5 V ± 1 V;蓄电池的欠压保护值为 41 V ± 1 V,欠压保护恢复值为 47 V ± 1 V;蓄电池的电压信号经 VR3 及其外围电路取样后被送到 U2 的 11 脚,U2 检测后根据采样电压的高低,结合交流输入信号确定是否需要关闭 U5 和吸合继电器 REL1 等。

c 蓄电池充、放电管理　　蓄电池的充、放电管理是控制器的核心,蓄电池的充电电压、充电电流,均浮充转换由 U2(PIC16F684)与 U5(SG3525)共同完成。

d PWM 脉冲控制电路　　U5 在 U2 的控制下工作,输出电压给定信号由 U2

的 5 脚送出,经 R137、C24 滤波后送到 U5 的 2 脚,此电压信号决定输出电压的高低;输出电流的大小由 U4(LM358)及其外围电路决定,调节 VR4 的阻值即可调节输出电流的大小。输出电压、电流信号被送到 U5 的 1 脚,与 2 脚的给定信号比较后决定输出 PWM 脉冲的占空比,完成对 PWM 脉冲的控制。

　　f 告警电路　U2 在完成对输入电压、蓄电池电压、输出电压、输出电流的检测后,一旦发现任一项指标超限,立即给出告警信号,确保控制器正常工作。

　　● 蓄电池过欠压时,红色故障灯亮,同时切断蓄电池输入回路;有交流输入时,直流输出不受影响;无交流输入时,无直流输出。

　　● 交流输入过压时,红色故障灯闪,同时关闭内部功率变换电路;有蓄电池输入时,直流输出由蓄电池供电;无蓄电池输入时,直流无输出。

　　● 交流输入欠压时,红色故障灯闪;有蓄电池输入时,内部功率变换电路不关闭,直流输出由蓄电池和变换器共同供电;无蓄电池输入时,内部功率变换电路关闭,直流无输出。

　　● 直流输出过流时,红色故障灯亮,同时关闭内部功率变换电路;有蓄电池输入时,直流输出由蓄电池供电;无蓄电池输入时,直流无输出。

　　⑤辅助电源电路

　　辅助电源电路利用反激式变换器电路和电流控制芯片 UC3845 进行设计。由电流控制芯片 UC3845、变压器 T1、三端稳压器 U3:LM7805 等主要器件组成。

　　蓄电池为 UC3845 提供正常工作电压,UC3845 为开关管 VT1 提供控制脉冲。开关管 VT1 导通时为电能储存阶段,这时可以把变压器看成一个电感,原边绕组的电流 Ip 将会线性增加,磁芯内的磁感应强度将会增加到最大值。当开关管 VT1 关断时,初级电流必定降到零,副边整流二极管 VD6 和 VD7 将导通,感生电流将出现在副边。按照功率恒定原则,副边绕组安匝值与原边绕组安匝值应相等,能量通过开关管 VT1 的连续导通与关断由 T1 原边传递到副边。二极管 VD6 和 VD7 构成单相全波整流电路,将 T1 次级输出的高频交流电整流为脉动直流电。电感 L1,电容 C13、C53、C54 构成滤波电路,将 VD6、VD7 整流后的高频脉动直流电转换为稳定的 12 V 直流电,加在三端稳压器 U3 的输入端,U3 输出稳定的 5 V 直流电。12 V 和 5 V 直流电为整个控制器提供辅助电源。其中电阻 R118、R119 和 C16 组成 RC 吸收电路,对整流二极管 VD6 和 VD7 提供保护。

　　⑥显示电路

　　显示电路主要由两个三位 LED 数码管 SM420563 以及两个通用数码管驱动芯片 74HC595 组成。通用数码管驱动芯片 74HC595 为三位 LED 数码管 SM420563 提供驱动信号,其中一只数码管显示输出电压,另一只数码管显示输出电流。

　　(3)产品外观

　　图 3 – 25 至图 3 – 27 所示分别为 2 kW 风光互补型发电系统控制器的前面板、后面板和内部结构。

图 3 – 25　2 kW 风光互补型发电系统控制器(前面板)

图 3 – 26　2 kW 风光互补型发电系统控制器(后面板)

图 3 - 27　2 kW 风光互补型发电系统控制器(内部结构)

(4)性能指标

①输入电压

三相线电压:AC 45 ~ 120 V,50 Hz ± 5 Hz。

②输出电压

均充电压:55. 5 V ± 0. 3 V。

浮充电压:53. 5 V ± 0. 3 V。

③输出电流

最大输出电流:40 A ± 2 A。

均浮充转换电流:5 A ± 2 A。

浮均充转换电流:8 A ± 2 A。

④保护

a 交流输出欠压保护

过压保护值:124 V ± 3 V。

过压保护恢复值:114 V ± 3 V。

b 交流输入欠压保护

欠压保护值:38 V ± 3 V。

欠压保护恢复值:42 V ± 3 V。

c 蓄电池过压保护

过压保护值:57.5 V ± 1 V。

过压保护恢复值:53.5 V ± 1 V。

d 蓄电池欠压保护

欠压保护值:41 V ± 1 V。

欠压保护恢复值:47 V ± 1 V。

e 输出过压保护

过压保护值:57.5 V ± 1 V。

f 蓄电池反接保护

⑤工作条件

温度:0 ~ 45 ℃。

相对湿度:小于80%。

⑥储存条件

温度: − 10 ~ 60 ℃。

相对湿度:小于80%。

3. 风光互补型发电系统的应用

(1)无电农村的生活、生产用电

中国现有9亿人口生活在农村,其中,约有5%的人目前还未能用上电。在中国,无电乡村往往位于风能和太阳能蕴藏量较丰富的地区,因此利用风光互补型发电系统解决用电问题的潜力很大。采用标准化的风光互补型发电系统有利于加快这些地区的经济发展,提高其经济水平。另外,利用风光互补系统开发储量丰富的可再生能源,可以为广大边远地区的农村人口提供最适宜也最便宜的电力服务,促进贫困地区的可持续发展。

我国已经建成了千余个可再生能源的独立运行村落集中供电系统,但是这些系统都只提供照明和生活用电,不能或不运行生产性负载,这就使得系统的经济性较差。可再生能源独立运行村落集中供电系统的出路是经济上的可持续运行,涉及系统的所有权、管理机制、电费标准、生产性负载的管理、电站政府补贴资金来源、数量和分配渠道等。这种可持续发展模式对包括中国在内的所有发展中国家都有深远意义。

(2)半导体室外照明

世界上室外照明工程的耗电量占全球发电量的12%左右。在全球能源日趋紧张和环保意识逐渐提高的背景下,半导体室外照明的节能工作已经引起全世界的关注。

半导体室外照明的基本工作原理:太阳能和风能以互补形式通过控制器向蓄电池智能化充电,到晚间,系统根据光线的强弱程度自动开启和关闭各类LED室外灯具。智能化控制器具有无线传感网络通信功能,可以与后台计算机实现三遥管理(遥测、遥信、遥控)。智能化控制器还具有强大的人工智能功能,对整个照明工程实行先进的计算机"三遥"管理,重点是照明灯具的运行状况巡检以及故障和防盗报警。

目前已被开发的风光互补室外照明工程有:风光互补LED智能化车行道路照明工程(快速道/主干道/次干道/支路)、风光互补LED小区照明工程(小区路灯/庭院灯/草坪灯/地埋灯/壁灯等)、风光互补LED景观照明工程、风光互补LED智能化隧道照明工程等。

(3)航标灯电源系统

我国部分地区的航标已经应用了太阳能发电,特别是灯塔桩,但也存在一些问题,最突出的问题就是在连续天气不良状况下太阳能发电不足,易造成电池过放电、灯光熄灭,影响了电池的使用性能甚至导致其损坏。冬季和春季太阳能发电不足的问题尤为严重。

天气不良时往往伴随大风,也就是说,太阳能发电不理想的天气状况往往是风能最丰富的时候,在这种情况下,可以用以风力发电为主、光伏发电为辅的风光互补型发电系统代替传统的太阳能光伏发电系统。风光互补型发电系统具有环保、免维护、安装使用方便等特点,符合航标能源应用要求。在太阳能配置能满足能源供应的情况下(夏、秋季),不启动风光互补型发电系统;在冬、春季或连续天气不良,太阳能发电不能满足负荷的情况下,启动风光互补型发电系统。由此可见,风光互补型发电系统在航标上的应用具有季节性和气候性特点。事实证明,其应用可行,效果明显。

(4)监控摄像机电源

目前,高速公路重要关口(收费处、隧道中、急拐弯处、长下坡路段等)、城市道路人行道(斑马线处)以及其他重要地点(政府机关、银行、飞机场、火车站等)等处均安装有摄像机。这些地点的摄像机均要求24小时不间断运行,采用的传统市电电源系统虽然功率不大,但是因为数量多,也会消耗不少电能,不利于节能;另外,高速公路摄像机电源的线缆经常被盗,损失大,造成使用维护费大大增加,增加了高速公路的运营成本。应用风光互补型发电系统为高速公路重要关口等处的监控摄像机提供电源,不仅节能,而且不需要铺设线缆,减少了被盗的可能。

(5)通信基站电源

目前国内许多海岛、山区等地远离电网,但由于当地旅游、渔业、航海等行业有通信需要,需要建立通信基站。这些基站用电负荷都不会很大,若采用市电供电,架杆铺线代价很大,若仅采用柴油发电机组供电,存在运营成本高、系统维护困难等问题。而太阳能和风能作为取之不尽的可再生资源,在海岛相当丰富。此外,太阳能和风能在时间上和地域上都有很强的互补性,风光互补型发电系统是可靠性较高、经济性较好的独立电源系统,适用于给通信基站供电。在具备相关条件(经济条件、技术人员配置)的情况下,系统可配置柴油发电机组,以备太阳能与风能发电不足时使用。这样可大大减少系统中太阳能电池方阵与风机的容量,从而降低系统成本,同时增加系统的可靠性。

(6)抽水蓄能电站电源

风光互补抽水蓄能电站是利用太阳能和风能发电,不经蓄电池而直接带动抽水机实行不定时抽水蓄能,然后利用储存的水能实现稳定的发电与供电。这种能源开发方式将水能、太阳能与风能开发结合起来,利用三种能源在时空分布上的差异达到互补开发的目的,适用于电网难以覆盖的边远地区,并有利于能源开发中的生态环境保护。

风光互补抽水蓄能电站的开发至少要满足以下两个条件:

①三种能源在能量转换过程中应基本保持能量守恒;

②抽水系统所构成的自循环系统的水量基本保持平衡。

　　虽然抽水蓄能电站电源与水电站相比成本电价略高,但是可以解决有些地区小型水电站冬季不能发电的问题。所以风光互补抽水蓄能电站的多能互补开发方式具有独特的技术经济优势,可作为某些满足条件的地区的能源利用方案。

　　风光互补型发电系统的应用向全社会展示了太阳能、风能新能源的应用价值,对推动我国建设资源节约型和环境友好型社会具有十分重要的意义。

第四节　太阳能电池板

　　太阳能电池板是太阳能电池的集合。它们协同工作供电。单个电池不具有大量发电的能力,所以需要将多个电池单元组装在一起。多个电池能够增加电池容量,以满足电池的需要。面板可用的光越多,它们提供的电量就越大。

　　太阳能电池板可以将光转换为电能。获得电力的过程如下:

- 光子进入电池单元。
- 然后它们激活电子,撞击在硅层中散落分布的电子。
- 在底层的一些电子会像弹弓一样弹射到电池的顶部。
- 然后它们以电的形式流入金属导体,每60个电池模组汇聚成电流。
- 之后,电子会接触坚硬的外层,流回到电池内部的底部,形成闭合电路或回路。

太阳能发电类型

　　太阳能电池板主要有三种类型。以下是在家庭屋顶以及商业屋顶上使用的三种面板的陈列和描述。

- 单晶面板:专家认为这些面板是最有效和最高效的面板类型。太阳能电池板中的结晶硅只有一层。为了传导电子,金属条安装在太阳能电池板的延伸部分。与其他类型的基于晶体的面板相比,单晶单元比大多数单体更昂贵。
- 多晶面板:单晶硅太阳能电池板仅有一层硅覆盖 PV 电池,而多晶面板有许多层。这种类型的结晶太阳能电池板通常是最便宜的电池板。然而,它们将电子转换成电的效率很低。因此,这些面板比单晶太阳能电池板产生的能源更少。

● 无定形板：这种类型的太阳能电池板不使用晶体硅。基于结晶的太阳能电池板由包括硅的模制和切片的工艺产生。由于无定形面板使用没有结晶的无定形硅，因此，硅能够以薄膜的形态附在金属或玻璃等不同表面上。

为了选择合适的面板，我们得仔细考虑每种类型的电力产出，在考虑电池板的预算情况下，购买足够面积或足够家庭使用的面板。

在太阳能的有效利用方式中，太阳能的光电转换利用是近些年来发展最快、最具活力的研究领域。太阳辐射的大部分能量是光能，光能可通过光电转换器转化为电能。目前运用最成熟的光电转换器件是光生伏打电池，又叫太阳能光伏电池，简称太阳能光伏电池或光伏电池。太阳能光伏电池是一种通过光生伏打效应将太阳光能直接转化为电能的器件，就其工作机理而言，它相当于一个半导体光电二极管。当太阳光照射到太阳能光伏电池上时，太阳能光伏电池就会把太阳的光能变成电能，产生电流。将许多个电池串联或并联起来就可以组成有较大输出功率的太阳能光伏电池阵列，进而满足各类生产、生活的需要。太阳能光伏电池最初仅用于人造卫星、宇宙飞船、太空实验室以及军事通信装置电源等特殊领域，随着太阳能光伏电池制造成本的逐渐降低，其应用范围日益扩大。

一、太阳能光伏电池

太阳能光伏电池是一种依据半导体光电效应，亦即利用光电材料受光能照射后发生光电反应，进而实现能量转换的器件（装置）。能产生光电效应的材料有许多种，如单晶硅、多晶硅、非晶硅、砷化镓、硒铟铜等，这些半导体材料的光电转换原理基本相同。本书中主要以硅基太阳能光伏电池为例讲述太阳能光伏电池的工作机理。

1. 半导体基础知识

（1）半导体及其主要特性

固体材料按照导电能力的强弱，可分为导体、绝缘体和半导体三类。导电能力强的物体叫作导体，如金、银、铜、铁、铝等，其电阻率通常在 $10^{-8} \sim 10^{-6}$ $\Omega \cdot m$ 范围内。导电能力弱或基本不导电的物体叫作绝缘体，如橡胶、塑料、木材、玻璃等，其电阻率通常在 $10^{8} \sim 10^{20}$ $\Omega \cdot m$ 范围内。导电能力介于导体和绝缘体之间的物体叫作半导体,如硅、锗、砷化镓和硫化镉等,其电阻率通常为 $10^{-5} \sim 10^{7} \ \Omega \cdot m$。半导体材料与导体和绝缘体的不同,不仅表现在电阻率的数值上,而且还在于它在导电性能上具有如下特点。

①掺杂特性 在纯净的半导体中掺入微量的杂质,其电阻率会发生很大变化,从而显著地改变半导体的导电能力。例如,在纯硅中掺入磷,其浓度在 $10^{19} \sim 10^{26} \ m^{-3}$ 范围内变化时,纯硅的电阻率就会从 $10^{4} \ \Omega \cdot m$ 增大到 $10^{-5} \ \Omega \cdot m$;室温下在纯硅中掺入百万分之一的硼,硅的电阻率就会从 $2.14 \times 10^{3} \ \Omega \cdot m$ 减小到 $0.004 \ \Omega \cdot m$ 左右。在同一种材料中掺入不同类型的杂质,可以得到不同导电类型的半导体材料。

②温度特性 温度能显著改变半导体材料的导电性能。一般来讲,半导体的导电能力随温度升高而迅速增强,也就是说半导体的电阻率具有负的温度系数。例如,锗的温度从 200 ℃ 升高到 300 ℃,其电阻率就会降低一半左右。

③环境特性 半导体的导电能力还会随光照强度的变化而变化,即半导体具有光电导现象。另外,一些特殊的半导体在电场和磁场的作用下电阻率也会发生变化。

(2)半导体晶体结构

自然界的物质按其存在的形式可分为气态、液态和固态。固态物质根据它们的质点(原子、离子、分子)排列规则的不同,可分为晶体和非晶体。具有确定熔点的固态物质称为晶体;没有确定的熔点,即加热时在某一温度范围内逐渐软化的固态物质称为非晶体。所有晶体都是由原子、分子、离子或这些粒子集团在空间按一定规则排列而成的,这种对称的、有规则的排列叫晶体的点阵或晶体格子,简称晶格。晶格周期性地重复排列就构成了晶体。晶体又可分为单晶体和多晶体两种,从头到尾都按同一规则周期性排列的晶体是单晶体;整个晶体由多个同样成分、同样晶体结构的小晶体组成的晶体是多晶体。在多晶体中,每个小晶体中的质子排列顺序的位向不同。非晶体质点的排列是无规则的,它具有"短程有序、长程无序"的排列特点,所以也被称为无定形态。

目前,太阳能光伏电池的基材广泛使用硅材料,已占全世界太阳能光伏电池基材的 95% 以上。在太阳能光伏电池工业中,硅材料按照其生产工艺的不同,可分为单晶硅、多晶硅或非晶硅。图 3 - 28 所示是不同硅材料的结构示意图。

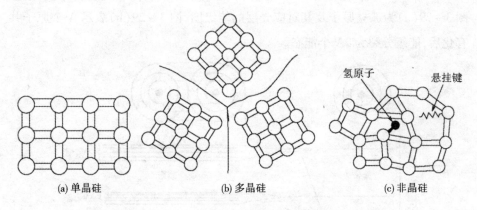

(a) 单晶硅　　　　　　　(b) 多晶硅　　　　　　　(c) 非晶硅

图 3 - 28　不同硅材料的结构示意图

（3）能级和能带

原子的壳层模型认为,原子的中心是一个带正电荷的核,核外存在着一系列不连续的、由电子运动轨道构成的壳层,电子只能在壳层里绕核转动。稳定状态下,每个壳层里运动的电子具有一定的能量状态,所以一个壳层相当于一个能量等级,称为能级。通常用 n、l、m、ms 4 个量子数来描述电子运动的状态。电子在壳层中的分布,需满足如下两个基本原理。

①泡利不相容原理（Pauli's exclusion principle）　即原子中不可能有两个或两个以上的电子处于 4 个量子数都相等的同一运动状态中。

②能量最小原理　即原子中每个电子都有优先占据能量最低的空能级的趋势。电子在原子核周围转动时,每一层轨道上的电子都有确定的能量,最里层轨道的能量最低,第二层轨道具有较大的能量,越是外层的电子受原子核的束缚越弱,从而能量越大。

在一个孤立的原子中,电子只能在各个允许的轨道上运动,不同轨道的电子能量是不同的。在晶体中,原子之间的距离很近,相邻原子的电子轨道相互重叠,重叠壳层的电子不再为原来的原子独有,可通过量子数相同且又互相重叠的壳层转移到相邻的原子上去,为整个晶体所有,这就是晶体的共有化运动。共有化运动的结果是与轨道相对应的能级不是单一的电子能级,而是分裂成能量非常接近但又大小不同的许多电子能级。这些由许多能量相差很小的电子能级所组成的区域看上去像一条带子,因而称为能带。每层轨道都有一个对应的能带,图 3 – 29 显示出了原子共有化运动使能级分裂为能带的情况。其中,图 3 – 29(a)为孤立原子及其对应壳层的能级图,图 3 – 29(b)表示 N 个原子共有化后,能级分裂为 $2N$ 个能态。

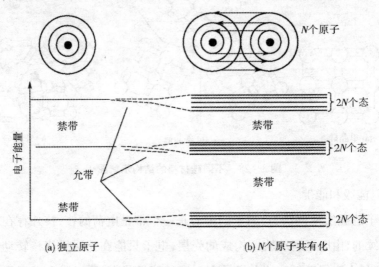

(a) 独立原子　　　　　　　　　　(b) N 个原子共有化

图 3 – 29　原子共有化运动使能级分裂为能带的示意图

(4)允带、禁带、价带和导带

能带中有很多分立的能级。不存在具有两层轨道中间的能量状态的电子,即电子只能停留在能带对应的能级上,这些被电子占据的能带被称为允带。在能带与能带间的区域是不允许电子停留的,被称为禁带。被电子填满的能带,即能带中每一个能级上都有两个电子,这时电子即使受到外电场的作用,因为没有空的能级,不可能从低能级跳跃到高能级去参加导电运动。这种已被电子填满的能带,被称为满带或价带。有的能带只有一部分能级上有电子,还有一部分没有电子,能级是空的。这样,在外界电场的作用下,电子就会从下面的能级跳跃到上面的空能级参加导电运动。这种未被电子填满的能带或空带,被称为导带。

(5)导体、半导体和绝缘体的能带图

图 3 – 30(a)(b)(c)分别为导体、半导体和绝缘体的能带图。如图 3 – 30(b)所示,价电子要从价带越过禁带跳跃到导带去参加导电运动,必须从外界获得一个至少等于 E_g 的附加能量。E_g 的大小就是导带底部与价带顶部之间的能

量差,被称为禁带宽度或带隙,其单位为电子伏(eV),1 eV = 1. 6022 × 10^{-19} J。例如,硅的禁带宽度在室温下为 1. 119 eV,就是说由外界给予价带里的电子 1. 119 eV 的能量,电子就有可能越过禁带跳跃到导带里,晶体就会导电。

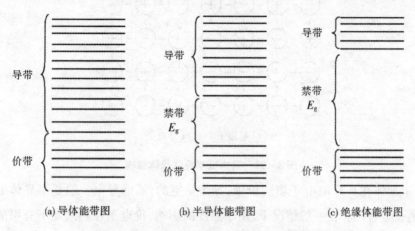

(a) 导体能带图　　　　　(b) 半导体能带图　　　　　(c) 绝缘体能带图

图 3 – 30　导体、半导体和绝缘体的能带图

导体与半导体的区别在于,它在一切条件下都具有良好的导电性,其导带和价带重叠在一起,不存在禁带,即使温度接近 0 K,电子在外电场的作用下照样可以参加导电。而半导体存在十分之几电子伏到 4 eV 的禁带宽度。在 0 K 时,电子充满价带,导带是空的,此时,半导体与绝缘体一样不能导电。当温度高于 0 K 时,晶体内部产生热运动,价带中少量电子获得足够的能量,跳跃到导带,这个过程称为激发,这时半导体就具有一定的导电能力。激发到导带的电子数目是由温度和晶体的禁带宽度决定的。温度越高,激发到导带的电子数目越多,导电性越好;温度相同时,禁带宽度越小的晶体,激发到导带的电子数目就越多,导电性就越好。而半导体与绝缘体的区别则在于禁带宽度不同。绝缘体的禁带宽度比较大,一般为 5 ~ 10 eV,在室温时激发到导带上的电子数目非常少,因而其电导率很小;由于半导体的禁带宽度比绝缘体小,所以在室温时有相当数量的电子会跳跃到导带上去。

(6)本征半导体与杂质半导体

①本征半导体　晶格完整且不含杂质的半导体称为本征半导体。图 3 – 31 所示为纯净硅本征半导体的晶体结构,图中正电荷表示硅原子,负电荷表示围绕在硅原子旁边的四个电子。在正常情况下,每一个带正电荷的硅原子旁边都

围绕着四个带负电荷的价电子,半导体处于相对稳定的状态。

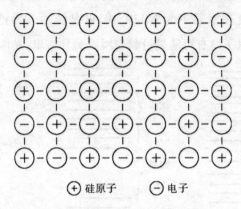

　　⊕ 硅原子　　⊖ 电子

图 3 - 31　硅本征半导体晶体结构

　　半导体在 0 K 时电子填满价带,导带是空的,不能导电。但是半导体处于 0 K 是一个特例。在一般情况下,由于温度的影响,价电子在热激发下有可能克服原子的束缚而跳跃出来,使其价键断裂,从而离开原来的位置在整个晶体中活动。与此同时,在价键中留下一个空位,称为空穴,如图 3 - 32 所示。空穴可以被相邻满键上的电子填充而出现新的空穴。这样,空穴不断被电子填充,又不断产生新的空穴,结果形成空穴在晶体内的移动。空穴可以被看成是一个带正电的粒子,其所带的电荷与电子相等,但符号相反。这时自由电子和空穴在晶体内的运动都是无规则的,因而并不产生电流。如果存在电场,自由电子将沿着与电场方向相反的方向运动从而产生电流。

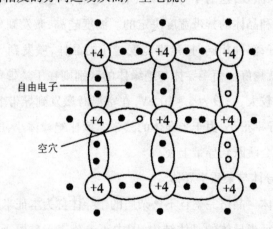

图 3 - 32　具有一个断键的硅晶体

②杂质半导体　为了获得具有特殊性能的材料,人为地将某种杂质加到半导体材料中去的过程,叫作掺杂。如可以向纯净的硅晶体中掺入硼、磷等来改变其特性,半导体材料的性能在很大程度上取决于其所含有的杂质的种类和数量。

这里所指的杂质是有选择的,其数量也是确定的。例如,在纯净的硅中掺入少量的 5 价元素磷,这些磷原子在晶格中取代硅原子,并用它的 4 个价电子与相邻硅原子进行共价结合。磷有 5 个价电子,用去 4 个,还剩 1 个,这个多余的价电子虽然没有被束缚在价键里,但仍受到磷原子核正电荷的吸引。但这种吸引力很弱,只要用约 0.04 eV 这样少的能量,就可使其脱离磷原子,到晶体内成为自由电子,从而产生电子导电运动;同时,磷原子由于缺少 1 个电子而变成带正电的磷离子。由于磷原子在晶体中起释放电子的作用,所以人们把磷等 5 价元素称为施主型杂质,也叫作 N 型(negative)杂质。掺有 5 价元素后,电子数目远远大于空穴数目,所以导电主要由自由电子决定,导电方向与电场方向相反的半导体,叫作电子型或 N 型半导体。

如果在纯净的硅中掺入少量 3 价元素硼,其原子只有 3 个价电子,当硼和相邻的 4 个硅原子进行共价键结合时,还缺少 1 个电子,所以要从其中 1 个硅原子的价键中获取 1 个电子来填补。这样,硅中就产生了 1 个空穴,而硼原子则由于接受了 1 个电子而成为带负电的硼离子。硼原子在晶体中起接受电子而产生空穴的作用,所以叫作受主型杂质,也叫作 P 型(positive)杂质。掺有 3 价元素后,空穴数目远远超过电子数目,导电主要由空穴决定,导电方向与电场方向相同的半导体,叫作空穴型或 P 型半导体。

(7)载流子的产生与复合

导体、半导体中电流的载体称为载流子。在半导体中,载流子包括导带中的电子和价带中的空穴。半导体的导电性能与载流子的数目有关,单位体积的载流子数目叫作载流子的浓度。半导体载流子浓度随其中杂质的含量和外界条件(如加热、光照等)而显著变化。

由于晶格的热运动,电子不断从价带被激发到导带,形成一对电子和空穴,这就是载流子产生的过程。在不存在外电场时,由于电子和空穴在晶格中的运动是不规则的,所以在运动中电子和空穴常常碰在一起,即电子跳到空穴的位置上把空穴填补掉,这时电子和空穴就随之消失。这种半导体中的电子和空穴在运动中相遇而造成的消失并释放出多余的能量的现象,称为载流子复合。

在一定的温度下,半导体内不断产生电子和空穴,电子和空穴不断复合,如果没有外表的光和电的影响,那么单位时间内产生和复合的电子与空穴即达到相对平衡,称为平衡载流子。这种半导体的总载流子浓度保持不变的状态,称为热平衡状态。在这种情况下,电子浓度和空穴浓度的乘积等于本征半导体载流子浓度。本征半导体载流子浓度取决于温度,只要温度确定,则电子浓度和空穴浓度的乘积即是一个与掺杂无关的常数。

在外界因素的作用下,例如 N 型硅受到光照时,价带中的电子吸收光子能量跳入导带(这种电子称为光生电子),在价带中留下等量空穴(这一现象称为光激发),电子和空穴的产生率就大于复合率。这些超过平衡浓度的光生电子和空穴称为非平衡载流子或过剩载流子。这种由于外界条件改变而使半导体产生非平衡载流子的过程,称为载流子注入。载流子的注入方法有多种,用适当波长的光照射半导体使之产生非平衡载流子,叫光注入。

(8)载流子的输运

载流子的输运就是指通过载流子的运动来传输电荷、能量、热量等的过程。其输运模式有两种:漂移运动和扩散运动。漂移是电场的牵引作用,扩散是浓度梯度的驱动作用。

①漂移运动　半导体在外加电场的作用下,在载流子的热运动上将叠加一个附加的速度,即漂移速度。对于电子,漂移速度与电场反向;对于空穴,漂移速度与电场同向。这样,电子和空穴就有一个净位移,从而形成电流。

②扩散运动　由微粒的热运动而产生的物质迁移现象称为扩散。扩散在气相、液相和固相物质内部均可发生,也可发生在不同相的物质之间。同一相物质内的扩散主要是密度差引起的,粒子从浓度高处往浓度低处扩散,直到各部分浓度相同为止。浓度差越大,微粒质量越小,温度越高,其扩散速度越快。半导体中的载流子因浓度不均匀而引起的从浓度高处向浓度低处的迁移运动,称为扩散运动。扩散运动和漂移运动不同,它不是由电场力的作用产生的,而是在半导体载流子浓度不均匀的情况下,载流子不规则的热运动的自然结果。

(9)P-N 结

在一块半导体晶体上,通过某些工艺过程使一部分呈 N 型,一部分呈 P 型,则该 P 型和 N 型半导体界面附近的区域就叫作 P-N 结,如图 3 - 33 所示。此时,由于交界面处存在电子和空穴的浓度差,N 型区中的多数载流子电子要向 P 型区扩散,P 型区中的多数载流子空穴要向 N 型区扩散。扩散后,交界面的 N 区一侧留下带正电荷的离子施主,形成一个正电荷区域;同理,交界面的 P 区一侧留下带负电荷的离子受主,形成一个负电荷区域,这样,就在 N 型区和 P 型区交界面的两侧形成一侧带正电荷而另一侧带负电荷的一层很薄的区域,称为空间电荷区,即通常所说的 P-N 结。由浓度差形成的扩散电子流组成电子扩散电流,由浓度差形成的扩散的空穴流组成空穴扩散电流。扩散电流包括电子扩散电流和空穴扩散电流两部分。在 P-N 结内有一个从 N 区指向 P 区的电场,由于它是由 P-N 结内部电荷产生的,因而被称为内建电场。由于内建电场的存在,空间电荷区内将产生载流子的漂移运动,使电子由 P 区拉回 N 区,空穴由 N 区拉向 P 区,其方向与扩散运动的方向相反。开始时,扩散运动占优势,空间电荷区两侧的正负离子和正负电荷逐渐增加,空间电荷区逐渐加宽,内建电场逐渐增强。随着内建电场的增强,漂移运动也逐渐增强,扩散运动开始减弱,最后扩散运动和漂移运动趋向平衡,扩散运动不再发展,空间电荷区的厚度不再增加,内建电场不再增强,这时扩散和漂移的载流子数目相等而运动方向相反,从而达到动态平衡。在动态平衡状态时,内建电场两边的电势不等,N 区比 P 区高,存在电势差,称为 P-N 结势垒,也称为内建电势差或接触电势差,用符号 U 表示。由电子从 N 区流向 P 区可知,P 区对于 N 区的电势差为负值。由于 P 区相对于 N 区具有电势 $-U$(取 N 区电势为 0),所以 P 区中的所有电子都具有一个附加电势能,其值为:

电势能 = 电荷 × 电势 = $(-q) \times (-U) = qU$

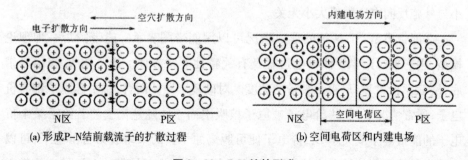

(a) 形成 P-N 结前载流子的扩散过程　　　　(b) 空间电荷区和内建电场

图 3 - 33　P-N 结的形成

qU 通常称为势垒高度。势垒高度取决于 N 区和 P 区的掺杂浓度,掺杂浓度越高,势垒高度就越高。

①I-U 特性　实验表明,P-N 结中的电压和电流满足下面所示的函数关系:

$$I_D = I(eqU/KT - 1)$$

式中　q——电子电荷,1.6×10^{-19} C;

　　　K——波尔兹曼常数,1.38×10^{-23} J/K;

　　　T——热力学温度,K;

　　　I——P-N 结的反向饱和电流,A。这是个和外加电压无关的量,其值大小只与载流子的浓度、扩散情况等因素有关。当 P-N 结制成后基本上就是一个只与温度有关的一个系数。

显然,q/KT 在某一温度下是一个具体的数值。如温度为 25 ℃时,$q/KT \approx$ 26 mV,若在此温度下二极管的外施电压 U 满足 $U > 26$ mV,则有

$$eqU/KT > 1$$

故

$$I_D \approx I_{eq}U/KT$$

即 P-N 结中的电压和电流为指数关系,表现为在正向电压作用下,二极管端压略微增加,电流就会增加很多。

若此时二极管反接,U 为负数,且其绝对值较 26 mV 大得多时,则有

$$e - qU/KT < 1$$

故

$$I_D \approx -I$$

表明此时流过 P-N 结的电流基本为一个常数,即反向饱和漏电流,其值大小与外施反向电压数值大小无关。

②能带模型　P-N 结的形成情况可以用能带图表示。能带图是一种理论模型,用它来讨论半导体导电过程及有关特性非常方便。通常用 E_C 表示导带底,E_V 表示价带顶,E_g 表示禁带的宽度。对硅基半导体而言,每个硅原子都有价电子,通常情况下,这些价电子被原子核吸引而不能随意离去。若给予某个价电子的能量等于或大于 E_g,价电子便可脱离原子核的束缚成为自由电子,可以在整个晶体中起传导电流的作用,即这个价电子进入了导带。在导带和价带中

间不会存在电子,因为能量小于 E_g 时电子不会脱离束缚,所以这一区域称为禁带。电子吸收了 E_g 的能量后被激发到导带中,在价带区域则留下了一个空穴。当然空穴也能传输电流,由于其所带电荷为正电荷,所以空穴电流的方向与电子电流的方向相反。

半导体能带模型中还有一个很重要的物理概念叫费米能级,用 E_f 表示,它表征的是电子和空穴在导带和价带中的填充水平。对本征半导体而言,一个电子从价带激发到导带,在价带中留下一个空穴,所以半导体中电子数与空穴数整体相当,E_f 处于禁带中央。而在掺杂半导体中,如 N 型半导体中的载流子为电子,这些电子进入导带所需的能量远远小于 E_g,并且不会在价带中产生空穴,所以在导带中有很多自由电子,因此其费米能级 E_{fn} 向导带附近靠近,说明 N 型半导体中电子的填充水平很高。而在 P 型半导体中,费米能级 E_{fp} 向价带附近靠近,说明 P 型半导体中空穴的填充水平很高。

当两种半导体紧密接触时,电子将从费米能级高处向低处流动,空穴则正好相反。在由 N 区指向 P 区的电场影响下,E_{fn} 连同整个 N 区能带下移,E_{fp} 连同整个 P 区能带上移,价带和导带弯曲形成势垒,直到 $E_{fn} = E_{fp}$ 时停止移动,达到平衡。

在形成平衡 P-N 结的半导体中有统一的费米能级 E_f。P-N 结的势垒高度 $qU_D = E_{fn} - E_{fp}$,其中 U_D 为 P 区和 N 区之间的接触电位差。

2. 光生伏打效应

当 P-N 结处于平衡状态时,在 P-N 结处有一个耗尽区,其中存在着势垒电场,该电场的方向由 N 区指向 P 区。它对两边的多数载流子是势垒,阻挡其继续向对方扩散;但它对两边的少数载流子(如 N 区中的空穴和 P 区中的电子)却有牵引作用,能把它们迅速拉拽到对方区域。只是在平衡稳定状态时,由于载流子极少,难以构成电流,输出电能。

当具有一定能量的光照射到半导体上时,能量大于硅禁带宽度的光子穿过减反射膜,进入硅基半导体,在 N 区、空间电荷区、P 区中将激发出大量处于非平衡状态的光生电子—空穴对(即光生载流子)。一个光子可在半导体中产生一个电子—空穴对,一定温度下的电子—空穴对数取决于该温度下的自由电子数。激发产生的电子—空穴有一个重新复合的自发倾向,即把吸收的能量释放出来,重新恢复平衡位置。所以要达到实现光电转换的目的,就必须在电子和空穴复合之前,把它们分开,使它们不再聚合。这种分离作用主要依靠 P-N 结空间电荷区的"势垒"来实现。

光生电子—空穴对在耗尽区产生后,立即被内建电场分离,光生电子被推向 N 区,光生空穴被推向 P 区。在 N 区中,光生电子—空穴对向 P-N 结的边界扩散,一旦到达耗尽区的边界,便立即受到内建电场的作用,推进 P 区,而光生电子则被留在 N 区。P 区中的光生电子(少子)则同样先扩散,后在电场力的作用下被推入 N 区,光生空穴则留在 P 区。

因此,N 区有过剩的电子,P 区有过剩的空穴,如此便在 P-N 结两侧形成了正负电荷的积累,产生与势垒电场方向相反的光生电动势,这就是硅基 P-N 结的"光生伏打效应(photovoltaic effect)"。

当以硅基半导体做成的光电池外接负载后,光电流从 P 区经负载流至 N 区,负载即得到功率输出。这样,太阳的光能就直接变成了使用便捷的电能。

当外电路开路时,光生伏打电动势 U_{oc} 即为光照射时的开路电压,其大小往往等于半导体禁带宽度的 1/2 左右。例如使用禁带宽度为 1.1 eV 的硅基材料制成的太阳能光伏电池的开路电压大约为 0.45 ~ 0.6 V。太阳能光伏电池接上负载 R_L 后,被 P-N 结势垒分开的光生载流子中,有一部分把能量消耗于降低 P-N 结的势垒上,也即用于建立工作电压,而剩余光生载流子则用于产生光生电流。

3. 太阳能光伏电池的工作过程

(1)太阳能光伏电池工作的前提条件

从上述硅基半导体光生伏打效应过程的分析可以看出,太阳能光伏电池的工作至少应具有以下几个前提条件。

①必须有光的照射。

②入射光子必须具有足够的能量,注入半导体后要能激发出电子—空穴对,这些电子—空穴对必须具有足够长的寿命,确保在它们被分离前不会自行复合消失。

③必须有一个势垒电场存在。在势垒电场的作用下,电子—空穴对被分离,电子集中在一边,空穴集中在另一边。绝大部分太阳能光伏电池利用 P-N

结势垒区的静电场达到实现分离电子—空穴对的目的,所以 P-N 结可以称为太阳能光伏电池的"心脏"。

④被分离的电子和空穴,经电极收集输出到电池体外,形成电流。

为此,我们可以把太阳能光伏电池将光能转换成电能的工作过程用图 3 - 34 来示意,而且可以利用前面提到的能带模型进一步分析太阳能光伏电池不同的工作状态。

图 3 - 34　太阳能光伏电池工作过程

(2)太阳能光伏电池四种典型工作状态

①无外部光照,处于平衡状态　此时,太阳能光伏电池的 P-N 结能带图如图 3 - 35(a)所示,因为有统一的费米能级 E_f,势垒高度为 $qU_D = E_{fn} - E_{fp}$。

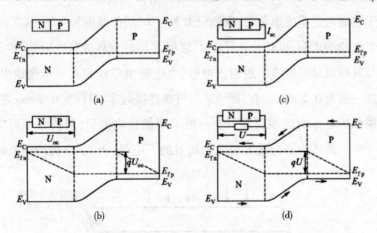

图 3 - 35　硅太阳能光伏电池的能带图

②稳定光照,输出开路　此时,太阳能光伏电池的 P-N 结处于非平衡状态,光生载流子积累形成的光电压使 P-N 结正偏,费米能级发生分裂,如图 3 - 35 (b)所示。因为电池输出处于开路状态,故费米能级分裂的宽度等于 qU_{oc},剩余的结势垒高度为 $q(U_D - U_{oc})$。

③稳定光照,输出短路　原来在太阳能光伏电池 P-N 结两端积累的光生载流子通过外电路复合,光电压消去,势垒高度为 qU_D,如图 3 - 35(c)所示。各区

的光生载流子被内建电场分离,源源不断流进外电路,形成短路电流 I_{sc}。

④稳定光照,外接负载　此时,一部分光电流在负载上建立的电压为 U,而另一部分光电流与 P-N 结电压在电压 U 的正向偏压下形成的正向电流相抵消,如图 3 – 35(d)所示。费米能级分离的宽度正好等于 qU,而这时剩余的势垒高度为 $q(U_D - U)$。

4. 太阳能光伏电池的基本结构

用不同基体材料和生产工艺制造的太阳能光伏电池,尽管基本原理相同,但结构差异很大。下文以硅太阳能光伏电池为例介绍太阳能光伏电池的基本结构。

(1)基本结构

硅太阳能光伏电池外形有圆形和方形两种。图 3 – 36 为一个以 P 型硅材料为基底制成的 N^+/P 型太阳能光伏电池结构示意图。P 层为基体材料,称为基区层,简称基区,厚度为 0.2 ~ 0.5 mm。P 层上面是 N 层,又称为顶区层,简称顶层。它是在基体材料的表层用高温掺杂扩散的方法制成的,因此也称为扩散层。由于它通常是重度掺杂的,常标记为 N^+,N^+ 层的厚度为 0.2 ~ 0.5 μm。扩散层处于电池的正面,也就是光照面,P 层和 N 层的交界处是P-N结。扩散层上分布有与其形成良好电气接触的上电极,上电极由母线和若干条栅线组成,栅线的宽度一般为 0.2 mm 左右,栅线通过母线连接起来,母线宽 0.5 mm 左右,具体尺寸视单体电池的面积而定。上电极采用栅状电极后,转换效率可以提高1.5% ~ 2%。基体下有与其形成欧姆接触的下电极,上、下电极均由金属材料

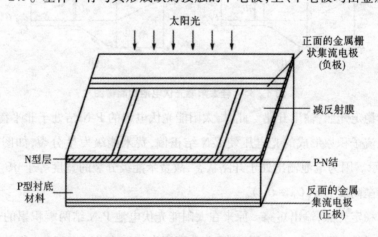

图 3 – 36　硅太阳能光伏电池结构

制成,并焊接有银丝作为引线,其功能是引出光生电流。为了减少对入射光的反射,电池表面上一般还蒸镀一层天蓝色的二氧化硅或其他材料的减反射膜,其功能是减少光的反射,使电池接受更多光。减反射膜能使电池对有效入射光的吸收率达到90%以上,并使太阳能光伏电池的短路电流增加25%~30%。

就具体产品而言,太阳能光伏电池一般可以制成 P^+/N 型或 N^+/P 型两种结构,如图3-37所示。其中,第一个符号,即 P^+ 和 N^+,表示光伏电池正面光照层导体材料的导电类型;第二个符号,即 N 和 P,表示光伏电池背面衬底,即基体半导体材料的导电类型。

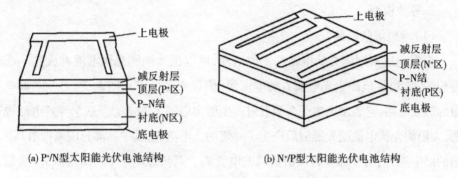

(a) P⁺/N型太阳能光伏电池结构　　　　　(b) N⁺/P型太阳能光伏电池结构

图3-37　太阳能光伏电池结构图

（2）太阳能光伏电池的极性

太阳能光伏电池的电性能与制造电池所用半导体材料的特性有关。在太阳光照射时,太阳能光伏电池输出电压的极性规律是 P 型一侧电极为正,N 型一侧电极为负。

当太阳能光伏电池作为电源与外电路连接时,它必须在正向状态下工作。当太阳能光伏电池与其他电源联合使用时,如果外电源的正极与太阳能光伏电池的 P 电极连接,负极与太阳能光伏电池的 N 电极连接,则外电源向太阳能光伏电池提供正向偏压;如果外电源的正极与太阳能光伏电池的 N 电极连接,负极与太阳能光伏电池的 P 电极连接,则外电源向太阳能光伏电池提供反向偏压。

通过对太阳能光伏电池工作原理的介绍可以看出,太阳能光伏电池直接把日照能量变成电能。这一过程只涉及半导体器件的静止运用,没有宏观运动的粒子,也不涉及热运动工质,因此不存在传统发电设备由于透平、旋转等机械运动所引起的噪声问题,也不存在由工质的使用而引起的锈蚀和泄漏问题。可以这么讲,就其原理而言,太阳能光伏电池是迄今为止最美妙、最长寿和最可靠的发电装置,随着其制造成本的不断降低,太阳能的光电转换必将得到更广泛的应用。

二、太阳能光伏电池的基本特性

从工程观点来看,太阳能光伏电池的基本特性可用其电流和电压的关系曲线来表征,电流、电压之间的关系自然又是通过其他一系列参变量来表征,特别是与投射到太阳能光伏电池表面的日照强度有关,当然也与太阳能光伏电池的温度及光线的光谱特性等有关。

1. 等效模型

(1)理想等效电路

根据前述太阳能光伏电池的工作机理,可以把太阳能光伏电池看成是一个理想的、能稳定地产生光电流 I_L 的电流源(假设光源稳定),图 3 − 38 所示为其理想的等效电路,它表示电池受光照射时产生恒定电流 I_L 的能力。这个等效电路说明,太阳能光伏电池受光照射后产生了一定的光电流 I_L,其中一部分用来抵消 P-N 结的结电流 I_D,另一部分为供给负载的电流 I_R。其负载电压 U_R、结电流 I_D、负载电流 I_R 的大小都与负载电阻 R_L 的大小有关。当然 R_L 不是唯一的决定因素。

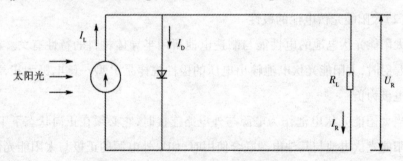

图 3 − 38　硅太阳能光伏电池理想的等效电路

显然,I_R 的大小为

$$I_R = I_L - I_D = I_L - I(eqU_i/KT - 1)$$

式中　I_R——稳定状态下的负载电流;

　　　I_D——电池 P-N 结中的正向电流;

　　　I——电池 P-N 结在无光照时的反向饱和电流,A;

　　　U_i——结电压,稳定状态时等于负载电压 U_R;

q——电子电荷，1.6×10^{-19} C；

K——波尔兹曼常数，1.38×10^{-23} J/K；

T——热力学温度，K；

I_L——电池在光照下产生的光生恒流电流，其值与光照强度成正比，并且与电池温度有关，其值可用下式表达，即

$$I_L = A_c(C + C_1 T)S$$

式中　A_c——太阳能光伏电池的有效面积；

C, C_1——依赖于电池材料的系数；

T——太阳能光伏电池的温度；

S——光照强度。

（2）实际等效电路

图 3-39 所示是光照下太阳能光伏电池的实际等效电路，图中考虑了太阳能光伏电池本身的电阻对其特性的影响。

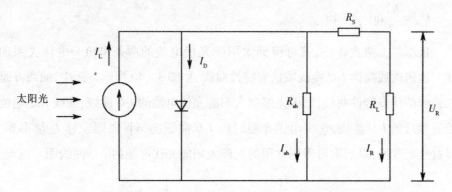

图 3-39　硅太阳能光伏电池实际的等效电路

图中，R_S 为硅片内部电阻和电极电阻构成的串联电阻，它主要由电池的体电阻、表面电阻、电极导体电阻和电极与硅表面间接触电阻所组成；R_{sh} 为 P-N 结的分路电阻，相当于漏损电阻，它是由硅片边缘不清洁或体内固有的缺陷所引起的。R_S 和 R_{sh} 相比，R_S 为低电阻，通常小于 1 Ω，而 R_{sh} 是高电阻，一般为几千欧姆。对一个理想的太阳能光伏电池而言，R_S 应很小，而 R_{sh} 应很大。由于 R_S 和 R_{sh} 是分别串联与并联在电路中的，所以在进行理想电路计算时，它们都可以忽略不计。

实际负载电流 $= I_L - I_0 \left[e^{\frac{q}{KT}(U_R + I_R R_S)} - 1 \right] - \dfrac{U_R + I_R R_S}{R_{sh}}$

$I_R = I_L - I_D - I_{sh}$

（3）伏安特性曲线

若将硅太阳能光伏电池放在暗盒里，把两个电极引出盒外，当 P 型端接"正"，N 型端接"负"，随着两端外加电压的增加，通过电池的电流逐渐增加。如将外施电压反接，尽管电压加得很大，但是通过电池的电流很小。而且如果反向电压加到超过某一电压值后，通过电池的电流迅速增大，即反向击穿。上述测试表明，在没有光照时，太阳能光伏电池的电流—电压关系和普通二极管完全相同，所以太阳能光伏电池相当于一个 P-N 结。

理想的 P-N 结特性曲线方程为：

$I_R = I_L - I(equU_i/KT - 1)$

$I_R = 0$ 时，输出开路电压 U_{oc} 可用下式表示：

$$U_{oc} = \frac{KT}{q} \ln\left(\frac{I_L}{I_0} + 1 \right)$$

根据以上两式作图，就可得到太阳能光伏电池的两条电流—电压关系曲线。这组曲线简称 $I\text{-}U$ 曲线或伏安特性曲线，如图 3 - 40 所示。图中，曲线 a 是二极管的伏安特性曲线，即无光照时太阳能光伏电池的 $I\text{-}U$ 曲线；曲线 b 是电池受光照后的 $I\text{-}U$ 曲线，它可由无光照时的 $I\text{-}U$ 曲线向第Ⅳ象限位移 I_{sc} 量得到。经过坐标变换，最后即可得到常用的光照太阳能光伏电池的 $I\text{-}U$ 曲线图。

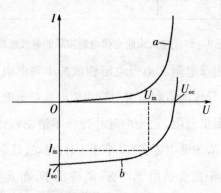

图 3 - 40　太阳能光伏电池的电流 - 电压关系曲线

a—未受光照；b—受光照。

2. 伏安特性参数

(1) 短路电流 I_{sc}

所谓短路电流 I_{sc}, 就是将太阳能光伏电池置于标准光源的照射下, 在输出端短路时, 流过太阳能光伏电池两端的电流。由于 $R_L = 0$, $U_R = 0$, 所以 $I_{sc} = I_R$ $= I_L$, 即短路电流 I_{sc} 等于光生电流 I_L, 与入射光强成正比。

短路电流的大小可用内阻小于 1 Ω 的电流表短接在太阳能光伏电池的两端直接测量。I_{sc} 的大小与太阳能光伏电池的面积大小有关, 面积越大, I_{sc} 值越大。一般来说, 1 cm^2 太阳能光伏电池的 I_{sc} 值约为 16 ~ 30 mA。对同一块太阳能光伏电池而言, 其 I_{sc} 值与入射光的辐照度成正比, 且与环境温度有关。当环境温度升高时, I_{sc} 的值略有上升, 一般温度每升高 1 ℃, I_{sc} 的值约上升 78 μA。

(2) 开路电压 U_{oc}

当太阳能光伏电池两端处于开路状态时, 将其置于 1000 W/m^2 的光源照射下, 此时太阳能光伏电池的输出电压值叫作太阳能光伏电池的开路电压, 用 U_{oc} 表示。此时 $R_L \to \infty$, $I_R = 0$, 所以 $U_R = U_{oc}$。

开路电压 U_{oc} 的值可用高内阻的直流毫伏计测量。

在室温(25 ℃)下, $KT/q \approx 0.026$, $I_L > I$, 则

$$U_{oc} = 0.026 \ln (I_L/I)$$

由于 I_L 与入射光强成正比, 因此开路电压 U_{oc} 也随入射光强增加而增大, 即与入射光谱辐照强度的对数成正比。在 1000 W/m^2 的太阳光谱辐照强度下, 单晶硅太阳能光伏电池的开路电压大约为 450 ~ 600 mV, 最高可达 690 mV。开路电压还与 I 的对数成反比, 而 I 与电池基体材料的禁带宽度有关。禁带越宽, I 越小, 则开路电压 U_{oc} 越大。此外, U_{oc} 还随温度的升高而降低, 一般温度每上升 1 ℃, U_{oc} 值约下降 2 ~ 3 mV。

(3) 输出功率

对图 3 - 40 所示的太阳能光伏电池伏安特性曲线进行坐标变换, 可以得到另一种表达形式的伏安特性曲线, 如图 3 - 41 所示。

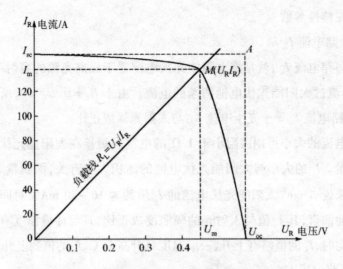

图 3 – 41　太阳能光伏电池伏安特性曲线

　　可以看出,曲线上任意一点都是太阳能光伏电池的工作点,工作点和原点的连线都是负载线,当负载为阻性时,负载线为一直线,负载线斜率的倒数即等于 R_L,负载电阻 R_L 从电池获得的功率为 $P_R = U_R I_R$。可以调节负载电阻 R_L 到某一个数值 R_m 时,在曲线上得到一点 M,M 点对应的工作电流 I_m 和工作电压 U_m 之乘积为最大,即

$$P_m = U_m I_m$$

　　M 点为该太阳能光伏电池的最佳工作点或最大功率点(Maximum Power Point,通常将其简记为 MPP),I_m 为最佳工作电流,U_m 为最佳工作电压,R_m 为最佳负载电阻,P_m 为最大输出功率。

　　(4)转换效率

　　太阳能光伏电池的转换效率是指在外部回路上连接最佳负载时的最大能量转换效率,即人们通常采用效率的最大值作为太阳能光伏电池的效率。它可以表示为

$$\eta = \frac{P_m}{P_{in}} \times 100\%$$

　　式中　P_m——太阳能光伏电池最大输出功率;

　　　　　P_{in}——太阳能光伏电池输入功率。

　　要特别注意,如果太阳能光伏电池不是工作在最大功率点,则实际转换效

率将低于按此定义的效率值,事实上,实际效率可以任意地低,甚至低到零,这一概念在实际应用中往往非常重要。此外,只有当所有的其他重要参数(如日照温度、入射光谱、环境温度等)都已确定时,太阳能光伏电池的效率才能被唯一地确定。

(5)填充因数

最大输出功率与 $U_{oc}I_{sc}$ 之比称为填充因子(Filling Factor),用 FF 表示。对于开路电压 U_{oc} 和短路电流 I_{sc} 值一定的某特性曲线来说,填充因子越接近 1,表明太阳能光伏电池的效率越高,伏安特性曲线弯曲弧度越大,因此填充因子也称为曲线因子。它可表示为:

$$FF = \frac{P_m}{U_{oc}I_{sc}} = \frac{U_mI_m}{U_{oc}I_{sc}}$$

显然,FF 也可以看作是两个虚框四边形(U_mI_m 及 $U_{oc}I_{sc}$)面积之比,它是用以衡量太阳能光伏电池输出特性好坏的重要指标之一。在一定的光强下,FF 越大,曲线越方,输出功率越高。一般 FF 值在 0.75 ~ 0.8 之间,而电池转换效率也可表示为:

$$\eta = \frac{FFU_{oc}I_{sc}}{P_{in}} \times 100\%$$

3. 影响太阳能光伏电池输出特性的主要因素

(1)晶体结构对于太阳能光伏电池的影响

太阳能光伏电池在制造时,采用不同的材料和在制造中所采用的工艺流程不同,因此其工作环境以及效率也不同。用不同类型材料制成的太阳能光伏电池,通常工作条件以及效率不同,即使是同种材料,采用不同的制造工艺制出的产品也不同。

(2)温度

温度的变化会显著改变太阳能光伏电池的输出性能。由半导体基础理论可知,载流子的扩散系数随温度的升高而稍有增大,因此光生电流 I_L 也随温度的升高而有所增加,但 I 随温度的升高呈指数倍增大,因而太阳能光伏电池的开路电压 U_{oc} 随温度的升高急剧下降。用能带模型也可解释温度变化对开路电压的影响。因为开路电压直接同制造电池的半导体材料的禁带宽度有关,而禁带宽度会随温度的变化而发生改变。对于硅材料来说,禁带宽度随温度的变化率为 $-0.003\ eV/℃$,从而导致开路电压的变化率约为 $-2\ mV/℃$。也就是说,电池的工作温度每升高 $1\ ℃$,开路电压约下降 $2\ mV$,大约是室温时电池开路电压 $0.55\ V$ 的 0.4%。由以上分析可知,太阳能光伏电池组件的温度对其功率的输出影响较大,所以阵列要安装在通风的地方,以保持凉爽;不能在同一个支撑结构上安装过多的组件。

此外,当温度升高时,I-U 曲线形态也随之改变,填充因子下降,故光电转换效率随温度的升高而下降。图 3-42 所示为不同温度下太阳能光伏电池的伏安特性曲线组。

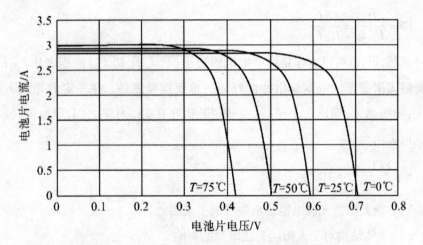

图 3-42　不同温度下太阳能光伏电池的 I-U 特性曲线组

（3）日照强度

对光电转换装置而言,太阳光强对太阳能光伏电池的性能的影响显而易见。图 3-43 所示为不同辐照强度下太阳能光伏电池的伏安特性曲线组。

太阳能光伏电池的短路电流 I_{sc} 强烈地随着日照强度 S 而改变,而开路电压 U_{oc} 仅非常微弱地随着日照强度的变化而略微变化,这种关系可用图 3-44 所示曲线直观表示。

如果只进行粗略的量化分析,上述关系可以表示为:

$$\begin{cases} I_{sc} \propto I_m \propto S \\ U_{oc} \propto U_m \propto \ln S \end{cases}$$

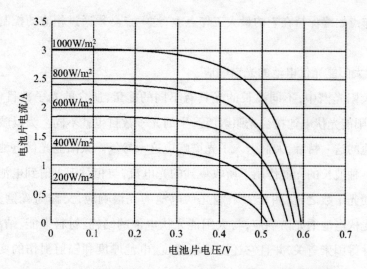

图 3-43　不同辐照强度下太阳能光伏电池的 I-U 特性曲线组

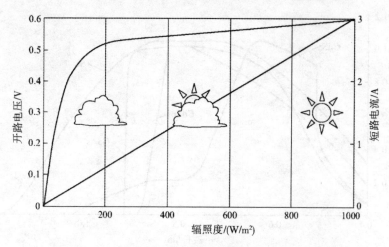

图 3-44　太阳光照强度对太阳能光伏电池 U_{oc} 和 I_{sc} 的影响

因此太阳能光伏电池的效率也可近似表示为：

$$\eta = \eta_{MPP} \propto \frac{S\ln S}{S} \propto \ln S$$

上述公式表明，太阳能光伏电池的效率仅微弱地随着日照强度 S 的变化而变化，它们的关系近似于对数关系，这表明，太阳能光伏电池具有良好的"部分负荷特性"，也就是说，它在带有部分负荷时的效率不见得会比它带额定负荷时的效率低。实践证明也确实是这样，当日照强度不太低时，太阳能光伏电池的效率差不多是一个常数。不过这一结论有一个前提条件，即要求太阳能光伏电池的工作点始终保持在它的最大工作点上,这一点必须通过相应的控制手段予以保证。

（4）太阳能光伏电池的光谱响应

在太阳光谱中,不同波长的光具有不同的能量,所含的光子数目也不同。因此,太阳能光伏电池接受光照射所产生的光子数目也就不同。为反映太阳能光伏电池的这一特性,人们引入了光谱响应这一参量。太阳能光伏电池在入射光中每一种波长的光能作用下所收集到的光电流,与相对于入射到电池表面的该波长的光子数之比,叫作太阳能光伏电池的光谱响应,又称为光谱灵敏度。太阳能光伏电池的光谱响应,与太阳能光伏电池的结构、材料性能、结深、表面光学特性等因素有关,并且它还随环境温度、电池厚度和辐射损伤的变化而变化。图3-45所示为几种常用太阳能光伏电池的光谱响应曲线。

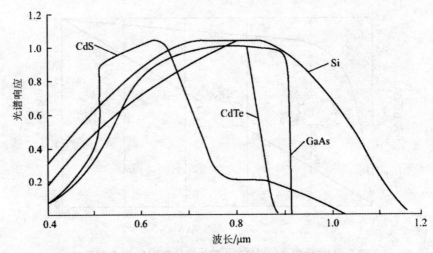

图3-45　几种常用太阳能光伏电池的光谱响应曲线

对硅太阳能光伏电池而言,一般来说,它响应的峰值在0.8~0.9 μm范围内,而对于波长小于约0.35 μm的紫外光和波长约大于1.15 μm的红外光则没有反应,这主要是由太阳能光伏电池的制造工艺和材料电阻率决定的。

（5）负载电阻

通常,太阳能电池组件的输出电压取决于负载工作电压和功率大小以及蓄电池标称电压等因素。图3-46所示展现了纯阻性负载与组件的I-U特性曲线的匹配原理。如果负载阻抗R_m合适,则负载与组件的I-U特性处于最佳匹配,太阳能电池组件可以运行在最大功率点 P_m，此时组件工作效率最高；当负载阻抗增加到 R_H 时，组件运行在高于最大功率点的电压水平，这时输出电压增加少许，但电流明显下降，使得组件的输出功率下降，运行效率降低。当负载阻抗减小到 R_L 时，组件运行在低于最大功率点的电压水平，这时虽然输出电流有所上升，但电压却下降了不少，同样使组件的输出功率减小，运行效率降低。

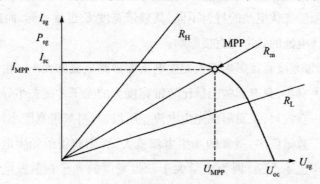

图 3 - 46　不同负载的工作点曲线

如果感性负载（例如电动机的启动）直接由太阳能电池阵列提供电能，则因负载工作点不断变化，负载与组件的匹配更重要，通常选用"功率跟踪器"以达到此目的。

（6）阴影

阴影遮挡会造成太阳能光伏电池照射不均匀。研究表明，对于非聚光系统的太阳能光伏电池，在非均匀照射情况下，辐照情况可用下述等效模型来表示：

$$S = \frac{A_u}{A_c}S_u + \frac{A_{sh}}{A_c}S_{sh}$$

这里 A_c 是太阳能电池的总面积；A_u（A_{sh}）是未遮挡（遮挡）部分的面积；S_u（S_{sh}）是未遮挡（遮挡）部分的辐照强度。

我们知道太阳能电池表面的辐照情况以后，可以按照不同辐照情况下的面积分别计算发电输出。此计算比较复杂，这里不加论述。

4. 影响太阳能光伏电池转换效率的因素

太阳能光伏电池的光电转换效率是衡量电池质量和技术水平的重要参数，它与电池的结构、P-N 结的特性、材料性质、工作温度、放射性粒子辐射损伤和环境变化等因素有关，这些因素使得入射到太阳能光伏电池表面的光能仅有一小部分能有效地转换为电能。目前,各种太阳能光伏电池的转换效率普遍不高。计算表明,在大气质量为一定值的条件下测试单晶硅太阳能光伏电池,理论转换效率可达25.12%,但目前实际的常规单晶硅太阳能光伏电池的转换效率一般只有12%~15%,高效单晶硅太阳能光伏电池的转换效率可达18%~20%。

(1)基体材料

制造太阳能光伏电池的材料不同,其禁带宽度 E_g 也就不同,而禁带宽度 E_g 对太阳能光伏电池的效率有直接影响。

首先,禁带宽度直接影响最大光生电流即短路电流的大小。由于太阳光中光子能量有大有小,只有那些能量比禁带宽度大的光子才能在半导体中激发产生光生电子—空穴对,从而形成光生电流。所以,材料禁带宽度小,大于禁带宽度能量的光子数量就多,激发的光生电流就大,否则获得的光生电流就小。但禁带宽度太小也不合适,因为能量大于禁带宽度的光子在激发电子—空穴对后,其剩余的能量将转变为热能,从而降低光子能量的利用率。

其次,禁带宽度又直接影响开路电压的大小。开路电压的大小和P-N结反向饱和电流的大小成正比。禁带宽度越大,反向饱和电流越小,开路电压越高。

不同材料的光照实验表明,在太阳光照下,短路电流随材料 E_g 的增加而减少,开路电压随 E_g 的增加而增加,在 $E_g = 1.4$ eV 附近出现效率的最大值,因此用 E_g 值介于 1.2~1.6 eV 的材料做成的太阳能光伏电池可望达到最高效率。这表明,禁带宽度在这一范围附近的碲化镉、砷化镓、磷化钼和碲化铝等可能是比硅更优质的光电材料。目前,砷化镓太阳能光伏电池的效率已达到了24%。

(2)电池温度

太阳能光伏电池具有负低温度系数,也就是说太阳能光伏电池的转换效率随着温度的上升而下降。I_{sc} 对温度 T 也很敏感,温度还对 U_{oc} 起主要作用。对于 Si,温度每上升 1 ℃,U_{oc} 下降室温值的 0.4%,转换效率 η 也因而降低约 0.4%。例如,一个硅电池在 20 ℃ 时的效率为 20%,当温度上升到 120 ℃ 时,效率仅为 12%。又如 GaAs 电池,温度每升高 1 ℃,U_{oc} 降低 1.7 mV(0.2%)。由此可见,电池温度的变化对效率的影响非常明显。所以如果要标定某一太阳能光伏电池的转换效率,也必须同时给出其相应的温度。

（3）制造工艺

对太阳能光伏电池而言，辐照激发光生载流子的复合周期越长，短路电流 I_{sc} 会越大。实现较长复合周期的关键是在材料制备和电池的生产过程中，要避免形成光生载流子的复合中心。实验表明，在生产过程中适当地进行相关的工艺处理，可以有效提高少子寿命，减少复合中心的形成，降低 P-N 结的正向电流（暗电流），进而提高电池的效率。此外，适当提高顶区半导体的掺杂浓度对提高电池的效率也有帮助。目前在硅太阳能光伏电池中，掺杂浓度大约为 10^{16} cm^{-3}；在直接带隙材料制作的太阳能光伏电池中约为 10^{17} cm^{-3}，为了减小串联电阻，前扩散区掺杂浓度经常高于 10^{19} cm^{-3}，因此重掺杂效应在扩散区是较为重要的。

（4）辐照光强

辐照光强对电池效率的影响是显而易见的。若光强增加 X 倍，则单位光伏电池面积的输入功率和光生电流密度都将增加 X 倍，同时 U_{oc} 也随之增加（KT/q）$\ln X$ 倍，因而输出功率的增加将大大超过 X 倍。所以实际的太阳能光伏电池光伏阵列往往需要采用太阳跟踪系统或聚光装置，以期通过增加辐照光强来提高转换效率。

（5）串联电阻

任何一个实际的太阳能光伏电池中都存在串联电阻，其来源可以是引线、金属接触栅或电池体电阻。不过，在通常情况下，串联电阻主要来自薄扩散层。P-N 结收集的电流必须经过表面薄层再流入最近的金属导线，这就是一条存在电阻的路线，显然，通过金属线的密布可以使串联电阻减小。

太阳能光伏电池的串联电阻 R_S 是表征内部耗电损失大小的一个重要参数，它的存在降低了短路电流和填充因子值。光电流在串联电阻上的电压降使器件两端产生正向偏压，这种正偏压引起相当大的暗电流，从而抵消一部分光电流，因此，R_S 的微小变化都可能对电池的转换效率产生极大影响。这种变化往往是由制造工艺的差异引起的，但暴露的工作环境，例如重离子辐射损害、温度变化以及湿气影响等，也可能使 R_S 发生变化。图 3-47 所示为太阳能光伏电池的 R_S 对其输出功率的影响示意图。设计时应努力减小 R_S，否则太阳能光伏电池的转换效率就很难得到提高。

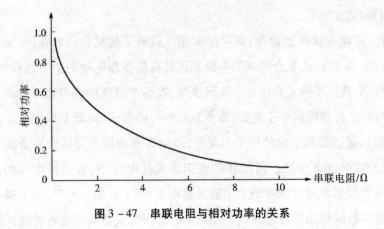

图 3 - 47　　串联电阻与相对功率的关系

（6）并联电阻

太阳能光伏电池的并联电阻 R_{sh} 表征的是电池结构的漏电效应，其值通常很大，例如对 1×2 cm^2 到 2×6 cm^2 的太阳能光伏电池来说，其并联电阻通常在 $103 \sim 105$ Ω 之间，因此它对电池正常工作的影响可以忽略不计。理想的 R_{sh} 阻值应尽可能大，但往往有许多原因导致并联电阻 R_{sh} 值降低。并联电阻的减小会降低填充因数和开路电压值，对短路电流也有影响。实验表明，每 1 cm^2 的器件表面上的并联电阻（如边缘漏电阻和接触烧结等）往往会使输出功率减小 $1 \sim 1.5$ mW。由于输出电压与太阳能光伏电池的面积无关，所以一定的并联电阻对大面积器件的影响较小，对小面积器件的影响反而较大。一般来说，器件经过钝化精细处理后就不会显著地产生并联电阻的问题。

（7）金属栅线和减反射膜

由于起光生电流导出作用的金属栅线不能透过阳光，为了使 I_{sc} 最大，电池表面的金属栅线的面积应最小。为了使 R_S 减小，人们一般将金属栅线做得又密又细。同时为了减少入射太阳光的反射率（裸硅表面的反射率约为 40%），在电池表面上一般还蒸镀一层减反射膜，它能使电池对有效入射光的吸收率达到 90% 以上。

三、太阳能光伏电池的类型与制造工艺

不论用何种材料制造的太阳能光伏电池，其材料选用一般都应考虑以下几个原则：一是材料要易于获得，以降低生产成本；二是要有较高的光电转换效率；三是材料性能稳定，本身对环境不造成污染；四是材料要便于工业化生产。

基于上述原则综合考虑,硅是目前最理想的太阳能光伏电池材料,这也是太阳能光伏电池以硅材料为主的最主要原因。但随着新材料的不断开发和科学技术的不断进步,以其他材料制造的太阳能光伏电池(如有机太阳能电池、化合物太阳能电池等)越来越显示出诱人的发展前景。

(一)太阳能光伏电池的类型

太阳能光伏电池的种类繁多,分类标准各异。

1. 按所用材料不同分类

根据所用材料的不同,太阳能光伏电池可分为硅太阳能光伏电池、多元化合物薄膜太阳能光伏电池、聚合物多层修饰电极型太阳能光伏电池、纳米晶太阳能光伏电池、有机太阳能光伏电池等,其中硅太阳能光伏电池目前发展最成熟,在应用中居主导地位。

(1)硅太阳能光伏电池

目前,硅太阳能光伏电池主要有三种已经商品化的类型,即单晶硅太阳能光伏电池、多晶硅太阳能光伏电池和非晶硅太阳能光伏电池。

单晶硅太阳能光伏电池转换效率最高,技术也最成熟,规模生产时的效率可达15%左右,在大规模工业应用中占据主导地位。由于单晶硅太阳能光伏电池所使用的单晶硅材料与半导体工业所使用的材料具有相同的品质,所以材料成本较昂贵,且短期内很难有较大幅度的降低。为了节省硅材料,近年来发展了多晶硅和非晶硅太阳能光伏电池作为单晶硅太阳能光伏电池的替代产品。

制作多晶硅太阳能光伏电池的材料,用纯度不太高的太阳级硅即可。而太阳级硅由冶金级硅通过简单的工艺即可加工制成。多晶硅材料又有带状硅、铸造硅、薄膜多晶硅等多种。用它们制造出的太阳能光伏电池有薄膜和片状两种,与单晶硅太阳能光伏电池相比较,成本更低。多晶硅太阳能光伏电池晶体方向的无规则性,意味着正、负电荷对并不能全部被 P-N 结电场所分离,因此光生载流子对在晶体与晶体之间的边界上可能因晶体的不规则性而损失,所以多晶硅太阳能光伏电池的效率一般比单晶硅太阳能光伏电池稍低。其实验室最高转换效率为18%,工业规模生产的转换效率为10%左右。

非晶硅太阳能光伏电池是一种以非晶硅化合物为基本组成的薄膜太阳能电池,造价比较低,便于大规模生产,有极大的应用潜力。但目前受其材料引发的光电效率衰退效应的影响,这种电池稳定性不高,光电转换效率比较低,直接影响了它的实际应用范围,多用于弱光性电源,如手表、计算器等的电池。如果其稳定性及转换率问题得到有效解决,非晶硅太阳能电池将会成为太阳能光伏电池的主打产品。

(2)多元化合物薄膜太阳能光伏电池

多元化合物薄膜太阳能光伏电池主要包括砷化镓Ⅲ－Ⅴ族化合物、硫化镉、碲化镉及铜铟硒薄膜电池等类型。

砷化镓(GaAs)Ⅲ－Ⅴ化合物电池的转换效率可达28%,GaAs化合物材料具有十分理想的光学特性以及较高的吸收效率,抗辐照能力强,对热不敏感,适合用于制造高效单结太阳能光伏电池。但是GaAs材料价格昂贵,这在很大程度上限制了GaAs光伏电池的普及。

硫化镉、碲化镉多晶薄膜电池的效率较非晶硅薄膜太阳能光伏电池效率高,成本较单晶硅电池低,易于大规模生产。但由于镉有剧毒,会对环境造成严重污染,因此,这类电池并不是晶体硅太阳能光伏电池最理想的替代产品。

铜铟硒薄膜电池(简称CIS)适合光电转换,不存在光致衰退问题,转换效率与多晶硅一样,具有价格低廉、性能良好和工艺简单等优点,将成为今后发展太阳能光伏电池的一个重要方向。但由于铟和硒都是比较稀有的元素,因此,制约这类电池发展的主要瓶颈是材料的来源问题。

(3)聚合物多层修饰电极型太阳能光伏电池

以有机聚合物代替无机材料是刚刚兴起的一个太阳能光伏电池制造的研究方向。有机材料具有柔性好、制作容易、材料来源广泛、成本低等优势,对太阳能的大规模利用具有重要的实际意义。但以有机材料制造太阳能光伏电池的研究才刚开始,不论是使用寿命,还是电池效率,它都不能与无机材料电池特别是硅电池相比,能否发展成为具有实用意义的产品,还有待于进一步的研究与探索。

(4)纳米晶体太阳能光伏电池

纳米TiO_2晶体化学能太阳能光伏电池的优点在于成本低、工艺简单、性能稳定,其光电效率稳定在10%以上,制作成本仅为硅太阳能光伏电池的1/5～1/10,寿命可达20年以上。但由于此类电池的研究和开发刚刚起步,估计不久的将来会逐步走向市场。

（5）有机太阳能光伏电池

有机太阳能光伏电池，顾名思义，就是由有机材料构成核心部分的太阳能光伏电池，这种新型太阳能光伏电池所占市场份额还非常小。目前，在批量生产的光伏电池中，95%以上是硅基的，而剩下的不到5%也是由其他无机材料制成的。

表3-1给出了主要太阳能光伏电池成本和性能比较。目前，晶硅电池是光伏电池的主流产品，市场占有率为80%左右，但其市场占有率会逐渐缓慢降低。薄膜电池是当前技术开发的重点，2009年，全球范围内的市场占有率已经达到19%，且发展势头迅猛。

表3-1　主要太阳能光伏电池成本和性能比较

电池类型	材料	材料与成本	光电转换效率	材料的清洁性	稳定性
硅系太阳能光伏电池	单晶硅	工艺烦琐，成本高	效率最高 技术成熟	清洁	很高
	多晶硅	生产成本较高，工艺较单晶硅简单	效率较高	清洁	高
	多晶硅薄膜	材料成本低，工艺复杂且尚未成熟	效率较高	清洁	较高
	非晶硅薄膜	材料成本低，工艺较复杂且尚未成熟	效率一般	清洁	不高
多元化合物薄膜太阳能光伏电池	砷化镓	材料成本低，工艺复杂	效率较高	原材料砷有剧毒	高
	硫化镉碲化镉	成本较低，易于规模化生产	效率较高	原材料镉有剧毒	较高
	铜铟硒	原材料来源有限	效率最高	污染性低	较高
纳米晶体太阳能光伏电池		材料成本低，工艺复杂且尚未成熟	效率一般	清洁	一般
聚合物多层修饰电极型太阳能光伏电池		材料成本低，工艺复杂	效率较低	清洁	寿命短

紧紧围绕降低光伏发电成本的各种研究工作一直在发达国家紧张地进行，如以晶体硅材料为基础的高效电池和各种薄膜电池为基础研究工作的热点课题。高效单晶硅电池效率已达24.7%，高效多晶硅电池效率达到20.3%。目前，世界上至少有40个国家正在开展对下一代低成本、高效率的薄膜太阳能光伏电池实用化的研究开发。

2012 年 9 月,德国 Manz 集团表示其量产的 CIGS(铜铟镓硒)太阳板已经达到了 14.6% 的转换效率,并且孔径效率也达到了 15.9% ;2013 年 10 月,德国巴登－符腾堡邦太阳能暨氢能研究中心(ZSW)宣布已制造出一款刷新世界纪录的 CIGS 薄膜太阳能电池片,其转换效率达到 20.8% 。在所有薄膜技术中,铜铟镓硒是进一步提高效率和降低成本最具潜力的技术,正是因为其性能优异,被国际上称为下一代的廉价太阳能电池。无论是在地面阳光发电还是在空间微小卫星动力电源的应用上,它都具有广阔的市场前景。

近年来,业界对以薄膜取代硅晶制造太阳能光伏电池在技术上已有足够的把握。日本产业技术综合研究所早在 2007 年 2 月就已经研制出目前世界上太阳能转换率最高的有机薄膜太阳能光伏电池,其转换率已达到现有有机薄膜太阳能光伏电池的 4 倍。此前的有机薄膜太阳能光伏电池是把两层有机半导体的薄膜接合在一起,新型有机薄膜太阳能光伏电池则在原有的两层构造中间加入一种混合薄膜,变成三层构造,这样就增加了产生电能的分子之间的接触面积,从而大大提高了太阳能的转换效率。有机薄膜太阳能光伏电池使用塑料等质轻柔软的材料为基板,因此人们对它的期待很高。研究人员表示,通过进一步研究,有望开发出转换率达 20% 、可投入实际使用的有机薄膜太阳能光伏电池。专家认为,未来 5 年内薄膜太阳能光伏电池的成本将大幅降低。

2. 按结构不同分类

按照结构特点的不同来对太阳能光伏电池进行分类,其物理意义比较明确,因此被国家采用,作为太阳能光伏电池命名方法的依据之一。

(1)同质结太阳能光伏电池

由同一种半导体材料所形成的 P-N 结或梯度结称为同质结。用同质结构成的太阳能光伏电池称为同质结电池,如硅太阳能光伏电池、砷化镓太阳能光伏电池。

(2)异质结太阳能光伏电池

由两种禁带宽度不同的半导体材料在相接的界面上形成的 P-N 结称为异质结。用异质结构成的太阳能光伏电池称为异质结电池,如氧化锡/硅太阳能光伏电池、硫化亚铜/硫化镉太阳能光伏电池。如果两种异质材料的晶格结构相近,界面处的晶格匹配较好,则称其为异质面太阳能光伏电池,如砷化铝镓/

砷化镓异质面太阳能光伏电池。

（3）肖特基结太阳能光伏电池

由金属－半导体界面的肖特基势垒构成的太阳能电池,称为肖特基结太阳能光伏电池,也称为 MS 太阳能电池,如铂/硅肖特基太阳能电池、铝/硅肖特基太阳能电池。其原理是金属—半导体接触时,在一定条件下可产生整流接触的肖特基效应。目前已发展出金属—氧化物—半导体(MOS, metal-oxide-semiconductor)结构制成的太阳能电池和金属—绝缘体—半导体(MIS, metal-insulator-semiconductor)结构制成的太阳能电池。这些又总称为导体—绝缘体—半导体(CIS, conductor-insulator-semiconductor)太阳能电池。

（4）复合结太阳能光伏电池

由多个 P-N 结形成的太阳能光伏电池称为复合结太阳能光伏电池,又称多结太阳能光伏电池,有垂直复合结太阳能光伏电池、水平复合结太阳能光伏电池等。

（5）液结太阳能光伏电池

由浸入电解质中的半导体为核心构成的太阳能光伏电池称为液结太阳能光伏电池。电解液中只含有一种氧化还原物质,电池反应为正负极间进行的氧化还原可逆反应。受到光照后,半导体电极和溶液间存在的界面势垒(液体结)分离出光生电子和空穴对,并向外界提供电能。由于上述工作原理,液结太阳能光伏电池也称光化学电池。

3. 按用途分类

按照应用场合的不同,太阳能光伏电池还可以分为空间太阳能光伏电池、地面太阳能光伏电池和光伏传感器等类型。

（二）太阳能光伏电池的制造工艺

太阳能光伏电池的种类很多,目前应用最多的是单晶硅和多晶硅太阳能光伏电池,这两种电池技术成熟、性能稳定可靠、转换效率较高,现已产业化大规模生产。这里以单晶硅太阳能光伏电池的生产过程为例,介绍太阳能光伏电池制造的一般方法。

（1）硅片选择

硅片是制造单晶硅太阳能光伏电池的基本材料,它由纯度很高的硅单晶棒切割而成。选择硅片时,要考虑硅材料的导电类型、电阻率、晶向和寿命等。硅片通常加工成方形、长方形、圆形或半圆形,厚度约为 0.25 ~ 0.40 mm。

(2)表面准备

切好的硅片表面脏且不平。因此,在制造太阳能光伏电池之前,必须要对切好的硅片先进行清洁和平整化处理的表面准备。表面准备的基本步骤:首先用热浓硫酸做初步化学清洗,再在酸性或碱性腐蚀液中腐蚀硅片,每面大约蚀去 30 ~ 50 μm 的厚度,最后用王水或其他清洗液进行化学清洗。在化学清洗和腐蚀后,要用高纯度的去离子水冲洗硅片,确保硅片表面清洁无杂质。

(3)扩散制结

P-N 结是硅太阳能光伏电池的核心部分。没有 P-N 结,便不能产生光电流,也就不成其为太阳能光伏电池了。因此 P-N 结的制造是太阳能光伏电池制备过程中最重要的工序,目前,制作 P-N 结的方法有热扩散、离子注入、外延、激光及高频电注入法等,工业生产中通常采用热扩散法制结。

以 P 型硅片扩散施主杂质磷为例,主要制结步骤为:一是扩散源的配制,将特纯的五氧化二磷溶于适量的乙醇或去离子水中,摇匀,再稀释,即成;二是涂源,从去离子水中取出经表面准备的硅片,硅片在红外灯下烘干后滴源,使扩散源均匀地分散在硅片上,再用红外灯稍微烘干一下,然后把硅片放入石英舟内;三是扩散,将扩散炉预先升温到扩散温度,大约在 900 ℃ ~ 1100 ℃ 的温度下,通氮气数分钟,然后把装有硅片的石英舟推入炉内的石英管中,在炉门口预热数分钟,再推入恒温区,经十余分钟的扩散,将石英舟拉至炉口,缓慢冷却数分钟,取出硅片,制结工序即告完成。

(4)去除背结

去除背结常用下面三种方法:化学腐蚀法、磨片法和蒸铝或丝网印刷铝浆烧结法。

①化学腐蚀法　化学腐蚀是一种较早使用的方法,该方法可同时去除背结和周边的扩散层。腐蚀后的硅片背面平整光亮,适合于制作真空蒸镀的电极。前结的掩蔽一般用涂黑胶的方法,黑胶是用真空封蜡或质量较好的沥青溶于甲苯、二甲苯或其他溶剂制成的。硅片经腐蚀去除背结后用溶剂溶去真空封蜡,

再用浓硫酸或清洗液清洗。

②磨片法 磨片法是用金刚砂将背结磨去,也可用压缩空气携带砂粒喷射到硅片背面除去背结。磨片后,硅片背面形成一个粗糙的硅表面,适用于化学镀镍制造的背电极。

③蒸铝或丝网印刷铝浆烧结法 前两种去除背结的方法对于 N^+/P 和 P^+/N 型电池都适用,蒸铝或丝网印刷铝浆烧结法仅适用于 N^+/P 型太阳能电池制作工艺。

蒸铝或丝网印刷铝浆烧结法是在扩散硅片背面真空蒸镀或丝网印刷一层铝,加热或烧结到铝—硅共熔点(577 ℃)以上烧结合金。经过合金化处理以后,随着温度的下降,液相中的硅将重新凝固,形成含有一定量的铝的再结晶层。这实际上是一个对硅掺杂的过程。它补偿了背面 N^+ 层中的施主杂质,得到以铝掺杂的 P 型层,由硅—铝二元相图可知,随着合金温度的上升,液相中铝的比率增加。在足够的铝量和合金温度下,背面甚至能形成与前结方向相同的电场,称为背面场。目前该工艺已被用于大批量的生产工艺,从而提高了电池的开路电压和短路电流,并减小了电极的接触电阻。

背结能否烧穿与下列因素有关:基体材料的电阻率,背面扩散层的掺杂浓度和厚度,背面蒸镀或印刷铝层的厚度,烧结的温度、时间和气氛等因素。

(5)电极制作

为使电池转换所获得的电能能够输出,必须在电池上制作正、负两个电极。电池光照面上的电极为上电极,电池背面的电极称作下电极。上电极通常制成栅线状,这有利于对光生电流的搜集,并能使电池有较大的受光面积。下电极布满电池的背面,以减小电池的串联电阻。制作电极时,把硅片置于真空镀膜机的钟罩内,真空度抽到足够高时,硅片上便凝结一层铝薄膜,其厚度可控制在 $30\sim100~\mu m$。然后再在铝薄膜上蒸镀一层银,其厚度约 $2\sim5~\mu m$。为便于电池的组合装配,电极上还需钎焊一层锡—铝—银合金焊料。此外,为了得到栅线状的上电极,在蒸镀铝和银时,硅表面需放置一定形状的金属掩模。上电极栅线密度一般为每平方厘米 4 条,多的可达每平方厘米 $10\sim19$ 条,最多的可达每平方厘米 60 条。

（6）腐蚀周边

扩散过程中，在硅片的四周表面也有扩散层形成，通常它在腐蚀背结时即已去除，所以这道工序可以省略。若钎焊时电池的周边沾有金属，则仍需通过腐蚀以除去金属杂质。这道工序对电池的性能影响很大，因为任何微小的局部短路，都会使电池性能变坏，甚至使之成为废品。腐蚀周边的方法比较简单，只要把碎片的两面涂上黑胶或用其他方法掩蔽好，再放入腐蚀液中腐蚀 0.5 ~ 1 min 即可。

（7）蒸镀减反射膜

为了减少硅表面对光的反射，还要用真空镀膜法在硅片表面蒸镀一层减反射膜，其中蒸镀二氧化硅膜的工艺是成熟的，而且方法简便，为目前工业生产中所常用。

（8）检验测试

经过上述工序制得的电池，在作为成品电池入库前，均需测试，以检验其质量是否合格。在生产中主要测试的是电池的伏安特性曲线，从这一曲线可以得知电池的短路电流、开路电压、最大输出功率以及串联电阻等参数。

（9）组件封装

一个电池所能提供的电流和电压有限，在实际使用中，需要将很多电池（通常是 36 或 72 个）并联或串联起来，并密封在透明的外壳中，组装成太阳能光伏电池组件。这种密封成的组件可防止大气侵蚀，延长电池的使用寿命。把组件再进行串联、并联，便组成了具有一定输出功率的太阳能光伏电池阵列。

上面介绍的是传统的单晶硅太阳能光伏电池的制造方法，图 3 - 48 所示为具体的生产工艺流程。为了进一步降低太阳能光伏电池的制造成本，目前很多工厂不断开发、采用一些新工艺、新技术。例如，采用丝网印刷化学镀镍或银浆烧结工艺来制备上、下电极；用喷涂法沉积减反射膜，而不再使用高真空镀膜机。这些措施都可使太阳能光伏电池的工艺成本大大降低，产量大幅提高。其他如离子注入、激光退火、激光掺杂、分子束外延等新工艺在太阳能光伏电池的制造行业也都已有不同程度的应用。

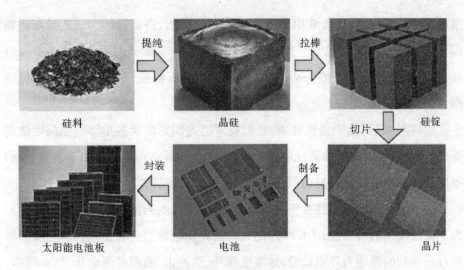

图 3 - 48 硅太阳能光伏电池(组件)的生产工艺流程

第五节 太阳能光伏电池组件与阵列

太阳能光伏电池单体是光电转换的最小组成单元,其尺寸一般为 2 cm × 2 cm 到 15 cm × 15 cm 不等。太阳能光伏电池单体的工作电压约为 0.45 ~ 0.5 V,工作电流约为 20 ~ 25 mA/cm^2,远低于实际应用所需要的电压和功率,一般不能单独作为电源使用。为了满足实际应用的需要,通常将若干个单体电池进行适当的串联、并联连接并经过封装后,组成一个可以单独对外供电的最小单元,这就是太阳能光伏电池组件(Solar Module 或 PV Module,也称光伏组件),其功率一般为几瓦至几十瓦、百余瓦。当应用领域需要较高的电压和功率需求,而单个组件不能满足需要时,可把多个太阳能光伏电池组件再经过串联、并联并装在支架上,就构成了太阳能光伏电池方阵(阵列)。

一、太阳能光伏电池组件

(1)组件的结构

单体电池连接后即可进行封装。近年来,国内外太阳能光伏电池组件大多采用新型结构封装:正面采用高透光率的钢化玻璃,背面是一层聚乙烯氟化物膜,电池两边用 EVA(乙烯—醋酸乙烯共聚物,ethylene-vinyl acetate copolymer)或 PVB(聚乙烯醇缩丁醛,polyvinyl butyral)胶热压封装,四周是轻质铝型材边框,有接线盒引出电极。

组件封装后,由于盖板玻璃、密封胶对透光的影响及各单体电池间性能适配等原因,组件效率一般要比电池效率低 5%～10%。但也有些由于玻璃、胶的厚度及折射率等匹配较好,封装后反而能使效率提高的。

太阳能光伏电池组件常年在室外暴晒,经受风吹雨淋,工作条件十分不利。为了保证使用的可靠性,工厂生产的太阳能光伏电池组件在正式投产之前都要经过一系列的性能及环境试验,如湿度循环、热冲击、高温高湿老化、盐水喷雾、低温老化、室外暴晒、冲击、振动等试验。如应用在特殊场所,还要经受一些专门试验。

太阳能光伏电池通用组件一般都已经考虑了蓄电池所需要的充电电压、阻塞二极管和线路压降以及温度变化等因素而进行了专门的设计。一个组件上太阳能光伏电池的标准数量是 36 个,这意味着一个太阳能光伏电池组件大约能产生 16 V 的电压,正好能为一个额定电压为 12 V 的蓄电池进行有效充电。封装好的太阳能光伏电池组件具有一定的防腐、防风、防雹、防雨等能力,广泛应用于各个领域和系统。

(2)组件的生产

组件生产线又叫封装线,封装是太阳能光伏电池生产中的关键步骤,没有良好的封装工艺,就谈不上好组件板。电池的封装不仅可使电池的寿命得到保证,而且还增强了电池的抗击强度。

①电池检测:通过测试电池的输出参数对其进行分类筛选,将性能一致或相近的电池组合在一起,以提高电池的利用率,做出质量合格的电池组件。

②正面焊接:将汇流带焊接到电池正面(负极)的主栅线上,多出的焊带在背面焊接时与后面的电池片的背面电极相连。

③背面串接:背面串接是将单体电池串接在一起形成一个组件串,并在组件串的正负极焊接出引线。通常有串接模板,不同规格的组件使用不同的

模板。

④层压敷设:背面串接好且经过检验合格后,将组件串、玻璃和切割好的EVA、玻璃纤维、背板按照一定的层次敷设好,准备层压。敷设层次由上向下分别为玻璃、EVA、电池、EVA、玻璃纤维、背板。

⑤组件层压:将敷设好的电池放入层压机内,抽空组件内的空气,然后加热使 EVA 熔化,将电池、玻璃和背板粘接在一起,冷却后再取出组件。层压工艺是组件生产的关键一步,层压温度和层压时间要根据 EVA 的性质决定。

⑥修边:对层压后组件的毛边进行修整和清洗。

⑦装框:给玻璃组件加装铝框,增加组件的强度,进一步密封电池组件,延长电池的使用寿命。边框和玻璃组件的缝隙用硅酮树脂填充。

⑧高压测试:在组件边框和电极引线间施加一定的电压,测试组件的耐压性和绝缘强度,以保证组件在恶劣的自然条件(雷击等)下不被损坏。方法是:将组件引出线短路后接到高压测试仪的正极,将组件暴露的金属部分接到高压测试仪的负极,以不大于 500 V/s 的速率加压,直到 1000 V,维持 1 min,如果开路电压小于 50 V,则所加电压为 500 V。

⑨组件测试:对太阳能光伏电池的输出功率进行标定,测试其输出特性,确定组件的质量等级。国际 IEC 标准测试条件为:AM1.5,100 MW/m²,25 ℃。要求检测并列出以下电池参数:开路电压、短路电流、工作电压、工作电流、最大输出功率、填充因子、光电转换效率、串联电阻、并联电阻及 I-U 曲线等。

⑩检验包装:给已测试好的电池组件安装接线盒,以便电气连接。按测试分档结果分贴标牌后的光伏组件即可包装入库,准备出售。

(3)组件的特性

光伏组件的工作特性可以用工作曲线来表示,比如电流—电压曲线。光伏组件的工作特性曲线必须要在 IEC60904 所规定的表征测试条件下进行测试,包括:电池温度为 25 ℃,太阳辐射强度为 100 mW/cm²,光谱分布为大气质量1.5 时的光谱分布等。某型单晶硅光伏组件 DC01-175 的技术参数,其不同辐照度和不同温度下的 I-U 特性曲线分别如图 3-49、图 3-50 所示。

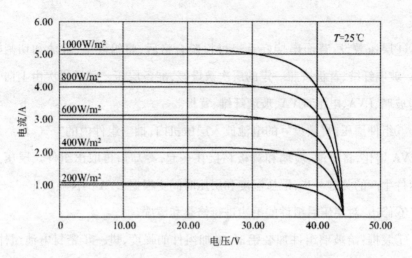

图 3-49　某型单晶硅光伏组件 DC01-175 不同辐照度下的 *I-U* 曲线

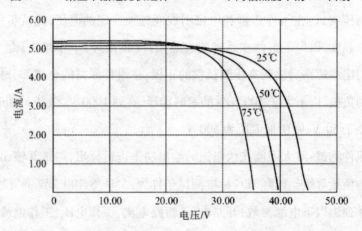

图 3-50　某型单晶硅光伏组件 DC01-175 不同温度下的 *I-U* 曲线

有些生产厂家在提供电池组件相关参数的同时也会提供组件的功率曲线以及组件的温度效应曲线,图 3-51 所示为某型光伏组件的功率特性曲线。

(4)非晶硅太阳能电池

非晶硅太阳能电池是 1976 年出现的新型薄膜式太阳能电池,它与单晶硅和多晶硅太阳能电池的制作方法完全不同,结构也不同。

①非晶硅太阳能电池组件结构　非晶硅太阳能电池的结构有各种不同形式,其中有一种较好的结构叫 PIN 电池,它是在衬底上先沉积一层掺磷的 N 型非晶硅,再沉积一层未掺杂的 I 层,然后再沉积一层掺硼的 P 型非晶硅,最后用

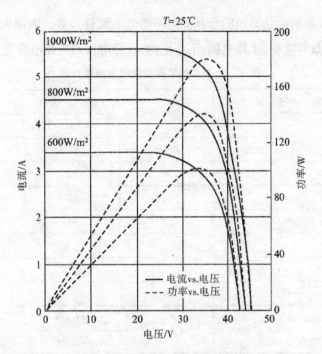

图3-51 某型电池组件功率曲线

电子束蒸发一层减反射膜,并蒸镀银电极。此种制作工艺可以采用一连串沉积室,在生产中构成连续程序,以实现大批量生产。同时,非晶硅太阳能电池很薄,可以制成叠层式或采用集成电路的方法制造,在一个平面上用适当的掩模工艺一次制作多个串联电池,以获得较高的电压。

非晶硅光电池一般采用高频辉光放电方法使硅烷气体分解沉积而成。由于外解沉积温度低,可在玻璃、不锈钢板、陶瓷板、柔性塑料片上沉积约1 μm厚的薄膜,易于大面积推广,成本较低,多采用PIN结构。为提高效率和改善稳定性,非晶硅太阳能电池子电池有时还被制成三层PIN等多层叠层式结构或是插入一些过渡层。

②非晶硅太阳能电池组件的电气性能 目前,子电池的开路电压U_{oc}约为0.7~0.8 V,工作电压U_m约为0.45~0.6 V。非晶硅太阳能电池的$I-U$曲线与晶体硅太阳能电池相比,非晶硅太阳能电池的$I-U$曲线"软"得多,即工作电流随着工作电压的升高下降较快。而对于晶体硅太阳能电池,在低于最大工作电压前,工作电流随工作电压的变化很小;在大于最大工作电压后,工作电流随工作电压升高而迅速减小。

　　表 3 - 2 显示的是典型的非晶硅太阳能电池组件参数。表征太阳能电池组件的主要参数有功率、工作电压、工作电流、开路电压和短路电流等。

表 3 - 2　典型的非晶硅太阳能电池参数

参　　数	数　　值		
电性能			
型号	JN-36	JN-38	JN-40
额定功率/W	36	38	40
工作电压/V	44	45	46
开路电压/V	59	60	61
短路电流/A	1.0		
功率误差/%	±3		
温度系数			
电流温度系数/(%/℃)	+0.09		
电压温度系数/(%/℃)	-0.28		
功率温度系数/(%/℃)	-0.19		
尺寸和质量			
长/mm	1245		
宽/mm	635		
厚(不包括接线盒)/mm	7		
质量/kg	13.2		
温度范围/℃	-40 ~ +85		

　　③非晶硅太阳能电池组件生产工艺　制造非晶硅太阳能电池的方法有多种,最常见的是辉光放电法,还有反应溅射法、化学气相沉积法、电子束蒸发法和热分解硅烷法等。辉光放电法是将一石英容器抽成真空,充入经氢气或氩气稀释的硅烷,用射频电源加热,使硅烷电离,形成等离子体,非晶硅膜就沉积在被加热的衬底上。如果硅烷中掺入适量的氢化磷或氢化硼,即可得到 N 型或 P 型非晶硅膜,衬底材料一般用玻璃或不锈钢板。这种制备非晶硅薄膜的工艺主要取决于严格控制气压、流速和射频功率,衬底的温度也很重要。

（5）单晶硅、多晶硅、非晶硅太阳能电池组件的比较

表 3-3 综合比较了单晶硅、多晶硅、非晶硅太阳能电池组件在电性能（效率、稳定性、感光特性、一致性）、价格及机械强度方面的差别。

表 3-3 三种太阳能电池组件的综合比较

组件材料 比较项	单晶硅	多晶硅	非晶硅
转换效率/%	14~16	12~15	6~8
电输出稳定性	好	好	光致衰减现象
弱光性能	一般	一般	弱光性好
电输出一致性	好	好	差
价格	高	高	较低
机械强度	具有一定抗震、抗冲击能力	具有一定抗震、抗冲击能力	抗震、抗冲击能力比较低

①电性能　转换效率最高的是单晶硅太阳能电池组件，多晶硅太阳能电池组件稍低于单晶硅太阳能电池组件，而相比晶体硅太阳能电池组件而言，非晶硅太阳能电池的转换效率较低，只有 6%~8%。单晶硅和多晶硅太阳能电池组件的稳定性好，而非晶硅太阳能电池由于有光致衰减效应，其稳定性较差。晶体硅太阳能电池组件适合用于强光条件下，而非晶硅太阳能电池的弱光性相对较好。晶体硅太阳能电池的一致性好，而非晶硅太阳能电池一致性较差。

②价格　硅太阳能电池的主要材料是硅，占组件制造成本的 2/3 左右，目前，硅材料还比较贵。而非晶硅比晶体硅太阳能电池组件用的硅材料少得多，从而使非晶硅太阳能电池组件比晶体硅太阳能电池组件便宜。

③机械强度　由于制造工艺及材料的不同，尤其是受工艺条件限制，非晶硅太阳能电池组件只能选用非钢化玻璃，这就使得非晶硅太阳能电池组件的机械强度与晶体硅太阳能电池组件相比低得多，抗震性及抗冲击能力也比较差。

二、太阳能光伏电池阵列

在实际使用中，往往一块组件并不能满足使用现场的要求，可将若干组件按一定方式组装在固定的机械结构上，形成直流光伏发电系统，这种系统称为太阳能光伏电池方阵（Solar Array 或 PV Array，也称光伏阵列）。有些比较大的

阵列还可以分为一些子阵列(或称为组合板)。典型的光伏发电系统是由光伏阵列、电力电缆、电力电子变换器、储能元件、负载等构成。

(1)光伏阵列的连接

按电压等级来分,独立光伏系统的电压往往被设计成与蓄电池的标称电压相对应或是它们的整数倍,而且与所用电器的电压等级一致,如220 V、110 V、48 V、36 V、24 V、12 V 等。交流光伏供电系统和并网发电系统,阵列的电压等级往往为110 V、220 V、380 V。对电压等级更高的光伏电站系统,则常用多个阵列进行串、并联,组合成与电网等级相同的电压等级,如组合成600 V、6 kV、10 kV 等,再与电网连接。

光伏发电系统可根据需要,将若干光伏电池组件经串、并联,排列组成适当的光伏阵列,以满足光伏系统实际电压和电流的需求。光伏电池组件串联,要求所串联组件具有相同的电流容量,串联后的阵列输出电压为各光伏组件输出电压之和,相同电流容量光伏组件串联后其阵列输出电流不变;光伏电池组件并联,要求所并联的所有光伏组件具有相同的输出电压等级,并联后的阵列输出电流为各个光伏组件输出电流之和,而电压保持不变。

不同功率的光伏阵列一般需要若干组光伏电池组件或模块进行串、并联,光伏电池组件受光伏电池板耐压和绝缘要求的制约,其能够串联的最大数量有一定限制。

光伏阵列的连接方式,一般是将部分光伏电池板串联成串后,再将若干串进行并联。光伏电池板串联数目根据其最大功率点的电压与负载运行电压相匹配的原则来设计,一般是先根据所需电压的高低,将若干光伏电池组件串联构成若干串,再根据所需电流容量并联。图 3-52 所示是太阳能光伏电池组件串并相间组成太阳能光伏电池阵列的混联例子。

由如此多的太阳能光伏电池组件连成的太阳能光伏电池阵列的可靠性究竟如何?一般的理解是一个由 $L \times M$ 个太阳能光伏电池组件按 L 个串联及 M 个并联构成一个阵列时,其阵列的电压较单个组件提高了 L 倍,而其电流则较单个组件增大了 M 倍,但其效率仍保持不变,其特性曲线也仅做相应的变化(单个组件的特性仍维持不变)。当然这仅仅是最理想情况下的近似分析,这种近似只有当所有太阳能光伏电池组件的特性都非常一致,所有连接电缆、插头的

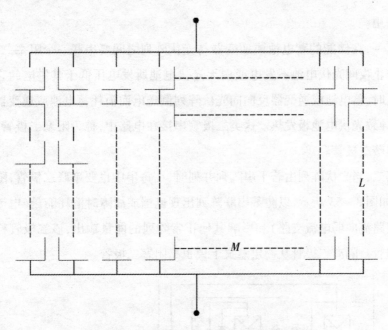

图 3 - 52　太阳能光伏电池组件的混联电路

影响均可以忽略不计时才成立,否则很有可能出现相当大的偏差。尤其是连接线缆和插头的影响,在设计一个大容量的阵列时尤其要注意。大容量阵列往往要用相当长的连接电缆,此时选用足够大的导线截面以有效减小线路的欧姆损失是相当重要的。

至于太阳能光伏电池组件特性的一致性对阵列性能的影响,理论分析和实践验证均表明,组成太阳能光伏电池阵列的组件,其特性参数统计偏差不应太大,否则将会使阵列效率明显降低,显然这一偏差的大小完全取决于太阳能光伏电池组件的质量。太阳能光伏电池组件应有尽可能好的重复性,这就要求生产制造商应采用先进的生产工艺和严谨的生产流程,以确保太阳能光伏电池组件的产品质量。

在实际应用过程中,可以通过对太阳能光伏电池组件进行测试、筛选(即把特性参数相近的太阳能光伏电池组件组合在一起)的方式,以避免或大幅度减少系统的适配损失。特别是当组件质量特性参数分布的离散性相当大时,通过适当的筛选往往可以带来系统性能上的巨大改善。

(2)光伏阵列中的二极管和稳压管

在光伏电池组件和阵列中,二极管是很重要的元件。二极管有以下三个方面的作用。

其一,在储能的蓄电池或逆变器与光伏阵列之间要串联一个阻塞二极管,可以防止夜间光伏电池不发电或白天光伏电池所发电压低于其供电的直流母线电压时,蓄电池或逆变器反向向光伏阵列倒送电而消耗蓄电池或逆变器的能量,并导致光伏电池板发热。这类二极管串接在电路中,称为阻塞二极管,有时也称屏蔽二极管。

其二,当光伏阵列由若干串阵列并列时,在每串中也要串联二极管,随后再并联,如图 3 - 53 所示,以防某串联阵列出现遮挡或故障时消耗能量(电流由强电流支路流向弱电流支路)和影响其他正常阵列的能量输出,该二极管称为隔离二极管。隔离二极管从一定意义上说也是阻塞二极管。

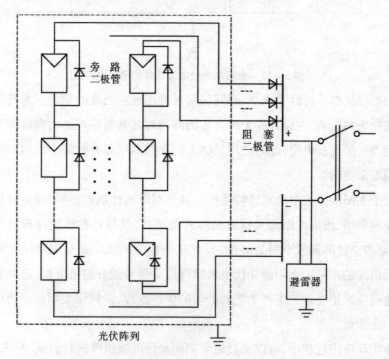

图 3 - 53　光伏组件的串并联和二极管的应用

其三,当若干光伏电池组件串联成光伏阵列时,需要在光伏电池组件两端并联一个二极管。这样即使其中某个组件被阴影遮挡或出现故障而停止发电时,在该二极管两端形成正向偏压,不至于阻碍其他正常组件发电,同时也保护光伏电池免受较高的正向偏压发热破坏。故通常在每个光伏组件上并联一个正向二极管以实现电流旁路,该二极管称为旁路二极管。其具体的连接方法是在每个光伏电池板输出端子处正向并联一个旁路二极管,人为降低光伏电池板正向的等效击穿电压。旁路二极管平时不工作,承受反向偏压,在光伏电池组件正常运行期间不存在功率消耗。

二极管通常使用整流型二极管,其容量选型要留有裕量,其电流容量应该能够达到预期最大运行电流的两倍,耐压容量应能达到反向最大电压的两倍。串联在电路中的屏蔽二极管由于存在导通状态的管压降,运行期间要消耗一定功率,一般小容量整流型硅二极管的管压降在 0.6 V 左右,其消耗功率为其所通过的电流值乘以管压降。不要小看这个损耗,如光伏阵列输出的额定电压是110 V,在二极管上的功率和电压损耗将达到 0.6%,大容量整流型二极管模块由于其管压降高达 1~2 V,其损耗将更大。若将此屏蔽二极管模块更换成肖特基二极管(Schottky Diode),其管压降将降为 0.2~0.3 V,对节省功率损耗有较好效果,但肖特基二极管的容量和耐压值一般来说相对较小。

稳压二极管一般并联于光伏阵列的输出终端,暗装在与逆变器或充电器相连的输入端子处,其作用是限制光伏电池板后的电子产品的过电压,保护对电压敏感的电子元器件免受过压损伤。现更多的是使用金属氧化物浪涌保护装置(Metal Oxide Varistor,MOV),其过压导通速度极快,还有防止雷击浪涌等过电压作用。

(3)光伏阵列安装

地面上的阵列,多数是将太阳能光伏电池组件先装在敞开式框架上,然后装到支撑结构和桁架上。支撑结构用地脚膨胀螺栓、水泥块等固定在地面上,也可固定在建筑物上面。应注意固定组件的机械结构必须要有足够的强度和刚度,固定牢靠,能够经受最大风力。组件之间、阵列和控制器之间、系统和负载之间的连接导线要满足要求,尽量粗而短,连接点要接触牢靠,以尽量减少线路损失。

光伏阵列的发电量除了与光伏电池板本身质量和运行工作点有关外,还与其接受太阳能辐射能量的多少成正比,因此太阳能光伏阵列的安装角度对其发电效率影响非常大。最佳的阵列安装方式是使其受光面始终正对太阳,让光线垂直投向光伏电池板。入射角不为零(即光线不垂直于光伏电池板)时,将会造成太阳能的损失。若要保持光伏电池板始终正对太阳,需要加装机械跟踪装置,其技术难度较大,成本也高。最常用的还是采用固定式光伏阵列,为使光伏阵列最有效地接收太阳能辐射能量,确定最佳的阵列安装方位角和倾角非常重要。

由于地球自转平面与其公转平面存在夹角,太阳在一年四季中对地球的光入射角变化较大,每个季节都要调整光伏电池板的倾角。大体说来,在我国南方地区,比较好的阵列倾角一般为当地纬度增加 10° ~ 15°,在北方地区倾角可取当地纬度增加 5° ~ 10°。当纬度较大时,增加的角度可小些。而在青藏高原,倾角不宜过大,可大致等于当地纬度。当然,对于一些主要在夏天消耗功率的用电负载,阵列倾角可等于当地纬度。

若采用计算机辅助设计软件,则可进行太阳能光伏电池阵列倾角的优化计算,要求在最佳倾角时冬天和夏天辐射量的差异尽可能小,而全年总辐射量尽可能大,做到二者兼顾。这对于高纬度地区尤为重要,因为在高纬度地区,其冬季和夏季的水平面太阳辐射量差异较大(如我国黑龙江省,这个值相差约 5 倍),选择了最佳倾角,太阳能光伏电池阵列面上的冬、夏季辐射量之差就会变小,蓄电池的容量也可适当减小,系统造价降低,设计更合理。

三、分布式光伏发电系统介绍

1. 光伏电池板,又称为"太阳能芯片"或"光电池",是一种利用太阳光直接发电的光电半导体薄片。它只要被满足一定照度条件的光照到,瞬间就可输出电压及在有回路的情况下产生电流。在物理学上,它称为太阳能光伏(Photovoltaic,缩写为 PV),简称光伏板。

2. 逆变器。直流电能变换成交流电能的过程称为逆变,完成逆变功能的电路称为逆变电路,实现逆变过程的装置称为逆变设备或逆变器。逆变装置的核心是逆变开关电路,简称逆变电路。该电路通过电子开关的导通与关断,来完成逆变的功能。逆变器不仅具有直流交流变换的功能,还具有最大限度地发挥太阳电池性能的功能和系统故障保护功能,归纳起来,有自动运行和停机功能、最大功率跟踪控制功能、防单独运行功能(并网系统用)、自动电压调整功能(并网系统用)、直流检测功能(并网系统用)、直流接地检测功能(并网系统用)。

3. 支架系统。太阳能光伏支架,是太阳能光伏发电系统中为了摆放、安装、固定太阳能面板设计的特殊的支架。一般材质有铝合金、碳钢及不锈钢。

4.汇流箱。在太阳能光伏发电系统中,为了减少太阳能光伏电池阵列与逆变器之间的连线,我们根据《SJ/T 11127—1997 光伏(PV)发电系统过电压保护—导则》和《GB/T 18479—2001 地面用光伏(PV)发电系统概述和导则》以及光伏系统的特点,结合多年防雷系统设计经验,设计组装了系列光伏防雷汇流箱。在安装光伏发电系统时,可以将一定数量、规格相同的光伏电池串联起来,组成一个个光伏串列,然后再将若干个光伏串列并联接入光伏汇流防雷箱,在光伏防雷汇流箱内汇流后,通过直流断路器输出,与光伏逆变器配套使用从而构成完整的光伏发电系统,实现与市电并网。

5.监控系统。通过智能化管理系统对光伏发电系统的全面数据采集与分析,并将数据上传到主配电室内的控制台,实现了光伏电站的远程运营与维护,及对光伏电站设备、资产的有效管理。整体方案架构体系包括四层:本地数据采集、数据传输、数据存储与处理、数据挖掘与分析。

本地数据采集部分:采用工业级嵌入式、低功耗无风扇数据采集网关可实现光伏电站基础数据的采集与数据的远传。

数据传输部分:采用工业级交换机及无线产品保证了光伏系统网络的实时性、稳定性及安全性。

数据存储与处理、数据挖掘与分析部分:光伏智能管理软件 SPMS 采用 B/S(Browser/Server)架构,支持分布式的监控节点及服务器冗余,用户工作界面是通过浏览器来实现,主要事务逻辑在服务器端实现,形成模型—视图—控制三层结构。这样就大大简化了客户端电脑载荷,减轻了系统维护。系统提供电网调度接口,方便与电网智能化系统对接。

四、分布式光伏发电的基本知识

1.什么是分布式光伏发电?

分布式光伏发电系统是指采用光伏组件,将太阳能直接转换为电能的用户侧并网发电系统。此系统位于用户附近,所发电能就地利用,以 10 千伏及以下电压等级接入电网,且单个并网点(380 V)总装机容量不超过 6 兆瓦,220 V 用户侧单个并网点总装机容量不超过 8 千瓦。一般由以下部分组成:(1)光伏电池板;(2)直流汇流箱(可选);(3)逆变器;(4)双向电表(电网免费提供,供选用自发自用、余额上网者使用)。目前应用最广泛的分布式光伏发电系统,是建在建筑物屋顶上的光伏发电项目。该类项目必须接入公共电网,与公共电网一起为附近的用户供电,其原则是"就近发电,就近并网,就近转换"。

2. 如何估算分布式光伏发电系统的安装量和发电量?

要根据屋顶可利用的实际面积计算,一般来说,每千瓦电站大约需要 $10 \ m^2$ 空间,如果屋顶面积为 $100 \ m^2$,那么可安装的电站为 10 kW。

一般来说,每千瓦电站每年可发电大约 1400 度,可以根据电站容量计算整个电站的大概年发电量。

3. 分布式光伏发电系统的应用范围和安装方式有哪些?

分布式光伏发电系统可安装在任何有阳光照射的地方,包括地面、建筑物的顶部、侧立面、阳台等,其中在学校、医院、商场、别墅、民居、厂房、企事业单位屋顶、车棚、公交站牌顶部应用最广泛。安装方式有混凝土、彩钢板以及瓦片式三种。

4. 光伏发电系统由哪些部件构成?

光伏发电系统由光伏方阵(光伏方阵由光伏组件串并联而成)控制器、蓄电池组(选用)直流/交流逆变器等部分组成。光伏发电系统的核心部件是光伏组件,而光伏组件是由光伏电池串、并联并封装而成,它将太阳的光能直接转化为电能,光伏组件产生的电为直流电,我们可以用逆变器将其转换为交流电加以利用。从另一个角度来看,光伏系统产生的电能可以即发即用,也可以用蓄电池等储能装置将电能存放起来,根据需要随时释放出来使用。

5. 什么是配电网? 配电网与分布式光伏发电有什么关系?

配电网是从输电网或地区发电厂接受电能,通过配电设施就地分配或按电压逐级分配给各类用户的电力网,是由架空线路、电缆、杆塔、配电变压器、隔离开关、无功补偿电容、计量装置以及一些附属设施组成的。配电网一般采用闭环设计,并环运行,其结构呈辐射状,分布式电源接入配电网使配电系统中,发电与用电并存,配电网结构从放射状结构变为多电源结构,短路电流大小、流向以及分布特性均发生改变。

6. 分布式光伏发电对电压有影响吗? 会不会影响家电的使用?

分布式光伏发电系统因功率较小,对电压的影响较小。逆变器的功能是将光伏电池发的直流低电压转换为220 V民用电,而我们的光伏专用逆变器本身就具有智能调节电压的功能,所以光伏电使用起来同电网的电没有区别,不会影响家用电器的使用。

7.光伏发电系统的寿命多长?维护会不会很麻烦?

一般的光伏组件寿命为25年左右,维护较简单,一般就是清除光伏玻璃面板上的鸟粪、树叶等遮蔽物。此外,光伏组件都是模块化封闭的,一般不需要修理,坏了直接更换就行了。

8.如何通过太阳能光伏发电达到节能减排的目的?

每个人都拥有一座自己的太阳能发电站,并且这些电站通过线路联结成一个网络。你的电站所发的电可以用来满足你的需要,也可以通过网络出售给他人;反之,如果你自己的电量不够,也可以购买他人的富余部分,甚至连价格也可以由你们自行协商。这就是未来的智能电网和分布式光伏电站。太阳能光伏的前景很好,利用新能源发电是今后发展的趋势,而政府有补贴,一套太阳能光伏发电设备几年就能回本。

9.我们有多少太阳光可利用?它能够成为未来主导能源吗?

地球表面接受的太阳能辐射能够满足全球能源需求的1万倍,地球表面每平方米平均每年接收到的辐射大约在$1000 \sim 2000$ kW·h之间。国际能源署数据显示,在全球4%的沙漠上安装太阳能光伏系统就足以满足全球能源需求。太阳能光伏具有广阔的发展空间,其潜力十分巨大。

据初步统计,我国仅利用现有的建筑安装光伏发电,其市场潜力就大约为3万亿千瓦以上,再加上西部广阔的戈壁,光伏发电市场潜力约为数十亿千瓦以上。随着光伏发电技术的进步和规模化应用,其发电成本还将进一步降低,光伏发电将成为更有竞争力的能源供应方式,逐步从补充能源到替代能源并极有希望成为未来的主导能源。

10.我国太阳能资源是如何分布的?

我国太阳能总辐射资源丰富,总体呈高原大于平原、西部地区大于东部地区的分布特点,其中,青藏高原最丰富,四川盆地资源相对较少。

11.分布式光伏发电有哪些应用形式?

分布式光伏发电包括并网型、离网型及多能互补微网等应用形式,并网型分布式发电多应用于用户附近，一般与中、低压配电网并网运行，自发自用，不能发电或电力不足时从电网上购电，电力多余时向电网售电。离网型分布式光伏发电多应用于边远地区和海岛地区，它不与大电网连接，利用自身的发电系统和储能系统直接向负荷供电。分布式光伏系统还可以与其他发电方式组成多能互补微电系统，如水、风、光等，既可以作为微电网独立运行，也可以并入电网联网运行。

12. 分布式光伏发电适用于哪些场合？

分布式光伏发电系统的适用场合可分为两大类：

（1）可在全国各类建筑物和公共设施上推广，形成分布式建筑光伏发电系统，利用当地各类建筑物和公共设施建立分布式发电系统，满足电力用户的部分用电需求，为高耗能企业提供生产用电。

（2）可在偏远地区海岛等少电无电地区推广，形成离网发电系统或微电网。由于经济发展水平的不平衡，我国仍有部分偏远地区的人没有解决基本用电问题，以往的农网工程大多依靠大电网的延伸，如小水电、小火电等供电，电网延伸困难极大，且供电半径过长，导致供电质量较差。发展离网型分布式发电不仅可以解决无电、少电地区的居民的基本用电问题，还可以高效地利用当地的可再生能源，有效地解决能源和环境之间的矛盾。

13. 哪些地点适合安装分布式光伏发电系统？

工业厂房，特别是在用电量比较大、网购电费比较贵的工厂。通常厂房屋顶的面积很大，屋顶开阔平整，适合安装光伏阵列，分布式光伏并网系统可以抵消一部分网购电量，从而节省用户的电费。

商业建筑，与工业园区的效果类似，不同之处在于商业建筑多为水泥屋顶，更有利于安装光伏阵列，但是往往对建筑美观性有要求。按照商厦、写字楼、酒店、会议中心、度假村等建筑的特点，用户负荷特性一般表现为白天较高，夜间较低，能够较好地匹配光伏发电特性。

农业设施。农村有大量的可用屋顶，包括自有住宅、蔬菜大棚、鱼塘等。农村往往处在公共电网的末梢，电能质量较差，在农村建设分布式光伏系统可提高用电保障和电能质量。

市政等公共建筑物。由于管理规范统一，用户负荷和商业行为相对可靠，

安装积极性高,市政等公共建筑物也适合分布式光伏发电系统的集中连片
建设。

边远农牧区及海岛。由于距离电网较远,我国西藏、青海、新疆、内蒙古、甘
肃、四川等地区的边远农牧区以及我国沿海岛屿还有数百万人口没用上电,离
网型光伏系统或与其他能源互补微网发电系统非常适合在这些地区应用。

14. 什么叫与建筑结合的分布式光伏发电系统?

与建筑结合的光伏并网发电是当前分布式光伏发电重要的应用形式,技术
进展很快,主要表现在与建筑结合的安装方式和建筑光伏的电气设计方面。按
照与建筑结合的安装方式的不同,它可以分为光伏建筑集成和光伏建筑附加。

15. 光伏阵列在建筑物立面安装和屋顶安装有什么差异?

光伏阵列与建筑物相结合的方式可分为屋顶安装和侧立面安装两种方式,
可以说这两种安装方式适合大多数建筑物。

屋顶安装形式主要有水平屋顶、倾斜屋顶和光伏采光顶,其中水平屋顶上
的光伏列阵可以按最佳角度安装,从而获得最大发电量,并且可采用常规晶体
硅光伏组件,减少组件的投资成本,往往经济性相对较好,但是这种安装方式的
美观性一般。在北半球,朝向正南、东南、西南、正东或正西的倾斜屋顶均可以
安装光伏阵列,在正南向的倾斜屋顶上可以按照最佳角度或接近最佳角度
安装。

光伏采光顶指以透明光伏电池作为采光顶的建筑构件,美观性很好,并且
满足透光的需要,但是光伏采光顶需要透明组件,组件效率较低,除发电组件透
明外,采光顶构件还要满足一定的力学、美学、结构连接等建筑要求。

侧立面安装主要是指在建筑物南墙、东墙上安装光伏组件的方式,对于高
层建筑来说,墙体是与太阳光接触面积最大的外表面,光伏幕墙是使用较普遍
的一种应用方式。

16. 农业大棚、鱼塘可以安装分布式光伏并网系统吗?

大棚的升温、保温一直都是困扰农户的重点问题,光伏农业大棚有望解决
这一难题。由于夏季的高温天气集中在 6—9 月份,众多品类的蔬菜无法正常
成长,而光伏农业大棚如同在农业大棚外添加了一个分光计,可隔绝红外线,阻
止过多的热量进入大棚,在冬季和黑夜的时候又能阻止大棚内的红外波段的光

向外辐射,起到保温效果。光伏农业大棚能为农业大棚内的照明等设施提供所需电力,剩余电力还能并网。

离网形式的光伏大棚中可与 LED 系统相互调配,白天阻光,保障植物生长,同时发电。夜晚,LED 系统应用白天的电力提供照明。

鱼塘中也可以架设光伏阵列,光伏阵列可以为鱼提供良好的遮挡作用,较好地解决了发展新能源和大量占用土地的矛盾,因此农业大棚和鱼塘可以安装分布式光伏发电系统。

17. 什么是"自发自用,余电上网"?

"自发自用,余电上网"是指分布式光伏发电系统所发电力主要由电力用户自己使用,多余电量接入电网,它是分布式光伏发电的一种商业模式。对于这种运行模式,光伏并网点设在用户电表的负载侧,需要增加一块光伏反送电量的计量电表或者将电网用电电表设置成双向计量。用户以节省电费的方式直接享受电网的销售电价,反送电量单独计量并以规定的上网电价进行结算。

18. 什么是"光伏上网标杆电价"政策?

光伏上网标杆电价政策是根据光伏发电的成本,并考虑合理利润后制定的电价。光伏项目开发商以这样的价格将光伏电量出售给电网企业,高出当地脱硫煤火电机组上网标杆电价的差额部分采取全网分摊的办法对电网企业进行回补。光伏上网标杆电价政策主要适用于大型光伏电站。

19. 什么是"单位电量定额补贴"政策?

单位电量定额补贴政策简称度电补贴政策,就是按光伏系统所发出的电量进行补贴,主要适用于分布式光伏发电系统。分布式发电采用度电补贴政策的特点是自发自用,余电上网,即自发自用的光伏电量不做交易,国家按照自用电量给予补贴,富余上网电量除了电网企业支付的脱硫煤火电机组上网标杆电价外也享受国家的度电补贴。

20. "自发自用"电量和"余电上网"电量的补贴方式相同吗?

目前,国家对分布式光伏发电采取单位电量定额补贴的方式,即对光伏系统的全部发电量都进行补贴,所以无论是自发自用电量还是余电上网电量均按同一标准补贴。

21. 不同领域的分布式光伏发电补贴是否相同？

我国鼓励各类电力用户、投资企业、专业化合同能源管理服务公司以及个人等作为项目单位投资建设和经营分布式光伏发电项目。对于分布式光伏发电，目前，我国采用对所有分布式光伏电量给予定额补贴，因此光伏度电收益直接受户用电价的影响，工商业用电电价为 0.8～1.4 元每度，大工业用电电价为 0.6～0.8 元每度，公共事业单位用电电价为 0.5～0.6 元每度，政府、学校、医院等事业单位，农业用电和居民用电为 0.3～0.5 元每度，因此安装在不同建筑或电力用户的分布式光伏项目的收益是不同的，这需要开发商自己判断和决定项目是否合算。

22. 有关分布式光伏发电的相关政策应该咨询哪些部门？

有关分布式光伏发电的相关政策应当咨询地市级、县级主管部门，国务院能源主管部门鼓励地市级或县级能源主管部门结合当地实际，建立与并网接入申请，并网调试和验收，电费和补贴发放与结算等相结合的分布式光伏发电项目备案、竣工验收等一站式服务体系，简化办理流程，提高管理效率。

23. 用户怎样获得国家的电量补贴？

电网企业负责指导和配合项目单位开展分布式光伏发电项目的并网运行和验收，与项目单位签订购售合同，电网企业对分布项目的全部发电量和上网电量分别计量。

对分布式发电项目按电量给予补贴，电网企业应按照国家规定的上网电价与项目单位结算上网电费，并按国家规定的电量补贴的政策对项目单位全部发电量按月向项目单位转付国家补贴资金。

24. 分布式光伏发电补贴资金通过什么方式发放给业主？

用户从电网购电执行正常的用电价格政策，多余光伏发电量上网，由电网企业按照当地脱硫煤火电标杆电价收购。分布式光伏发电项目所发电量无法满足项目对应的电力用户的用电需求的，电网企业必须像对待普通电力用户一样承担供电责任。

光伏发电项目可由电力用户自建，也可采用合同能源管理方式。合同能源管理企业应与电力用户依国家关于合同能源管理等规定签订能源服务协议，用户自建光伏系统的自用电量不成交易。对于项目业主安装在其他电力用户屋顶上的自用光伏电量,项目业主与电力用户按照合同能源管理协议进行结算。

光伏系统的发电量和多余光伏上网电量由电网企业负责计量、统计,光伏系统全部发电量均可得到国家电量定额补贴,电网企业根据光伏电量的计量数据按照国家规定的度电补贴标准按结算周期转发国家补贴资金。

25. 如何向电网公司申请分布式光伏并网发电系统接入?

分布式项目业主在准备好资料后向电网公司地市或县客户服务中心提交接入申请,客户服务中心协助项目业主填写接入申请表;接入申请受理后,在电网公司承诺的时限内,客户服务中心将通知项目业主确认接入系统方案;项目建成后,业主向客户服务中心提出并网验收和调试申请,电网企业将完成电能计量装置安装、购售合同及调度协议签订、并网验收及调试工作,之后,项目即可并网发电。

26. 发出的电用不完怎么办? 如何向电网卖出光伏余电?

与电网公司签订上网电量的相关协议后,电网公司对用不完的上网电量进行计量,根据国家规定的价格和补贴标准按照电费结算周期及时支付给项目业主。

27. 分布式系统申请接入是否需要费用? 个人和企业申请分布式光伏并网系统各需要什么资料? 流程分别是什么?

电网公司在并网申请人受理、接入系统方案制定、接入系统工程设计审查、计量装置安装、合同和协议签订、并网验收和并网调试、政府补助计量和结算服务中,不收取任何费用。

自然人和法人申请分布式光伏发电并网分别需要如下资料:自然人申请需提供经办人的身份证及复印件、户口本、房产证等项目合法支持性文件;法人申请需提供经办人的身份证及复印件和法人受托书原件(或法定代表人的身份证原件及复印件),企业法人营业执照、土地证等项目合法性支持文件、政府投资主管部门同意项目开展前期工作的批复(需核准项目)、项目前期工作的相关资料。

28. 分布式光伏系统并网需要考虑什么问题?

分布式光伏系统并网需考虑安全、光伏配置、计量和结算方面的问题。在安全方面,要考虑并网点开关是否符合安全要求,设备在电网异常或故障时的安全性能否在电网停电时可靠断开以保证人身安全;在光伏配置方面,要考虑光伏容量的配置、主要设备和接入点的选择、系统监测控制功能的实现、反孤岛装置的配置安装等;在计量和结算方面,要考虑计费和结算方式、上网电价情况、获得电价补贴所需的材料、数据及流程等。

29. 自己安装光伏发电系统如何获得小区物业的支持和邻居的同意?

目前,物权问题是需要解决的重要问题,要提供其他业主、物业、居委会的同意证明,包括所在单元所有邻居的书面签字证明以及所在小区物业、业委会同意的证明,并由其所在社区居委会盖章。

30. 如果电网停电或发生其他故障,分布式光伏发电系统能正常运行吗?

电网停电后,分布式光伏发电系统一般都会退出运行,不能正常发电,但某些极端情况下可能会出现孤岛现象,即电网停电后分布式发电系统仍然带着部分负荷继续运行,影响检修人员的人身安全,并存在损坏家用电器及电网设施的可能性,因此分布式光伏发电系统必须具备防孤岛功能。

31. 当地电力公司是否有专人受理分布式光伏系统并网申请业务?

国家电网公司为分布式发电并网提供客户服务中心,向项目业主提供并网办理流程说明、相关政策规定解释、并网工作进度查询等服务,申请分布式光伏并网可向当地电力公司客户服务中心咨询办理。

32. 如何管理分布式光伏发电项目?

国务院能源主管部门负责全国分布式光伏发电规划指导和监督管理,地方能源主管部门在国务院能源主管部门的指导下负责本地区的分布式发电项目建设和监督管理,委托国家太阳能发电技术归口管理单位承接技术、信息和工程质量控制工作。

33. 分布式光伏发电项目为什么需要备案? 不需要国家补贴的项目能开工建设吗?

现阶段分布式发电仍然需要国家补贴,假定每年安装 600 万千瓦分布式发电,全年发电量至少 70 亿度,如果每度电补贴 0.42 元则需要几十亿元人民币。为了优化补贴资金配置,备案是必须的,分布式发电项目由地市级或县级能源主管部门实行备案管理,实行备案管理后才可以开工建设。

34. 分布式光伏发电项目如何备案? 应准备哪些材料?

项目单位向地市级或县级能源主管部门提交固定资产投资备案表和分布式发电项目备案申请表,应准备以下材料:

(1)符合建筑等设施安装光伏发电系统相关规定的项目方案;

(2)项目用地或屋顶等场所的使用证明;

(3)地市级或县级电网公司出具的项目并网接入意见;

(4)如果项目采用合同能源管理方式,则需要提供与电力用户签订的能源服务管理合同等材料;

(5)地方政府根据有关规定要求提供的其他材料。

35. 哪些情况可能出现备案失败或者失效?

地市级或县级能源主管部门在受理项目备案申请之日起10个工作日内完成备案审核并将审核意见告知项目单位。当申请项目的累计规模超出该地区年度指导规模时,当地能源主管部门发布通知,停止受理项目备案申请。分布式发电项目备案有效期内如果无特殊原因未建成投产,项目备案文件自动失效。

36. 备案过的项目还能够申请变更吗? 怎么变更?

备案过的项目一般情况下不能随意变更,如果项目实施过程中遇到特殊情况,必须变更方案,则必须按照当初的申报程序申请方案变更。

37. 分布式光伏并网发电系统是由哪几部分构成的?

分布式光伏发电系统由光伏组件、光伏并网逆变器、计量电能表构成。

38. 如何取得当地的太阳能资源数据?

对于光伏系统设计而言,第一步,也是非常关键的一步,就是分析项目安装使用地点的太阳能资源以及相关气象资料。诸如当地的太阳能辐射量、降水量、风速等气象数据,是设计系统的关键数据。目前可以免费查询到全球任何地点的气象数据的网站是 NASA 美国太空总署气象数据库。

39. 如何选择分布式光伏并网系统的并网电压?

分布式光伏系统并网电压主要由系统装机容量所决定,具体并网电压需根据电网公司的接入系统批复决定。一般来说,8 kW 以下的电站选用 AC220 V 接入电网,8 kW 以上的电站需要用 AC380 V 或 10 kV 接入电网。

第四章　地热能技术

第一节　地热能

一、庞大的热库

常常听人说,地球是个庞大的热库! 然而人们舒舒服服地生活在它的上面,并不感到它是热的。人们有冷暖的感觉,这主要是太阳的影响。地球诞生45 亿年以来,它一直受太阳光照射而保持温暖,一切生命都依靠太阳能来维持,它把植物转换成化学能提供给人类。从最早有文字记载的历史时代起,人们就敬畏太阳的光辉,认为它是神灵,人们就开始认识到神秘的太阳对创造生命所起的作用。根据现代科学的计算,太阳每年供给地球整个表面的热量达 2.36×10^{24} J。地球表面每平方厘米每秒钟所得到太阳的热量为 0.01465 J,即 146500 mW/m^2。

随着知识的不断增长,人们才知道地球内部是热的,只是表面一层坚硬的冷的地壳把炽热的内心包裹起来了。地球的核心温度高达 6000 ℃,而它必然要向冷的地壳传递热量。传递的方式主要有三种:一是以传导的方式通过固体岩石向外传递;二是加热地下的流体,以对流方式向外传递;三是以岩浆向上移动的方式来传递。这三种传递方式分别称为大地热流、热泉活动和火山活动或岩浆侵入活动。

通过热传导作用,从地球内部向地球表面传递的地热流量是岩石的热导率和地热梯度的乘积。因此,测量一个地区的大地热流量,必须首先测量观察点的地热梯度和地下岩石的热导率。现在已经知道,地球表面每年获得的大地热流量为 10.87×10^{20} J,这是从太阳获得的热能量的千分之一,但是大大超过火山和地震活动所释放的总能量。全球的平均大地热流值为 63 mW/m^2。在地球表面,不同的地质构造区大地热流值的差别很大:在前寒武纪稳定地质区小于

40 mW/m²;新生代造山带大于 80 mW/m²;在大洋中脊上,由于海底扩张,从地幔上涌的炽热岩浆使大洋中脊的热流值明显升高,可达 100 mW/m²。离开大洋中脊,热流值逐渐降低到 50 ~ 63 mW/m²。在板块的另一侧是俯冲带,重的大洋板块俯冲到轻的大陆板块之下,在俯冲的地方形成一个海沟。由于是冷的洋壳俯冲到地幔,使海沟地区的热流值下降,常小于 40 mW/m²。俯冲板块的前端进入轻的上覆板块之下以后,由于摩擦发生部分熔融,形成安山岩浆,并向上侵位或喷出,形成高热流区,热流值升高到 125.6 ~ 209 mW/m²。

　　20 世纪 60 年代以来,中国科学院地质研究所开始从事大地热流测量工作,到 1990 年为止共发布大地热流数据 441 个。1994 年,他们将我国分为 5 个大地热流构造区,西南构造区平均热流值最高,达 70 ~ 85 mW/m²;西北构造区平均热流值最低,为 43 ~ 47 mW/m²;华北—东北构造区平均热流值为 59 ~ 63 mW/m²,与全国平均值接近;华南构造区平均热流值为 66 ~ 70 mW/m²,比全国平均值略高;中部构造区平均热流值为 40 ~ 60 mW/m²。西南地区,沿雅鲁藏布缝合线,热流值最高,达 91 ~ 364 mW/m²,向北随构造阶梯下降,到准噶尔盆地只有 33 ~ 44 mW/m²,成为"冷盆"。台湾位于欧亚板块的东缘,热流值较高,为 80 ~ 120 mW/m²,越过台湾海峡,到东南沿海燕山造山带,热流值降为 60 ~ 100 mW/m²,江汉盆地只有 57 ~ 69 mW/m²,显示出由现代构造活动强烈的高热流地带向构造活动弱的低热流地带递变的特征。另外,在大型盆地中,大地热流值受基底构造形态的影响:隆起区热流值高,凹陷区则相对低。如华北平原,平均热流值为 61.566 ~ 70 mW/m²,变化范围为 33.5 ~ 108.8 mW/m²。热流值高的地段与平原下面凹陷最深、沉积最厚反而又是地壳最薄、地幔上拱的地段一致。那么,在中国 960 万平方千米的大地上,每年通过传导方式排放的热量是多少呢? 如果中国的平均热流量也取 66.98 mW/m²,则每年排出的热量应为 20.30 × 10¹⁸ J,相当于 6336 亿吨标准煤释放出的热量。

　　通过温泉活动,以热水对流的方式流到地表的对流热量也可以计算。只要测量温泉的温度和流量以及当地的年平均温度就可以了。例如,一个温泉的温度是 90 ℃,流量为 1 L/s,当地年平均温度是 15 ℃,水的比热是已知的,如果 1 g 水升高 1 ℃所需要的热量为 4.186 J,则这个温泉每年排放出的天然热流量是 313950 W,相当于 9.92 × 10¹² J。如果我们假设中国 2500 个温泉的平均温度为

70 ℃,年平均温度取 10 ℃,并假定温泉的流量是 1 L/s,则每年通过对流的方式放出的热量为 19.67×10^{15} J,只相当于大地热流量的千分之一。造成这样大的差别,主要是地面上的温泉出露有限的缘故。

岩浆从上地幔穿过地壳到达地面形成活火山区。因为岩浆的温度高达850 ℃ ~ 1250 ℃,所以火山喷出时也放出大量的热量。有人计算过,1883 年,印度尼西亚喀拉喀托火山爆发时,抛出物的总量估计有 18 km^3,火山灰吹到了80 km 的高空,放出的热量为 7.2×10^{20} J。这样大的能量仅仅在两天时间内以反复多次喷发的形式传到地球表面,相当于每秒释放 41.65×10^{14} J 的能量。也有一些火山喷发的形式不一样,它仅是在平静地喷发,熔融的岩浆能在地球表面停留很长时间。但是,活火山并不是在地球的各个角落都能出现。那么,火山作用对整个地球的热量的散失有多大呢? 我们假设地球在 45 亿年的历史中,地球曾以熔融的岩熔升到地表。地壳的质量估计为 2.45×10^{25} g,1 g 岩熔从1000 ℃冷却到 0 ℃的热损耗量约为 1674.4 J,则地幔岩熔流每年的平均传输量为 2.45×10^{25} g 乘以 1674.4 J/g 再除以 45 亿年,等于 9.21×10^{18} J。用整个地球表面积去除,则平均热流量只有 0.569 mW/m^2。我国 960 万平方千米的土地上,火山每年放出的热量则有 17.25×10^6 J,不及大地热流值的 1/100。因此,45 亿年以来,火山活动从地球带出的热量与大地热流通过地壳传导出来的热量相比,是微不足道的。

那么,地球内部的热含量有多少呢? 这个问题也不难估算,只要知道地球内部的温度和地下物质的比热就行了。如果地球内部的平均温度为 2000 ℃,地球内部的平均比热推测为 1.0465 J/g · ℃,地球的质量为 6×10^{27} g。这三个数的乘积就是地球的热含量,等于 12.558×10^{30} J。地球表面通过传导而损耗的热量为 10.88×10^{20} J,因此地球内部的热含量是地球表面的热损耗量的 100亿倍。这个估算表明,即使在下一个 100 亿年内,整个地球内部的温度由于变冷将达到目前地表的温度时,地球的热含量也能维持这 100 亿年内的大地热流量。另一方面,目前地球内部所具有的热含量也表明,地球内部的温度自地球形成并固结以来,并没有发生多大的变化。

上述意见明显地说明,地球是一个庞大的热库。然而,地球内部具有的这样巨大的热储量是否"取之不尽,用之不竭"呢? 回答却是否定的,笔者将在下一节中进一步讨论这一问题。

二、形形色色的地热系统

整个地球的热含量深深地埋在地球的内部,不可能全部取出来。因为目前的钻探技术钻得最深也不过 10 km,即穿不过花岗岩层。在这样薄薄的一层表皮中,它所含的热量也可以估算出来。如果 10 km 厚的薄壳质量为 8.3×10^{23} g,平均温度取 150 ℃,岩石的比热取花岗岩的比热(0.816 J/g·℃),则热含量为 10.05×10^{25} J,是全球热含量的十万分之一。然而,即使要取出这样深度内的全部热含量也是不可能的。一方面是它们太分散,另一方面也要考虑成本。因为钻探越深,成本越高。根据现在的经验,地热钻井的深度不宜超过 3 km,否则就无利可图。如果一个地区的地温梯度是正常值,为 30 ℃/km,那么,3 km 深的钻井只能取得近 100 ℃ 的热水,那样将是极不经济的。幸好地球内部的温度并不是均匀分布的,有的地方热流值非常高,有的地方热流值非常低。能够开采地热能的地区只是热流值高的地区。这是由于地球内部经历了某些地质过程,如年轻的构造运动,或年轻的岩浆活动,或年轻的变质作用,使得地球中所含的热量能在某一个地区集中起来,形成所谓地热异常区,从而达到人们能利用的程度,构成一种特殊的能量资源,这种能开采的地热就叫作地热资源或地热能。

由于这些年轻的地质过程主要发生在各构造板块汇聚的地方,所以地热活动强烈的地区集中在板块汇聚处。因此,地热异常区常常呈带状分布。在地热异常区,热流值常常很高。西藏南部的大地热流值可达到 167.47 mW/m^2 以上。此外,地表也常常出现许多强烈而多样的水热活动,我们可以称它们为地热显示。火山是地热活动中最为猛烈的地热显示,而温泉则是最常见的、最温和的地热显示。在西藏南部,虽然没有年轻的火山活动,但是温泉活动非常多。

在一个有限的范围内,如果有温泉出露,我们可以把它称为水热区。一个水热区的范围内,可以是单独的一个温泉,也可以是由许多温泉组成的温泉群。但是各泉之间有着密切的关系,有着共同的补给源,它们的排出地点相距也不会远。因为它们是以水热活动的方式出现的,传递热量的方法主要是靠水的对流,所以它们又被称为水热对流系统。

也有一些地区的地热活动并不以水热活动的方式出现,也就是说,不是通过水的对流把热传递出来。它们是以岩浆形式喷出地表形成火山的,人们把它们称为岩浆系统。有时岩浆没有喷出地表,而是在地壳浅处几千米处停留下来,它们周围是致密的岩石,裂隙很少,没有水往下渗,岩浆的热就只好通过上覆的岩石传输到地表,在地表形成高传导热流区,人们就把它们称为干热岩系统。2006年,有人把这种干热岩系统改称为增强型地热系统,认为它储存有大量的地热能。

　　无论是水热系统还是干热岩系统,如果没有经过详细的勘探工作,我们并不能确定它们是否值得开发。如果经过详细的勘探工作,证实地下富集有可以供给人们利用的地热能的话,这时才可以把这样的地域称为地热田。

　　岩浆系统的开发就是设法直接从活火山的火山口的熔岩湖中采取热能。目前,美国在夏威夷岛的基拉维厄火山的一个熔岩湖中进行了热交换实验。在意大利,有人认为西西里岛的埃特纳火山顶峰之下,有一个100 m宽、2 km深的圆筒状热储,在平静时期,岩浆以0.35 m^3/s的速率补入热储,当热储满了之后,它们就从火山顶部和翼部沿着一些断裂处发生外流,发生喷发。大约每6年喷发一次,这样的现象可能已持续了450年,这里可能有一定的地热能。目前,从岩浆系统中提取热能还处在实验阶段。这种系统目前在我国还没有发现。

　　干热岩系统是地下深处有热的岩石,使得地下2~4 km处的温度保持在140 ℃~250 ℃之间,岩石的地热梯度达50 ℃/km,大地热流值为209~251 mW/m^2。但是,周围的岩石和侵入体本身的裂隙发育得很不好,因此透水性也不好,地下没有水,所以叫干热岩。要从这些干热岩中取出热能,就必须人为地创造一种循环系统。方法是打一个深3 km的钻孔,在钻孔底部进行人工爆破,产生一个人工热储,然后再钻入生产井,由一口井注入冷水,冷水在热储中与干热岩进行热交换,获得热能,然后从另一口井泵出,经净化处理后被加以利用。目前,美国、日本、英国、法国和澳大利亚都进行了这方面的试验工作。美国新墨西哥的阿拉莫斯实验室在瓦勒斯破火山口进行了这项实验。图4-1是利用干热岩的热能进行发电的一种设想。

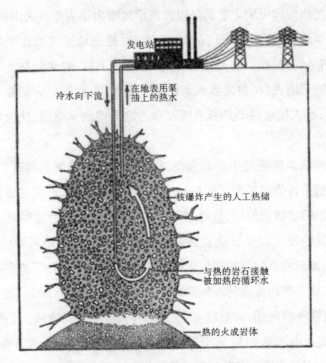

发电站

冷水向下流

在地表用泵
抽上的热水

核爆炸产生的人工热储

与热的岩石接触
被加热的循环水

热的火成岩体

图 4-1　表示如何从干热岩体产生电力的方法

在俄罗斯东北部的一个金矿，人们企图利用干热岩进行矿山的开采，如果能建立一个 50 ℃ 的循环系统，就能融化冻结的矿砂，使金矿得到开采；如果循环达 100 ℃，就可以解决矿区、洗矿厂和住宅区的供热问题。

水热系统又叫水热对流系统，大部分热量并不是通过传导方式传递的，它是通过流体的循环对流传递的。水热系统中的对流，就像火炉上的水壶中水的对流一样，是由在重力场中流体的受热和随之而来的热扩散引起的。流体在循环系统的底部受热，热是驱动这个系统的能量，低密度的受热流体上升，它们被较高密度的冷流体所代替，冷的流体由系统的边缘供给，对流使系统上部的温度升高，使系统下部的温度降低。

根据水在对流系统中存在的状态，可以把水热对流系统分为 5 种类型。图 4-2 是水的沸腾曲线图。在地下，水的沸腾温度随着深度的加深而增加，曲线的位置就是地下某个深度发生沸腾的地方。在曲线的下方，水以液态的形式存在，在曲线上方，水以气—液两相状态存在。

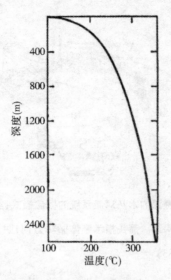

图 4-2 水的沸腾曲线

有的水热系统无论在地表还是在深部,水都是以液态存在,也就是说不可能发生沸腾,这种水热系统就称为温水系统。世界上绝大部分温泉都可能属于这种温水系统(图4-3和图4-4)。它是在缺少年轻火成岩侵入体地区所发育的环流系统,它可以由大气降水在传导区域热流机制下的深循环过程产生。形成这种系统的先决条件是存在足以使水发生循环的高渗透率的断层或破碎带。热水的温度主要取决于区域热流量的大小和深循环的深度。我们将沉积盆地所含的低焓热水(温度<150 ℃)归为温水系统(图4-5)。尽管它的热状态仅仅来自热传导,而且通常是稳态过程,所含流体因温度差小而没有对流循环。沉积盆地和一般的温泉一样,它们所含的地下热水构成低温地热资源。如华北平原和松辽平原的含水层中含有许多温水,实际上它也是一种温水系统:没有岩浆热源,完全靠地热增温率增温。1982 年,美国在低温地热资源的评价中将低温地热资源的热储模式进行了概括。

水热对流系统:

(1)单个的温泉和热水井(图4-3),可以分为断层泉、断陷盆地的深部热储和背斜构造三类。

(2)圈闭的地热储(图4-4),从地质构造上也可分为三类。

传导为主的系统(图4-5),它们分为两种类型,即一般沉积盆地和滨岸平原。

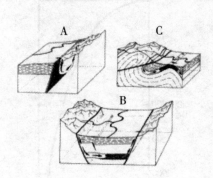

　　图4-3　含有低温地热资源的水热对流系统的概念模式:类型1,单个温泉热水井。A:
断层泉;B:深部热储;C:背斜构造。箭头指示流体循环方向;阴影区表示含有低温地热资源
的地热储的位置(据 Reed,1983)

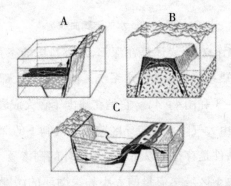

　　图4-4　类型2:圈闭的地热储。A:侧向补给;B:地垒构造;C:盆地结构。箭头指示流
体循环方向,阴影区表示含有低温地热资源的地热储的位置(据 Reed,1983)

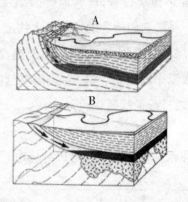

　　图4-5　传导型低温水热系统。A:沉积盆地;B:滨岸平原。箭头指示流体循环方向,
阴影区表示含有低温地热资源的地热储的位置(据 Reed,1983)

如果水在地下深处以热水形式存在,只是当它上升到地表附近时,才发生沸腾,这时地表也有沸泉出露。但是,它们的沸腾深度很浅,常常只有十几米,有时也可深达数百米,但是仅发生在井管之中或热储层的顶部,整个热储层含有的还是液态的水,这种水热系统就称为热水系统(图4-6和图4-7),两者的

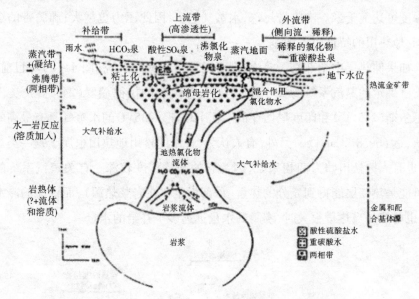

图4-6　具有低地形的热水系统的概念模式(据 Nicholson)

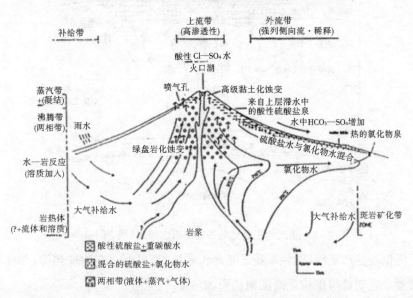

图4-7　具有高地形的热水系统的概念模式(据 Nicholson)

差别在于后者出现于活火山附近。我国西藏羊八井地热田就是一个热水系统，其地下的沸腾深度，在热田南部仅有十多米，往北才逐渐加深。如果地下沸腾带比较深，那么，储热层中不仅含有热水，也含有大量的水蒸气，这种水热系统就称为两相系统。世界上许多已开发的高温地热田都属于两相系统。沸腾带的深度可达上千米。沸腾带越深，水蒸气越多，因此压力也越大；沸腾带的深度不同，地热田的特性也不同。

如果储热层中全部是干蒸汽，则可以称它为蒸汽系统（图4-8）。目前，世界上已确定的蒸汽系统为数不多，它们是意大利的拉德瑞罗（245 ℃）、美国的盖瑟尔斯（245 ℃）和印度尼西亚的卡瓦卡玛江。235 ℃的水蒸气具有最高的热焓值，达669.8 kCal/kg。另外，有人认为，日本的松川地热田也属于这一类。但是，也有人把松川归为两相系统，因为它的沸腾深度较深。有关蒸汽系统的成因可能是热储层能得到充分的热量（深部肯定存在岩浆热源），而供应的冷水不足；也可能是当热量很大时，沸腾的水量远远多于补给的水量。

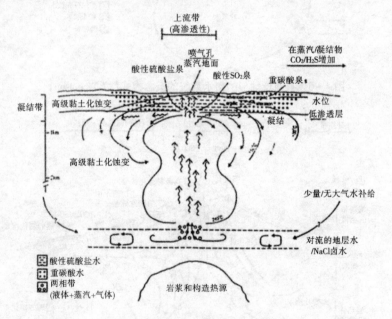

图4-8　蒸汽为主的地热系统的概念模式（据 Nicholson）

无论是热水系统、两相系统还是蒸汽系统，都可能存在附加热源，如深埋的岩浆囊。它们都可能构成高温地热资源。

另外，还有一种水热系统——地压系统。当沉积盆地具有深埋的、充满水的渗透层,它们被后来的细粒沉积物严密地封闭起来,渗透层埋得很深,可达四五千米,水温只有 150 ℃ ~ 180 ℃,压力却极高,典型孔隙压力值大体等于 100 MPa,所以称为地压系统。地压系统中的地热流体,除了含有大量的热能和机械能,还含有大量的甲烷。地压系统首先是在墨西哥湾勘探石油时发现的,目前还没有开发,主要是工程问题还没有解决。如果能解决的话,它们就会成为美国的重要地热资源。我国东部沿海地区是否有同样类型的地压地热资源呢?这是一个很值得研究的问题。在海南岛西南的莺歌海盆地勘探石油时就有所发现。总之,我国东部沿海地区在进行油气资源勘探时,应兼顾地压地热资源的勘探与评价。

　　这些形形色色的地热系统中所储藏的地热能实际上都是含有一定热量的地下热水。这些水深埋地下,可达数千米。它们的形成都是大气降水渗入到地下通过漫长的深循环,并得到加热再运移到含水层中。其形成时间少则几十年,多则上千万年。因此,地下热水的补给和径流条件要比当地的冷水差得多。因此,有人认为,它像固体矿物形成的矿产资源一样,用一点就少一点,很难补充上来,也就是说地下热水也是一种不可再生的能源,不是取之不尽、用之不竭的。这种观点是否正确? 值得研究。

三、巨型的高压锅

　　地热系统的类型多种多样,但是人们目前研究得比较清楚的是世界上分布最广的水热型地热田。如果你有机会去参观一些世界著名的地热发电站,那么你就会发现,不同的水热型地热田,在温度、压力和流体化学性质等方面各有不同,甚至差别很大。开发得最早的意大利拉德瑞罗和目前发电量最大的美国盖瑟尔斯,都是干蒸汽田,温度为 245 ℃;温度最高的是墨西哥赛罗普列托,达 375 ℃。温度比较低的是日本的大岳,约为 200 ℃;我国目前正在开发的羊八井浅层热储,约 160 ℃。温度不同,热田的压力也不同。但是,这些热田在结构和构造上都有着近似的特征。这些特征是:①有一个能大量输出热的天然热源;②有一个完好的盖岩层;③有一个含水层或渗透层,可储存地热流体(图4-9)。储热层和盖岩层就像一个封闭完好的高压锅,坐在天然热源上加热一样。

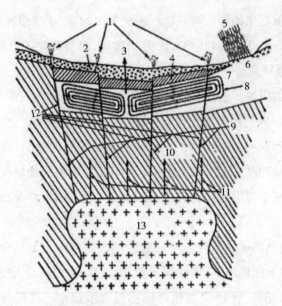

图 4-9　一个地热田的理想结构（据 H.C.H. 阿·姆斯特德，1978）

1. 地表显示；2. 地表松散层；3. 钻孔；4. 盖岩层；5. 雨水；6. 基岩；7. 含水层；8. 对流环；
9. 岩浆气体和蒸汽；10. 岩层；11. 传导热流；12. 断层；13. 岩浆室

一般认为，高温水热对流系统的下面，在地下不太深的地方，还有没有冷凝的侵入体。侵入的深度通常在 7~15 km 之间，它们的侵入时间不太长，可能是上新世以后侵入的，因为至今还没有完全冷却。估计它们的温度还保持在 600 ℃~900 ℃之间，因此它们所含的热会源源不断地通过覆盖在它上面的不渗透的岩层向上传输到储热层之内。但是这种热源的存在，只不过是一种推测，因为谁也不可能看见。世界上最奇特的地热区之一是美国西部的黄石公园，在那里仅间歇泉就达 200 多个。可是，直到最近人们才知道，黄石公园的地热活动是由高原下面一个很大且埋得较浅的酸性岩浆体引起的。黄石公园在新生代以来曾有过多次火山活动，最早喷出的一次是玄武岩。然后，在 190 万年前，喷出了 2500 km³ 的火山灰，形成了一个直径 30 km 的破火口。到 120 万年前，又喷出了 250 km³ 的火山灰。紧接着是在 60 万年前，从黄石破火口处又喷出了 900 km³ 的火山灰。活动期的破火口规模为 70 km×45 km，到 35 万年前，在破火口东侧又出现小规模的流纹岩喷发。但是，地下的情况又怎样呢？人们对黄石公园进行重力测量发现，公园的范围与 50 mgal 重力负异常等值线所圈闭的范围一致，这说明重力异常是由高温岩浆体引起的。当地震波穿过高原时,p 波的波速明显衰减,可以认为岩浆体还是呈塑性状态。有人估算,这个岩浆体的体积约为 45000 km^3,所含热量为 112498.8 $\times 10^{18}$ J,它们是黄石公园热泉和间歇泉活动的理想热源。

盖岩层是位于水热对流系统顶部的透水性差的岩层,它好像是一口高压锅的锅盖,把锅封得死死的。组成盖岩层的岩石,有些本来就透水性差,如细粒的湖相沉积或三角洲相沉积物。有些盖岩层的岩石和热储岩石本来完全一样,并且可能发育出许多裂隙,但是热水中的一些矿物在储热层的上部沉淀出来,把原来的裂隙或孔隙都堵死了,使原来透水的岩层变成不透水的岩层。这些新沉淀的矿物通常就是泉华中最常见的二氧化硅或碳酸钙,即硅华和钙华。有些是地表透水的岩石受热发生水热蚀变,引起地层强烈的高岭石化,导致了自封闭作用,从而也变成不透水层。在地热田开发过程中,只有钻通了盖岩层,地下压力较高的热水和蒸汽才能冲到地面上来。

储热层就是地热流体储存的地方,就像储油层是储存石油的场所一样。但是储油层基本是由沉积岩组成的,而储热层则不一样,它可以是火成岩,也可以是变质岩,或者是硬结很完好的沉积岩。美国在研究了本国的水热区的储热层之后发现,31.1% 的储热层是由火成岩组成的,22.2% 是由沉积岩组成的,20%是由火山灰层组成的,20% 由水热蚀变的岩石组成,6.7% 由变质岩组成。因此,地下热水或蒸汽不像石油一样主要存在于沉积岩的碎屑颗粒之间的空穴中,或是储存于碳酸岩溶洞中,而是存在于断裂、裂隙或溶解的通道或空洞之中。储热层中所储存的地热流体,如果是热水就叫热水储,如果是蒸汽就叫蒸汽储,如果是汽水两相混合物就是两相储。

各个水热型地热田的规模很不一样。有的大,达 150 km^2(如新西兰的那法热田),有的小,为 1 km^2(如我国怀来后郝窑热田),一般常见的为 10 km^2 左右(如羊八井热田浅层热储约 14 km^2,腾冲热海热田为 8 km^2)。储热层的埋深差别也较大,有的盖层厚达 100 多米(如新西兰的怀拉基热田),有的仅厚数十米(如羊八井热田浅层热储的盖岩层仅厚 30 多米)。同样,热储厚度在不同热田也有差别,如羊八井热田浅层热储厚仅 200 多米,有的厚度则超过 1 km。目前要测定热田的面积和深部的结构并不困难,世界上最常用的方法是电测深方法,其基本原理是根据水热型地热田所含的热水会使视电阻率大大下降。

　　水热对流系统根据储热层的温度可以分为高、中、低温三种,高温水热系统的热储温度大于 150 ℃,低温水热系统的热储温度小于 90 ℃,热储温度介于 90 ℃～150 ℃之间的称中温水热系统。

　　一个水热系统只要知道了它的热储温度、热储面积、热储厚度以及热储的体积比热,就可以近似地求出热储的热含量。由于许多水热系统并未进行钻探工作,因此热储的温度只能根据地球化学温度计算出的温度来推断。

　　如果一个热田的盖岩层厚度为 1 km,热储的可采深度为 3 km,那么热储的厚度(d)为 2 km,热储面积(a)为 10 km²,热储温度(T)为 200 ℃,当地年平均温度(t_1)为 15 ℃,岩石的体积比热为 2.6 J/cm³·℃,则热储的热含量(q)可用下式求得:$q = cad(T - t_1)$。将上面假定的参数带入,求得 $q = 9.6 \times 10^{12}$ MJ。这些热量存在哪儿呢? 只有一小部分存于水中,绝大部分存于热储的岩石之中。因此,热储中所储藏的热量并不可能全部被取出来为人们所利用。根据地热专家们的计算,一个热田的资源量只有它的热含量的 1/4,甚至只有 1/5,即采收率为 0.25 或 0.20。因此,上述热田的资源量约为 2.4×10^{12} MJ 或 1.8×10^{12} MJ。

　　如果勘测的地热田属于高温水热对流系统,可以根据资源量计算其井口有用功,进一步估算地热发电的装机容量;对于中、低温水热对流系统则可根据资源量计算进行非电利用的有用热量。这些计算工作就是地热资源评价工作。我们就不在此详细讨论了。

　　西藏、四川西部和云南西部出露的温泉呈带状密集分布,都处于欧亚板块和印度板块的碰撞造山带上,具有相同的构造成因,而且温泉区主要分布在西藏和滇西,因此将这个地区统称为滇藏地热带,该地热带是近纬向的地中海—喜马拉雅地热带的一部分。滇藏地热带是我国地热活动最强烈的地带,出露的温泉总数超过全国的一半(约 1700 个),汇集着我国大陆地区所有的沸泉、沸喷泉、喷气孔、冒汽地面、水热爆炸区和间歇喷泉等 71 个高温地热显示区。在滇藏地热带内,我们实地考察了 1028 个温泉,并对它们进行采样和化学分析,利用地球化学温度计并考虑它们形成的地质背景,将它们分为高温地热系统(热储温度 >150 ℃,但深度 <3 km)(61 个)、准高温地热系统(热储温度 >150 ℃,但深度 >3 km)(194 个)、中温地热系统(112 个)和低温地热系统(661 个)。其中高温地热系统的热储热能为 120 EJ,发电潜力约为 2781 MW 30 a。准高温地热系统的热储热能为233 EJ,发电潜力为3036 MW 30 a。中温地热系统的热储热能为38.76 EJ,低温地热系统的热储热能为79.34 EJ。

四、巨大的热水盆地

沉积盆地虽然储存的是温水,但是由于面积巨大,所含的地下热水所储存的地热能也就巨大,因此是一种不可忽视的能量资源。我国大陆地区中、新生代沉积盆地分布很广,总面积达350万平方千米(面积<200平方千米者不计),占我国陆地面积的35%。盆地面积>10万平方千米的大型盆地有9个,1万~10万平方千米的有39个。就其形成的地质背景可以分成三种类型:裂谷型盆地,如渤海湾盆地(包括华北盆地)、松辽盆地、江汉盆地、苏北—南黄海盆地、汾渭地堑和雷琼盆地;山间地块盆地,如塔里木盆地、准噶尔盆地和柴达木盆地;地台型盆地,如鄂尔多斯盆地和四川盆地。

根据陈墨香等先生的研究,我国中、新生代沉积盆地热水形成的机制基本上可以用"层控热储—侧向径流补给—大地热流供热"的模式加以概括。

在所列的2239口地热井中,大部分都是为开采大型盆地的地下热水而钻探的。如为开采华北盆地的地下热水,在北京有300口井,天津有251口,河北有200口,山东有100口,河南有300口。在汾渭地堑内的地热井,山西有230口,陕西有186口。因此华北盆地的地热井占地热井总数的51.4%;汾渭地堑占18.6%:这两个盆地地热井数就占了总井数的70%。它们成为我国开采中、低温地热水的主要场所。因为像渤海湾(包括华北盆地)这样的大型沉积盆地有利于热水资源的形成与贮存。大型盆地的沉积层非常厚,其中古近纪和新近纪的厚度就达上万米。它们既有高孔隙率(15%~30%)和高渗透率(156~2500)×10^{-9} m^2砂岩和砾岩层作为热水储集层;也有由细粒沉积物组成的隔水层。大型沉积盆地的水动力环境具有明显的分带性。它的外环带为径流积极交换带,内环带为径流缓滞带,进入盆地的地下水流,穿越外环强径流带之后进入径流缓滞带,地下水流变为长距离的水平运动,从而使地下水能够充分地吸取岩层的热量。但是由于大地热流值是沉积盆地储热层的热源,它没有附加的热源,这就决定了沉积盆地不可能产生高温(>150 ℃)地热流体。如果我们知道一个盆地的大地热流值,就可以知道盆地所蕴藏的热水的温度,反之亦然。因为大地热流值与流体的温度有着如下关系式,或者更确切地说,地下水的二

氧化硅(SiO_2)含量和热流量(q)存在下列关系(Rybach,L.等,1981):

$$q = a[T(SiO_2) - b]$$

式中,$a = 1.49$ mW/m^2·℃,$b = 13.2$ ℃,$T(SiO_2)$为二氧化硅地球化学温度计;

$$T(SiO_2) = [1315/(5.205 - \log SiO_2)] - 273.15$$

例如,对于华北盆地,实测热流值为 41 ~ 83 mW/m^2,按照上面的关系式,$T(SiO_2)$值分别为 40.7 ℃ 和 68.9 ℃,相应地(SiO_2)值为 10.34 mg/L 和 22.94 mg/L。

同时还应该提及的是,沉积盆地含水层所含的地下热水的含盐度是可否直接利用的关键因素。我国东部大型中、新生代沉积盆地的沉积建造具有明显的三分特点(陈昌明等,1982),即底层属于断陷初期阶段,盆地中充填碎屑岩和火山岩;中层为盆地大幅度沉降期,在封闭和半封闭湖盆条件下沉积了咸水、半咸水湖相建造;上层为盆地演化晚期的沉积在接近夷平状态下形成的广盆式河流—浅湖相的厚度巨大的淡水沉积建造。因此,上层的地下热水是最适宜利用的。在华北盆地、苏北盆地和江汉盆地的新近系就是这样的重要淡热水含水层,而且厚度可达 2 km,上覆数百米的第四系是很好的盖岩层。这三个盆地的古近系是富含有机质和高盐度的暗色泥岩,不是良好的热水储层,但却是重要的生油岩系。在松辽盆地,新生界很薄,白垩系上统厚数百米,为主要的热水储层;白垩系下统则是含盐度高和富含有机质的生油层。至于地下热水的含盐度和深部分布的状况,可以由盆地内的电阻率测量得知。

在一些沉积盆地的基底,在沉积盖层之下还存在深部基岩热水储层。这些基岩热水储层主要是下古生界和元古界的碳酸盐岩建造,如果它们在沉降之前曾经暴露于地面而经过强烈的喀斯特化,它们会成为具有较高经济价值的地热田。就北京地区而言,基岩热储的开发最早是从东南角大兴隆起区的开发开始的,1971 年 2 月 28 日在氧气厂钻成第一眼热水井,孔深 650.3 m,温度 39.2 ℃,使北京城区的地热勘探实现零的突破。当年还完成了天坛公园和北京火车站的两口地热井的钻探,后者的抽水温度达 53 ℃。但是北京凹陷西北翼的地热开发在 2000 年才有所突破。到 2001 年 10 月 2 日,在北京大学静园钻成京热—119 地热井,该井位于八宝山断裂西北盘。井深 3168 m,出水温度 59 ℃,流量 2232 m^3/d。北京大学一带新生界很薄,仅 100 ~ 200 m。下伏奥陶系,从奥陶系到寒武系都是碳酸盐岩,裂隙和溶洞发育、水力联系良好,温度保持在 20 ℃左右。当钻机穿越下伏隔水和绝热的上元古界青白口系,进入蓟州区系铁岭组的碳酸盐岩层后,水温上升至 40 ℃左右,当钻机穿透洪水庄组的页岩层,进入雾迷山组的碳酸盐岩层时,温度又上升到接近 60 ℃。按照正常情况分析,假定当地的地温梯度为 25 ℃/km,3 km 深的钻孔应该获得近 90 ℃的温度,然而现在只有 60 ℃。另外,从本质上来说,这样的钻孔开采的就是深层的地下水。该钻孔主要用于洗浴和采暖,所带来的经济效益和环境效益值得进一步评估。

1994 年,陈墨香等对我国东部和中部 10 个大中型盆地的热水资源进行了量级的估算(表 4 - 1),对于西北部的盆地,一因研究程度太低,二因它们地处气候干旱区,淡水资源宝贵,而该区的地下热水主要为咸盐水,一般无实际意义,因此未做估算。

表 4 - 1　我国主要沉积盆地地热资源汇总表(据陈墨香,1994)

盆地名称	热水层位	温度	矿化度	盆地面积	计算深度	积存水量	积存热能	$10^3 km^2$ 的热能	可采水量	热能量
		(℃)	(g/L)	$10^4 km^2$	(m)	$10^8 m^3$	(EJ)	(EJ)	$10^8 m^3$	亿吨标准煤
华北北部	N	30～70	1～3	9.0	350～2 000	194 300	2 880	32	1 240	5.4
华北北部	Pz_1, $Pt_{2,3}$	50～90	0.5～1.5	1.8	<3 000	1 700	37	2.1	424	3.6
华北南部	N	30～40	1～3	6.8	350～1 300	98 660	840	12.3	1 000	2.87
苏北	N	34～57	<1	3.2	350～1 600	39 800	500	15.6	428	1.60
下辽河	E	34	<1	0.34	800～1 100	2 340	19	5.5	50	0.13
松辽	K_2	30～50	1～5	1.44	300～2 000	32 000	370	2.6	320	1.26
汾渭	N, E	33～40	<1	2.0	<1 000	60 500	448	22.8	300	0.77
鄂尔多斯	K_1, J, T, P	27～39	1～5	16.0	400～1 500	90 750	668	4.2	907	2.28
四川	J, T	25～69	卤水	13.6	<2 400	75 100	1 380	10.12		
楚雄	K, J	45	<1	3.5	<1 000	28 000	176	5.0	140	0.30
雷琼	N, E	32～59	0.5～1	0.51	<1 600	5 400	43	8.4	108	0.28
合计				70		628 500	7 361		4 917	18.54

从上表得知:(1)我国 10 个主要沉积盆地在 2 km 深度的范围内积存热水的资源量为 63×10^{12} m^3,所含的热能为 7361 EJ(即 10^{18} J)。可采资源的水量

(不包括含盐卤水的四川盆地)为 4917 亿立方米,相当于 18.54 亿吨标准煤的能量。其采收率大约为 1%。(2)开发前景最佳的盆地是华北盆地、苏北盆地和汾渭地堑,它们都有厚度巨大、水质最佳的新近系。因此它们是地热井最多的地区。(3)中生代沉积盆地的存储条件和水质均欠佳。

根据这些特点,陈墨香等(1994)很清醒地指出,沉积盆地型低温热水资源分布颇广,有一定开发潜力,但其焓值低——热水资源作为能源看待,其潜力有限,这意味着这些沉积盆地的热水资源在我国整体能源结构中不可能占有重要的位置,只宜作为辅助性能源。同时他们还认为,地热能源与其他常规能源相比不是廉价的,而且对它们大规模开发会面临环境问题。

五、热储流体的特性

热储层中储藏的地热流体最关键的特性是它的温度。温度有多高呢? 以前只有经过钻探才能知道,但是钻探很费钱。因此,人们就想方设法寻找其他方法。后来,根据一些经验和计算推测,如果在地面上有钙华沉淀,热储温度一般低于 150 ℃;如果地面上出现了硅华,热储温度就可能高于 150 ℃。20 世纪 70 年代以来,由于地热科学的发展,我们可根据热泉水中所含的一些元素的比例推算出热储内部的温度,它们叫作地球化学温度计。使用地球化学温度计必须满足下列 5 点基本要求:(1)深部发生的反应只与温度相关;(2)用于计算地下温度的组分都有足够的丰度;(3)在热储温度的控制下,地热水和岩体之间的反应达到平衡;(4)当地热水从热储流向地表时,由于温度的降低,组分间不发生再平衡;(5)来自系统深部的热水没有和浅部的冷水混合。目前用得比较多的是 SiO_2 温度计、Na—K 温度计、Na—K—Ca 温度计或经镁校正的 Na—K—Ca 温度计等。表 4-2 列举了一些常用的地球化学温度计的计算公式。各种地球化学温度计的应用都有一定的假设条件,例如,SiO_2 温度计被认为是最佳温度计。它假定石英在高温条件下,与地热流体的作用能达到平衡,当地热流体冷却之后,石英不会发生稀释和沉淀,因此它适用的温度范围很宽。图 4-10 是热水中 SiO_2 浓度与温度的关系曲线。从图中可以看出,如果热水中的 SiO_2 浓度为 220 mg/L,则热储温度为 190 ℃左右。Na—Li 地球化学温度计是 Kharaka 等研究沉积盆地的地热水时提出来的。按照 Giggenbach 的研究,K—Mg 地球化学温度计适用于受冷地下水掺和的低温热泉。当地下温度大体处在 175 ℃～200 ℃之间时,大多数天然水中的 Na/K 比受到水与钠长石和钾长石的溶解平衡的控制,即 Na—K 地球化学温度计只适用于高温地热系统内部温度的估算。但是如果热水富含 Ca^{2+} 时,就得不出合理的 Na/K 温度,因此必须进行钙的校正,采用 Na—K—Ca 地球化学温度计。如果热水化学组分为酸性硫酸盐型水,利用表 4 - 2 中任何一个公式来计算它的地下温度只能得出十分离奇的、难以令人相信的结果。

表 4 - 2　常用的地球化学温度计(公式中 C 值代表水溶 SiO_2 的浓度;浓度单位为 mg/kg)

地球化学温度计	计算方程	适用温度范围
石英,无蒸汽损耗	$T℃ = [1\,309/(5.19 - logC)] - 273.15$	$T = 0℃ \sim 250℃$
石英,最大蒸汽损耗	$T℃ = [1\,522/(5.75 - logC)] - 273.15$	$T = 0℃ \sim 250℃$
玉髓	$T℃ = [1\,032/(4.69 - logC)] - 273.15$	$T = 0℃ \sim 250℃$
α—方英石	$T℃ = [1\,000/(4.78 - logC)] - 273.15$	$T = 0℃ \sim 250℃$
β—方英石	$T℃ = [781/(4.51 - logC)] - 273.15$	$T = 0℃ \sim 250℃$
无定形二氧化硅	$T℃ = [731/(4.52 - logC)] - 273.15$	$T = 0℃ \sim 250℃$
Na/K (Fournier)	$T℃ = [1\,217/(logNa/K + 1.483)] - 273.15$	$T > 150℃$
Na/K (Trusdell)	$T℃ = [855.6/(logNa/K + 0.857\,3)] - 273.15$	$T > 150℃$
Na/K (Giggenbach)	$T℃ = [1\,390/(logNa/K + 1.750)] - 273.15$	
Na/Li (Kharaka et al.)	$T℃ = [1\,590/(logNa/Li + 0.779)] - 273.15$	用于沉积盆地
K/Mg (Giggenbach)	$T℃ = [4\,410/(logK/\sqrt{Mg} + 13.95] - 273.15$	用于低温热水
Na—K—Ca (Fournier, Fournier)	$T℃ = [1\,647/(logNa/K + \beta [log\sqrt{Ca}/Na + 2.06] + 2.47)] - 273.15$ $T < 100℃,\ \beta = 4/3,\ T > 100℃,\ \beta = 1/3$	适用于富钙的热水

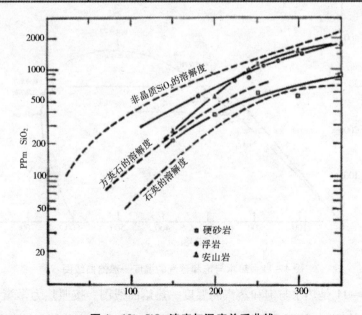

图 4 - 10　SiO_2 浓度与温度关系曲线

　　前面谈到,无论是热水系统、两相系统和蒸汽系统,都可能存在附加热源,如深埋的岩浆囊,它们都可能构成高温地热资源。虽然在热水系统、两相系统和蒸汽系统内的地热流体大部分是以液相存在的,在特定的情况下,部分热水可以汽化成蒸汽,形成汽水混合物,以单独的气相存在比较少见。但是它们的温度都高于150 ℃,因此,它们的物理性质明显会有别于温度较低的中低温水热对流系统或沉积盆地内储存的普通的温泉水。按照热工学的原理,当水汽化时,水分子不断从水中逸出,形成水蒸气,但同时也有分子从蒸汽进入水中。当在同一时间内逸出和进入的分子数目相同时,水和水蒸气处于平衡状态,这时的蒸汽称为饱和蒸汽,而其温度和压强称为饱和温度和饱和蒸汽压。在各种温度下的热水有其一定的饱和蒸汽压。实际上热水的温度与饱和蒸汽压之间呈指数函数的关系。如果热储流体为纯水,查饱和水和饱和蒸汽性质表可知:100 ℃时,饱和蒸汽压为1.0332 kg/m^3;200 ℃时为15.855 kg/m^3;300 ℃时为87.621 kg/m^3;临界点(374.15 ℃)时为225.56 kg/m^3。地下热水中常常含有一定数量的盐分,它有降低该液体饱和蒸汽压的能力。含盐度越高,则饱和蒸汽压越低;反之,在压力相等时,地热水的含盐度越高,其沸点也越高。

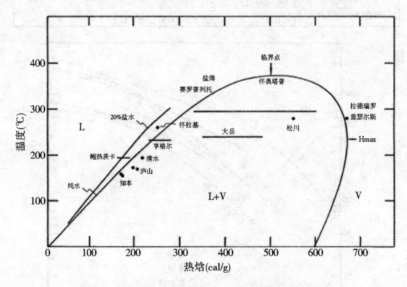

图4-11　热水与饱和蒸汽的温度—热焓曲线图

　　图4-11是热水与饱和蒸汽的温度—热焓曲线图。按照热力学第一定律,在某一状态下,气体所具有的总能量(焓)等于内能和压力势能(流动功)之和。

表达为：

$$I = U + APV$$

式中：

U——1 公斤气体的内能，kcal/kg；

P——气体的压力，kg/cm^2；

V——气体的比容，m^3/kg；

A——功热当量，kcal/kg·m；

I——1 公斤气体的焓，kcal/kg。

从图 4 - 11 看出，热水的热焓数值在低温时接近摄氏温度值，当热水的温度升高后，热焓值就开始偏离温度值，热水温度越高，偏离越大。如 100 ℃时热水的热焓值为 100.09 kcal/kg，150 ℃时为 150.99 kcal/kg，200 ℃时为 203.59 kcal/kg，250 ℃时为 259.30 kcal/kg，300 ℃时为 321.30 kcal/kg，临界点（374.15 ℃）时为 503.30 kcal/kg。因此热水的热焓值越高表示其可用的热能越大，也即高温地热资源的利用价值远远大于中、低温地热资源。在图 4 - 11 中，临界点左侧的曲线称饱和水线；临界点右侧的曲线称干饱和蒸汽线。饱和水线左侧的区域称未饱和水区，这个区域内的水都是不饱和水。干饱和蒸汽线右侧为过热蒸汽区，这个区域的每一点都处于过热蒸汽状态。饱和水线和干饱和蒸汽线之间的区域叫湿蒸汽区，靠近饱和水线的点湿度大，靠近干饱和蒸汽线的点干度大。此区域内的任何一点（不包括线上的点）都处于湿蒸汽状态，即都是汽水混合物。从干饱和蒸汽线看，饱和蒸汽的热焓值变化较小，但是比较特殊。在 235 ℃附近有一个极大值，为 669.8 kcal/kg。在 235 ℃以下，饱和蒸汽的热焓值都保持在 600 kcal/kg 以上，而且随着温度的上升逐渐加大。在 235 ℃与临界点（374.15 ℃）之间，饱和蒸汽的热焓值随着温度的上升反而逐渐减少，直到临界点饱和蒸汽的热焓值与饱和水的热焓值完全一致（503.30 kcal/kg）。在临界点，饱和水和饱和蒸汽已经完全混合为一，在温度高于临界点温度的区域也是如此。在过热蒸汽区的过热蒸汽的热焓值大于相同温度的饱和蒸汽的热焓值。

在图 4 - 11 的右侧，意大利的拉德瑞罗和美国的盖瑟尔斯两个干蒸汽田所生产的蒸汽落在过热蒸汽区内，其热焓值大于同温度的饱和蒸汽的热焓值，接近于干饱和蒸汽的最高热焓值，因此可以推断，这些蒸汽并非单纯由热水汽化而成,很可能是热田深部有巨大的热源供应额外的热能以促使形成的蒸汽过热。在饱和水线和饱和蒸汽线之间的湿蒸汽区,有日本的松川、大岳和新西兰的怀奥塔普,偏向右的点说明汽水比中汽的比例高,偏向左的点说明汽水混合物中水的组分偏大。从松川所处的位置来看,它明显有别于盖瑟尔斯和拉德瑞罗,它的蒸汽主要是湿蒸汽。美国盐海地热田地热水的热焓值明显偏离纯热水的饱和水线,而接近含20%盐分的盐水的饱和线。世界上大多数热水系统的热水的热焓值分布于纯水的饱和水线的两侧,位于饱和水线左侧者有可能是因为热水含有一些盐分,也有可能是热水曾因汽化或其他原因改变了它的热焓。至于分布在饱和水线右侧的热水,其热焓值之所以偏高,主要是由于热水中混入了少量饱和蒸汽。

　　地热井在生产热水时常常会从钻孔中喷出湿蒸汽(即汽水混合物),这是因为钻杆钻入热水层后,热水在上升过程中由于压力突然下降而发生自动汽化。导致热水自动汽化的唯一条件是热水的饱和蒸汽压超过热水上部的水柱压力,水柱压力与水柱高度成正比,也与热水的水位有关。如果温度不变,热水水位越浅,其上方的水柱厚度不大,水柱的压力就越小,热水汽化的可能性越大,即地下沸腾带的埋深浅。这种情况说明,地下可能是一个热水系统,它可能是一个高温(>150 ℃)热水系统,也可能是一个中温(90 ℃ ~150 ℃)热水系统,打钻时有汽水混合物(即湿蒸汽)喷出地面未必就有过热水。只有干蒸汽田(即蒸汽系统)才会出现过热态。过热蒸汽只能出现在图4 - 11的右侧,即干饱和蒸汽线的右侧。

第二节　地热能的利用

一、地热利用的春秋

　　人类可能很早以前就已经开始利用地热。在那蒙昧的时代,我们的祖先用简陋的劳动工具从事狩猎、畜牧和农业生产,奔波和劳碌令人疲惫不堪。如果附近有温泉,来到泉边洗一洗、水中泡一泡,整个人疲劳顿消,精神倍增。有些人本来病魔缠身,又缺医少药,但到温泉中沐浴之后,病渐痊愈。我国劳动人民应用温泉治病,已有数千年的历史,从而有"(神农)尝百草之滋味,水泉之甘苦,令民知所避就"的记载。温泉的利用有史可据的应从西周末年开始,周幽王(公元前781—前771年)在镐京城东的骊山温泉建过"骊宫"。秦始皇(公元前246—前210年)在骊山建造殿宇,砌石成池,赐名"骊山汤"。

自东汉、魏晋、南北朝以来,我国有关温泉的文献甚多,而且新发现了许多可作药用的温泉。东汉时张衡(公元78—139年)曾作《温泉赋》,云:"六气淫错,有疾疠兮。温泉汩焉,以流秽兮。蠲除苛慝,服中正兮。熙哉帝载,保性命兮。"文中阐述了温泉有治病、除秽、保健的功能。北魏郦道元(公元约470—527年)所撰《水经注》称:"鲁山皇女汤,可以熟米,饮之愈百病,道士清身沐浴,一日三次,多么自在,四十日后,身中百病愈。"该书还记载了其余39处温泉,其中包括北京延庆佛峪口温泉。北魏元苌所著《温泉颂》写道:"盖温泉者,乃自然之经方,天地之元医……千城万国之民,怀疾枕疴之客,莫不宿粮而来宾,疗苦于斯水。"北周庾信所刻《温汤碑》中提及:"非神鼎而长沸,异龙池而独涌;洒胃涮肠,兴羸起瘵。"

据《海城县志》载,唐朝贞观十八年(公元644年),辽宁汤岗子温泉被人发现。次年,唐太宗东征高丽,贞观二十二年(公元648年)再征高丽曾驻跸于此,在泉中沐浴并医治伤兵。贞观十八年(公元644年),唐太宗在骊山温泉建"汤浴宫"。则天皇帝久视元年(公元700年),徐坚等奉敕撰《初学记》,记载温泉能治病的事实,列举了全国各地温泉的位置,温泉的性质、功能以及有关温泉的诗词歌赋。天宝六年(公元747年),唐玄宗大兴土木,使骊山上下亭台楼阁错落,曲道回廊相连,并将温泉置于宫殿之内,宫称"华清宫",泉称"华清池"。当年的华清宫有六门、十殿、四楼、两阁、五汤,更有长汤十六所,十分壮丽豪华,但毁于安史之乱(公元755年)。到了宋朝,唐庚在《汤泉记》中探讨了温泉的成因,而胡仔在《苕溪渔隐丛话》将温泉分成硫磺泉、朱砂泉、矾石泉、雄黄泉和砒石泉五类。这说明我们的祖先对温泉已有相当的认识。我国有关温泉的诗词歌赋,搜集起来,可能是一本厚厚的诗文集呢!

同样,在国外,对于温泉的利用也是从洗浴、治疗开始的。印度人认为温泉除了可以治疗麻风、痛风、风湿和皮肤病,还可以治疗甲状腺肿瘤、白斑病、代谢失调、神经炎和泌尿系统感染。美洲的印第安人利用温泉来治疗瘫痪、风湿、梅毒、糖尿病、神经痛、汞中毒以及子宫、肝、肾等的顽症。而在欧亚板块与非洲板块相交的地中海沿岸，更是地质构造活跃、火山活动强烈、地热现象和地热资源丰富的地域，成为火山学、地热学和近代地质学的发祥地。在公元前3000年，地热能的利用在地中海沿岸已经得到了广泛的发展，但是，各地利用地热能的经验是相互独立的。公元前1500—2000年以前，温泉医疗得到了缓慢的发展。公元前7世纪开始，一些"地热工业"开始出现，当地人从地热区中提取矿物原料，如硫黄、芒硝等，利用它们来制造陶器、颜料、彩色玻璃等。公元前6世纪，"地热市场"开始形成。公元前1世纪到公元3世纪，是罗马帝国统治的巅峰时期，"地热市场"已稳固建立。地热能的产品和副产品如钙华、膨润土、白榴石、火山灰水泥、珍珠岩、熔岩、火山碎屑岩和各种凝灰岩被广泛地、系统地用于建筑业，"市场"异常繁荣。与此同时，地热洗浴医疗业也蓬勃发展。

大家都知道，火药是中国的四大发明之一，它是战争和生产必用的主要物质。硫黄是制造火药的重要原料。我们的祖先早就知道从地热区中提取硫黄。元顺帝至正九年（公元1349年），汪大渊写道，台湾大屯火山区盛产硫黄。至于如何从地热区中生产硫黄，徐霞客和郁永河都分别做了生动的描述。徐霞客于1639年5月7日游硫黄塘的日记中曾写道："其龈腭之上，则硫黄环染之。其东数步，凿池引水，上覆一小茅，中置桶养硝，想有黄之地，即有硝也……有人将沙圆堆如覆釜，亦引小水四周之，虽有小气而沙不热，以伞柄戳入，深一二尺，其中砂有黄色，亦无热气从戳孔出，此皆人之酿黄者。"至今日，硫黄塘的人们仍袭用此种土法养黄种硝，1956年产量曾达5000千克。在1968年，腾冲县（今腾冲市）中药材收购站一次就收购了1223.5千克。台湾大屯火山区的采硫方法与腾冲不同。在康熙三十五年（1696年）冬天，福州火药库着火，朝廷派郁永河前往台湾采办硫黄。他在所著的《采硫日记》中曾描述台湾土人采集硫黄的情况："土黄黑不一，色质沉重有光芒，以指捻之，飒飒有声者佳，反是则劣。炼法捶碎如粉，日曝极干，镬中先入油十余斤，徐入干土，以大竹为十字架，两人各持一端搅之。土中硫得油自出。油土相融，又频频加土加油，至于满镬，约入土八九百斤，油则视土之优劣为多寡。工人时时以铁锹取汁沥突旁察之，过则添土，不及则增油，油过不及，皆能损硫。土既优，用油适当，一镬可得净硫四五百斤，否或一二百斤乃至数十斤。关键处虽在油，而工人视火候，似亦有微权也。"郁永河在文中所提到的采硫方法,即油浮选法,与藏族人民目前在地热区中采硫的方法完全一样。

地热资源的大规模开发是从意大利人在拉德瑞罗提取硼砂开始的。自1812年起,拉德瑞罗人就将矿化的热泉水引到大锅中,用木材蒸干,然后从残渣中提取硼砂。15年之后,即1827年,拉德瑞罗人用喷气孔的热蒸汽代替了木材,以蒸干含硼的热矿水。之后不久,为了取得高温蒸汽,人们在拉德瑞罗打了第一批蒸汽井,从井中喷出的天然蒸汽既可作为燃料,同时又增加了硼砂的物质来源。

1904年,人们在拉德瑞罗建立了第一座利用天然蒸汽发电的地热试验电站,虽然当时只亮了4个小小的灯泡,但预示着利用地热能是可以发电的(图4-12)。1913年,一座230 kW的地热电站开始运行,标志着连续利用地热发电的开端。1914年,意大利的地热发电达2750 kW,1916年迅速增到12000 kW,到1940年猛增至126800 kW。同时,其他国家也开始把地热能用于非电利用方面。如冰岛首都雷克雅未克,1930年就利用地下热水建立了世界上最老、最大、最先进的城市供热系统。

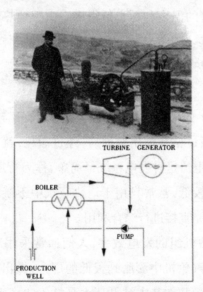

图4-12 1904年意大利拉德瑞罗的地热发电试验机组(上) 1913年250 kW地热发电机组所采用的循环系统 T:汽轮机 G:发电机 B:蒸发器 Pr:生产井 Pu:泵(下)

地热能用于发电和工农业生产标志着地热能的应用进入了一个崭新的

时期。

二、地热发电的光辉

第二次世界大战以后,人们对能源的要求日益增多,在开发传统能源的同时,要求开发新的能源。特别是意大利在拉德瑞罗开发的实践,证明地热发电是大有前途的。许多国家都把地热能作为一种新能源来加以开发,特别是20世纪70年代的能源危机,促进了世界性地热发电的热潮。

把地热能用来生产电力是容易理解的。因为地热田一般都在偏远地区,电力可以在热田内就地生产,然后输送到远方的居民中心。而且地热电站维修期短,能运转的时间长,即负荷因子高,不受降雨多少、季节变化、昼夜因素的影响,它能提供既便宜又可靠的基本负荷,使一个地区获得稳定的电力供应量,在这一点上,地热发电比水力发电还要优越。

地热发电实际上就是把地下热能转变为机械能,然后再把机械能转变为电能的能量转变过程。地热发电的原理与一般火电站并无根本区别,不同之处是地热发电用"大地"代替了锅炉,去掉了火电站由燃料的化学能转变为热能的过程。地下热能的载热体可以是蒸汽,或是热水,它们的温度和压力要比火电站的高压锅炉生产的蒸汽的温度和压力低得多。由于地热流体的类型、温度、压力和其他特性不同,地热发电的方式也不一样。地热流体可以分为干蒸汽和地下热水两大类,因此地热发电也可分为两大类:

1.地热蒸汽发电

地热田的热储流体如果是干蒸汽,地热发电就有比较理想的热源,因为它的热效率高。当它们通过钻孔涌出地面后,经过净化,就可以直接进入汽轮机做功,并驱动发电机发电。这种发电系统最简单,称为背压式汽轮机发电系统。但是,它们的热效率比较低,常常只用于地热蒸汽中不凝气体含量特别高的场合,或者它排出的蒸汽能直接进行综合利用。

为了提高地热电站机组的发电效率,人们通常采用凝汽式汽轮机发电系统,从而使得蒸汽能在汽轮机中膨胀到很低的压力,做出更大的功。做功后的蒸汽排入混合式凝汽器,并在其中被循环水泵打入的冷水所冷却,最终凝结成水被排掉。

2. 地下热水发电

利用地下热水发电不像利用地热蒸汽那样方便,因为利用地热蒸汽发电时,蒸汽既是载热体,又是工作流体(或称工质)。按照常规的发电方法,地下热水中的水是不能送入汽轮机中做功的,必须将汽和水分离,使水排掉,使汽进入汽轮机做功,这种系统称为"闪蒸系统"(或称"减压扩容系统");或者利用地下热水来加热某种低沸点工质,使它产生蒸汽,蒸汽进入汽轮机做功,这种系统称为"双流系统"(或称"低沸点工质发电系统")。此外还有正在进行实验的使地下热水(汽水混合物)直接进入汽轮机做功的"全流系统"。

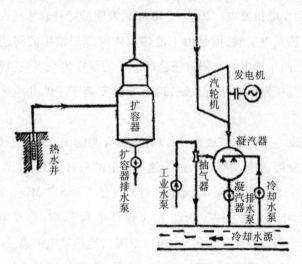

图 4 – 13　单级扩容法地热电站热力系统图

图 4 – 13 是单级扩容法地热电站热力系统图,从地热井流出的湿蒸汽经汽水分离器分离后,进入汽轮发电机组发电,余下的热水则排掉不用。发电后,蒸汽排入凝汽器凝结为水后排走,凝汽器中的不凝气体由抽气器抽出后排入大气中。但是,单级闪蒸往往是不经济的,因为从汽水分离器分离出来的蒸汽数量很少,一般约为10%,而同等温度的90%的热水则被排掉了。为了利用这部分能量,以提高机组效率和地热电站的经济性,可以采用多级闪蒸发电系统:使一次闪蒸后排出的热水进入另一个闪蒸器,以产生二次蒸汽,并进入汽轮机的中间压力级,与做了功的一次蒸汽混合后一起做功,最后一起排入凝汽器凝结成水排走,未被蒸发的热水仍然排掉。

双流系统的地热发电不是直接利用地下热水产生蒸汽进入汽轮机做功,而是地下热水所带来的热量加热某种低沸点工质,使它变成蒸汽。然后,用低沸点工质的蒸汽去推动汽轮机做功,做功后的工质蒸汽从汽轮机排入表面式凝汽器,并在其中受冷却水所冷却,且凝结成液体,然后再循环使用。所用的低沸点工质的特点就是沸点比较低,如氯乙烷为 12.4 ℃,正丁烷为 -0.5 ℃,异丁烷为 -11.7 ℃,氟利昂为 -29.8 ℃。

全流系统是目前正在研究的一种地热发电方法。它将井口产生的汽水混合物直接送入一个膨胀机去膨胀做功,它们只在膨胀机的喷管中进行膨胀,把热能转变为动能,然后从喷管中喷出高速流体,驱动膨胀机的叶轮转动,产生机械功,最后带动发电机发电。20 世纪 30 年代发明的螺杆膨胀机在 70 年代被美国人用来做地热发电实验,但是由于地热流体因冷却结垢的问题而未能成功。近年来,我国江西华电电力有限责任公司生产的螺杆膨胀发电机组实际上就是利用地下热水直接发电的全流系统,2010 年已安装于羊八井地热田、羊易地热田并正式投产。

由于地热发电工艺比较成熟,所以有地热资源的国家都在积极开发地热发电。地热发电发展迅速:1960 年,进行地热发电的只有意大利(图 4 – 14)、新西兰、美国(图 4 – 15)和墨西哥 4 个国家,总发电量为 385.7 MWe(兆瓦电功率);到 1969 年,增加到 6 个国家,新加入的有日本和苏联,总发电量达 673.35 MWe;到 1980 年时,增至 13 个国家(包括中国),地热发电的总发电量达 2583.7 MWe,1987 年已上升到 5004 MWe。表 4 – 3 是 1950 年以来地热发电的进展情况。表 4 –4 是目前世界上进行地热发电的主要国家及发展状态。

图 4 – 14　意大利拉德瑞罗地热电站是世界上第一个地热蒸汽电站

图 4-15 美国盖瑟尔斯地热电站是世界上最大的一个地热电站

表 4-3 全世界地热发电的进展(据 R. Bertani,2010)

年份	1950	1955	1960	1965	1970	1975	1980
装机容量(MWe)	200	270	386	520	720	1 180	2 110
产能(GWh)							
年份	1985	1990	1995	2000	2005	2010	
装机容量(MWe)	4 764	5 834	6 833	7 972	8 933	10 715	
产能(GWh)			38 035	49 261	55 709	67 246	

表 4-4 世界主要地热发电国家的现状与展望(据 R. Bertani,2010)

国家	2006(MWe)	2008(MWe)	2010(MWe)	4 年增长	2015(MWe)
美国	2 534	2 987	3 093	559	5 400
冰岛	172	569	575	403	800
菲律宾	1 931	1 970	1 904	−27	2 500
日本	535	535	536	1	535
印度尼西亚	797	1 172	1 197	400	3 500
萨尔瓦多	151	204	204	53	290
墨西哥	953	958	968	5	1 140
肯尼亚	127	169	167	40	530
意大利	791	811	843	52	920
哥斯达黎加	163	16	166	3	200
新西兰	435	635	628	193	1 240

20 世纪 70 年代以来,地热发电发展为何如此迅速? 真正的原因是什么呢? 难道是 70 年代发生的"能源危机"的影响吗? 一些有识之士的看法并非如此,他们看到了常规能源的大量利用带来的严重的环境污染问题,如大量燃煤造成

酸雨的出现和二氧化碳的净增,使大气圈中产生"温室效应"。因此人们希望寻求一种代用的能源。

然而地热发电发展的情况并未如人们所愿。根据世界能源协会的统计,在可再生能源之中,地热能的潜力是最大的,而且利用系数比较高,但是其装机容量最小,增长速率最小(表4-5)。

表4-5 可再生能源潜力、装机容量和增长速率(据L. Rybach,2010)

能源类型	潜力（EJ/a）	2008年装机容量（MWe）	利用系数（%）	生产电力（TWh）	增速（GWe/a）
地热能	5 000	10	75	65.7	2
太阳能	1 575	16	14	19.6	6
风能	640	121	21	222.6	25
生物质能	276				
水力	50				
总计	7 541				

所以国际地热协会主席L. Rybach(2010)认为,地热发电的装机容量如果仅仅依靠开发水热对流系统永远也不可能超过风能和太阳能光伏发电。因此他提议开发增强型地热系统,即干热岩系统。他认为,一个能够生产电力的增强型地热系统的热储应该满足下列要求:

流体生产率为50~100 kg/s;

井口流体温度为150 ℃~200 ℃;

总有效热交换面积≥$2×10^6$ m^2;

岩石体积≥$2×10^8$ m^3;

流体阻抗≤0.1 MPa/(kg·S^{-1});

水耗≤10%。

有人认为,增强型地热系统有着巨大的潜力。很多国家在进行这方面的研究工作。1972至1996年,美国在新墨西哥州的芬顿山钻了几口井,2.8 km深的浅孔循环了282天,测得温度155 ℃;4.2 km深的深孔循环了112天,测得温度183 ℃。英国于1978至1991年在康瓦尔的海西期花岗岩中钻了2.2 km深的浅孔循环了200天,测得的温度仅有70 ℃。日本从1985至2002年在一个破火山口中钻了几口井,最深的为 2.2 km,测得最高温度 180 ℃。另外法国、澳大利亚都在进行这项研究,但都是刚刚起步。看来,能在一个增强型地热系统中制造"人工热储"的花岗岩,年代越新温度越高。

三、非电利用显神通

地热发电固然是开发地热能的重要方面,但是地热能的非电利用也是极其重要的。一方面是因为地热发电所要求的地热能是高热焓的,但是地球上许多地区只有中温或低温地热资源;另一方面是非电利用能更充分利用地下热能。地热发电所产生的电功率用下式求得:

$$W_e = QW = Q[(h - h_0) - T_0(S - S_0)]$$

式中,Q 是地热发电所需的地热流体量,W 是地热流体的可用功,$(h - h_0)$ 项是地热流体的总热量,$T_0(S - S_0)$ 项是可逆过程中不能转换成功的热能。地热能的非电利用情况则不一样,一般它无须把热能转换成机械功,仅要求热量的交换,如果进入利用系统的地热流体的焓为 h,排出的流体的焓为 h_{ex},单位时间内所要求的热流体的量为 Q,则所输出的热功率 W_t 为:

$$W_t = Q(h - h_{ex})$$

也就是说,其系统所需的热能量等于所要求的地热流体的量乘以地热流体的显热。因此,当 W_e 与 W_t 的量值相同时,其质并不相同,相差可达一个量级。

地热能非电利用的范围很广,既可以用于工业,又可以用于农业,也可以用于区域采暖和医疗洗浴业。这取决于地热流体的温度。现在把各种地热非电利用所需要的地热流体的温度表示如下:

180 ℃,高浓溶液的蒸发,氨吸收式制冷,硫酸盐造纸浆工艺;

170 ℃,硫化氢法生产重水,含硅藻土淤泥干燥;

160 ℃,鱼类干燥,木材干燥;

150 ℃,拜尔法生产的铝土干燥;

140 ℃,高速率干燥农产品,制造食品罐头;

130 ℃,糖在精制过程中的蒸发,蒸发法和结晶法提取盐;

120 ℃,蒸馏法生产淡水,大多数多效蒸发,浓缩含盐溶液;

110 ℃,干燥和养护轻质混凝土预制板;

100 ℃,干燥有机物(海菜、牧草和蔬菜),洗涤干燥羊毛;

90 ℃,干燥鱼干,强化融水;

80 ℃,建筑物供热,加热温室;

70 ℃,制冷的温度下限;

60 ℃,动物饲养,温室以及温床加热;

50 ℃,种植蘑菇,矿泉治疗;

40 ℃,土壤加热;

30 ℃,游泳池,生物降解,发酵,供寒带全年采矿用温水,防冻;

20 ℃,鱼子孵化,养鱼。

根据 2010 年的统计,全世界地热直接利用的总设备能力为 50583 MWt(兆瓦热功率),利用的国家共 78 个。表 4 - 6 是地热直接利用排名前 15 位的国家的情况。

表 4 - 6　地热直接利用排名前 15 位的国家(据 Lund et. al. ,2010,有删节)

国家	设备能力(MWt)	年利用热量(GWh/a)	主要利用方式
美国	12 611	15 710	地源热泵
中国	8 898	20 932	洗浴、直接供热
瑞典	4 460	12 585	地源热泵
挪威	3 300	7001	地源热泵
德国	2 485	3 546	洗浴、直接供热
日本	2 100	7 139	洗浴
土耳其	2 084	10 247	直接供热
冰岛	1 826	6 768	直接供热
荷兰	1 410	2 972	地源热泵
法国	1 345	3 592	直接供热
加拿大	1 126	2 465	地源热泵
瑞士	1 061	2 143	地源热泵
意大利	867	2 762	区域供热
匈牙利	655	2 713	区域供热、温室
新西兰	393	2 654	工业利用

根据 2010 年印度尼西亚巴厘国际地热会议的资料,具有地热直接利用的 78 个国家的总设备能力为 50 583 MWt,年利用热量总和为 121 696 GWh/a(Lund et al.,2010)。而表4-6所列15个国家的设备能力的和为44 621 MWt,占总设备能力的88%;15个国家的年利用热量为103 229 GWh/a,约为年利用热量总和的85%。

Lund等人(2010)还提及,地热直接利用设备能力达到100 MWt的国家,在1985年时为11个,1990年增加到14个,1995年为15个,2000年为23个,2005年为33个,2010年为36个。他们还认为,按人口,平均MWt(兆瓦热功率)数最多的5个国家是冰岛、瑞典、挪威、新西兰和瑞士;按国家面积,平均MWt(兆瓦热功率)最多的5个国家是丹麦、荷兰、冰岛、瑞士、匈牙利。如果从每年热利用量(TJ/a)考虑,按人口,平均MWt最多的5个国家是冰岛、挪威、瑞典、丹麦、瑞士;按国家面积,平均MWt最多的5个国家是荷兰、瑞士、冰岛、挪威、瑞典。由此可看出,北欧诸国是在地热直接利用方面比较先进的国家。

表4-7　1995—2010年各种地热直接利用类型的变化

类型	设备能力(MWt)				利用热量(TJ/a)			
	2010	2005	2000	1995	2010	2005	2000	1995
热泵	35 236 (0.70)	15 384 (0.54)	5 275 (0.35)	1 854 (0.21)	214 782 (0.49)	87 503 (0.32)	23 275 (0.12)	14 617 (0.14)
采暖	5 391 (0.11)	4 366 (0.15)	3 263 (0.22)	2 579 (0.30)	62 984 (0.23)	55 256 (0.20)	42 926 (0.23)	28 230 (0.28)
温室	1 544 (0.03)	1 404 (0.05)	1 246 (0.08)	1 085 (0.13)	23 264 (0.05)	20 661 (0.08)	17 864 (0.09)	15 742 (0.15)
养殖	653 (0.013)	616 (0.02)	605 (0.04)	1 097 (0.13)	11 521 (0.03)	10 976 (0.04)	11 733 (0.06)	13 493 (0.13)
农业	127 (0.003)	157 (0.006)	74 (0.005)	67 (0.008)	1 662 (0.004)	2 013 (0.007)	1 038 (0.005)	1 124 (0.01)
工业	533 (0.01)	484 (0.02)	474 (0.03)	544 (0.06)	11 746 (0.03)	10 868 (0.04)	10 220 (0.05)	10 120 (0.098)
洗浴	6 689 (0.136)	5 401 (0.19)	3 957 (0.26)	1 085 (0.13)	109 032 (0.25)	83 018 (0.30)	79 546 (0.42)	15 742 (0.15)

从表 4－7 可以看出地热直接利用的领域和发展变化。在地热直接利用的早期，洗浴（包括医疗、疗养）所耗能量是最高的。而其他方面的应用包括区域供热、农业利用和工业利用诸方面，一般来说，工业利用要求的温度较高，但是用途很广，可以用于烘干和蒸馏过程，也可以用于简单的工艺加热或制冷，或者用于各种采矿和原材料处理过程中的加温和去冰。在某些情况下，地热流体本身也是一种有用的原料。某些热水含有多种盐类和其他有价值的化学物质，可以从中提取硼酸、碳酸铵和硫黄，从天然蒸汽中还可以提取某些有工业用途的气体，如二氧化碳、硫化氢、氢气和少量甲烷、氮气和氩气等。

农业利用对地热流体温度的要求不高，一般低于 100 ℃，高于 20 ℃ 即可，可以用于建立地热温室、加温土壤、动物饲养、养鱼和农产品干燥诸方面。地热温室在地热直接利用的早期所占的份额较高。

地热能多用于区域采暖。冰岛是这个领域的创始国，因为它地处寒带，一年有 330～340 天需要取暖，但本国又缺乏矿物燃料资源，而地热资源却十分丰富。在 20 世纪初，地热资源第一次试用于单独的农村房屋的取暖。到 1928 年，首都雷克雅未克附近钻出了热水，把它用来供给 70 间住房、一个室外游泳池、一个室内游泳池、一个学校的校舍。到 1969 年年底，全国 40% 的人口（8 万人）居住在用地热供热的房屋中。区域空间加热，即"采暖"，其装机容量与年利用热量过去与洗浴不分伯仲。但是近年来随着浅层地热能的利用，采暖用的装机容量所占份额逐年下降。

浅层地热能也称浅层地温能，它是位于常温层以下、蕴藏在浅层岩土体和地下水中的低温地热资源。它是指在我国当前的技术经济条件下，地层恒温带至地表以下 200 米以内具备开发利用价值的地热能。浅层地热能因其品位不高（通常，温度在 7 ℃ ～25 ℃ 之间），不能直接用来供暖和制冷。但是随着热泵技术的进步和设备的完善，浅层地热能的采集和利用已成为现实，这种技术称为"地源热泵"（Ground Source Heat Pump 或 Geothermal Heat Pump）技术。所谓"热泵"，通俗的说法就是将电能转换为热能，就像水泵是利用电能来抬高水位一样。所谓"地源热泵"，是一种通过电能将地下的浅层地热资源用于供暖或制冷的高效节能空调系统。夏季运行时，热泵机组的蒸发器吸收建筑物内的热量，达到制冷效果，同时冷凝器通过与地下水的热交换，将热量排入地下；冬季运行时,热泵机组的蒸发器以地下水的热量作为热源,通过热泵循环,由冷凝器提供热水给建筑物室内采暖,通过少量高位电能的输入,实现低位能向高位能转移。早在1912年,瑞士的Zoelly首次提出利用浅层地热能作为热泵系统的低温热源,并为此申请专利。美国第一台地热源泵是1946年在俄勒冈州波特兰市联邦大厦安装的,到1995年,全美国有25000台到40000台,并以每年25%的速度增长,到2000年时可能会达到40万台,预计2010年总装机量可达150万台。但是地源热泵需要用电能来换取热能,在电能还不够发达的发展中国家是很难得到发展的。地热源泵真正意义上的商业应用也只有几十年的历史。根据汪集晹等人(2005)提供的数据,在2000年世界上主要利用地热源泵的27个国家中属于亚洲国家的只有一个半,即日本和土耳其(它算半个),美洲有美国和加拿大,还有一个澳大利亚,其余22个半全是欧洲国家。他们安装的当量台数(12 kW为一台计)为572949台,其中美国有400000台,占总数的70%。接着是瑞士(41667台)、瑞典(31417台)、加拿大(30000台)、德国和奥地利,其余国家都小于10000台。浅层地热能的利用得到地热界的承认是20世纪90年代的事,在1995年意大利佛罗伦萨世界地热大会上出现了几篇有关地热源泵的文章,并归类于"直接利用"栏内。自1995年以来,地热源泵的装机容量和年利用热量在"直接利用"中的份额逐年增长,到2010年已分别达到70%和49%。地热源泵的利用目前似乎已成为地热直接利用的宠儿。

四、中国地热能的利用

中国虽然是利用地热最早的国家之一,但是过去却停留在温泉浴疗和少量工农业利用诸方面。直到20世纪60年代后期至70年代初,我国才开始把地热能作为一种可供选择的新能源。自20世纪70年代开始,全国各省、市、自治区都进行了地热资源的考察、普查和勘探工作,为地热能的开发与利用奠定了基础。

(一)地热发电方面

在1970年开始的全国性地热热潮中,我国开始探索地热发电站的建设,先后在一些地区建立了一批小规模的地热试验电站(表4-8)。

表4-8　我国地热试验电站一览

地站地点	电站容量 (kW)	工作流体 温度(℃)	热力系统	工质	建成年份	状况
广东丰顺1号	86	91	一级扩容	水	1970年	已停运
河北怀来后郝窑	200	79	中间介质	氯乙烷, 正丁烷	1971年	已停运
江西宜春温汤	50	66	中间介质	氯乙烷	1971年	已停运
湖南宁乡灰汤	300	92	一级扩容	水	1974年	已停运
广西象州	200	73~77	一级扩容	水	1974年	已停运
广东丰顺3号	300	91	一级扩容	水	1976年	已停运
广东丰顺2号	200	91	中间介质	异丁烷	1977年	已停运
辽宁营口熊岳	100	75	中间介质	正丁烷, 氟利昂	1977年	已停运
山东招远	200	91	一级扩容	水	1977年	已停运
西藏羊八井1号	1 000	137	扩容	水	1977年	已停运
台湾宜兰清水溪	3 000	约190	二级扩容	水	1979年	已停运
西藏羊八井3号	3 000	<160	二级扩容	水	1981年	运行
西藏羊八井2号	3 000	160±	二级扩容	水	1982年	运行
西藏羊八井4号	3 000	<160	二级扩容	水	1985年	运行
西藏羊八井5号	3 180	<160	二级扩容	水	1986年	运行

自1970年以来,我国大陆东部利用<100℃的中低温热水在7个地点建立了实验性的地热电站,共9个机组,其中广东丰顺有三个机组。装机容量最小的为50 kW,最大的为300 kW,总装机容量为1636 kW。大部分小电站的试验都取得了成功,河北怀来后郝窑电站的装机容量虽然只有200 kW,但是实际发电近300 kW,而且排放的热水不结垢。这7个低温地热电站中除了广东丰顺3号和湖南宁乡灰汤两个机组因设备老化在几年前停运外,其余5处在20世纪70年代末期就已关闭。关闭的理由就是"不经济"。当时完全没有认识到地热资源是一种低碳的能源。另外,台湾宜兰县清水溪与土场两个地热电站在1995年也因结垢严重而停止运转。

另一方面值得庆贺的是,1977 年 10 月 1 日,我国第一台 MW 级地热发电机组——羊八井地热电站 1 号机组试运转成功。它的发电量最多达到 700 kW。但在试验初期,因汽轮机震动和井中结垢,时开时停,1978 年问题才得到解决。1981 年 11 月,羊八井地热电站第一台 3 MW 机组投入试验,总装机容量增至 4 MWe。同时羊八井与拉萨间的 110 千伏高压输电线路交付使用,这加快了羊八井地热电站建设的速度。到 1991 年 2 月,羊八井地热电站共安装 1 台 1 MW、8 台 3 MW 级机组和 110 千伏升压站。装机容量达到 25.18 MWe,占拉萨电网的 41.1%,冬季供电量占电网的 60% 以上,从而缓解了拉萨电网供电不足的矛盾,基本上满足了拉萨工、农、牧业日益增长的用电和人们的生活用电。对于羊八井地热电站的建成,国家投资达 20629.3 万元,与拉萨火电厂每年发电 2000×10^4 kWh 而政府须补贴 800 万元比较,其经济效益和社会效益都是极其显著的(图 4-16)。

图 4-16 羊八井地热电站(南厂)外景

遗憾的是,羊八井地热电站的发展就此止步,20 世纪 90 年代初,羊八井钻成了工作温度达 200 ℃、单井发电潜力为 12.58 MW 的 ZK4001 孔,但未加以利用;再加上 1 MW 试验机组退役,羊八井地热电站的装机容量下降到 24.18

MW。羊八井地热电站已经运行 30 多年，属于老电站了，每年的发电量还有 1 亿千瓦时以上，年运行时间超过 6000 小时。2009 年发电 1.419 亿千瓦时，其累计发电量达 24.1 亿千瓦时。

自 1992 年以来，我国大陆地热发电的装机容量一直没有较大增长，目前在 24 个进行地热发电的国家中排第 18 位，是什么原因导致我国的高温地热资源的利用在世界的排名一直处于落后的地位呢？是缺乏资源还是认识不足？笔者认为主要是认识问题。

(1)没有认识到地热发电产生的是基本负荷。世界上所有进行地热发电的国家都认为它所生产的电力为基本负荷，唯有中国例外，把地热发电当成补充的能源，地热电厂只是为调峰而建。在开发二次能源时想到的总是传统的水力发电或火力发电，绝对不会想到地热发电。但是羊八井地热电站运行的实际情况却说明它所生产的是基本负荷。"羊八井地热电厂 1992 年以来没有扩展，拉萨周围也没有新建别的地热电厂。那是因为西藏建设了羊卓雍湖水电站项目，并于 1997 年投产发电。羊卓雍湖水电站虽然装机容量为 105 MW，但其年运行只有 2000 多小时。羊八井地热电厂虽已进入地热发电的'老年'，但现在一年还运行 6000 小时以上。地热电厂 2006 年 7 月的发电量占全年的 6.28%，但 12 月的发电量占全年的 11.73%。这说明虽然地热装机只占总电网的 12% 左右，但羊八井的地热电力尤其在冬季是拉萨供电的主要支撑。"(多吉等，2007)从所引用的这段话可以看出：①西藏自治区当时所关注的、寄予希望的是羊卓雍湖水电站。尽管那时羊易地热田的勘探报告已于 1991 年提交，认为该地热田具有 30 MW 装机容量的建站条件，远景发电潜力可达 50 MW。②根据所列资料计算，羊卓雍湖水电站的负荷因子只有 0.23；羊八井地热电厂的负荷因子达到 0.685，基本是羊卓雍湖水电站的 3 倍。其实羊八井地热电厂年运行时间与国际上一些地热电站相比只能算是中上水平。③冬季由于环境温度的降低，地热电站的出力更大，这是其他类型的发电厂(特别是水力发电、太阳能发电)所不具备的。在冬季，地热电站实际上是主力电站。

(2)没有认识到地热发电对全球环境的影响远低于常规能源发电。常规能源发电所需的热量来自燃煤和燃油等石化燃料或核燃料，带来的环境问题是排放大量的二氧化碳，使地球产生温室效应，从而导致全球变暖，对人类的生存造成巨大的威胁;同时排放二氧化硫、二氧化氮和大量粉尘,污染环境。可是利用地热能发电和供暖能实现低碳的能源利用,同时形成地热勘探、钻井、压裂、地面工程、地热发电设备制作、人才培训、科学研究等相关产业链,开发低碳经济的增长点,即形成与之对应的低碳技术体系。表4-9是利用各种能源进行发电所产生的排放物的比较,地热发电的碳排放要比燃煤发电低几个量级。

表4-9　各种能源发电的排放物比较

发电类型	CO_2排放量(g/kWh)	硫的氧化物排放量(kg/MWh)
地热发电	91	0.16
天然气发电	599	—
燃油发电	893	4.99
燃煤发电	955	5.44

(据 Bloomfield et al. ,2003)

当然,上表所列的数值不同的研究者会有出入。有人认为,当用天然气、油或煤做发电燃料时,二氧化碳排放量分别为:193 kg/MWh(53.6t/TJ)、817 kg/MWh(227.0 t/TJ)和953 kg/MWh(264.7 t/TJ)(Lund et al. ,2010)。

(3)没有充分认识到地热发电技术的相对特殊性。地热发电的技术基本上类似于燃煤电站的技术,不同之处主要在于供热,大地代替了火电站的锅炉。而大地的构造要复杂得多,几乎可以说一个热田一个样。在开发之前必须搞清楚该地热田的热储在哪儿,是层状的还是裂隙型的,储量有多大,在哪儿钻探,要钻多深。因此在地热开发的前期需要投入大量资金用于勘探,1986年以后,国家取消了这项勘探投资,风险全部由开发单位承担,而地热开发风险巨大,令人望而却步。在开始发电生产以后还应该考虑成井如何管理,废水如何处理,能否做到零排放,结垢与腐蚀的研究,开发中如何监测。这些问题都是常规发电厂也是其他新能源发电厂无须考虑的问题。因而人们认为地热的开发异常麻烦,不如风电、太阳能光伏发电方便。

(4)高温地热资源丰富的西藏,地广人稀,工业薄弱,没有负荷,许多高温地热区远离人口密集的城镇,如果进行开发,可能没有用户,或者输电距离过远,导致经济上不合算。

就是这些原因使我国的地热发电事业发展缓慢。不过,近年来,随着地球环境的恶化,人类对于节能减排的呼声日益高涨,我国也开始关注地热能源的开发。最近,西藏华电地热开发有限责任公司成立了,准备开发西藏丰富的地热资源,首先是青藏铁路沿线的高温地热系统和羊八井深部地热资源的开发以及羊易地热电站的建立。2011 年 1 月 21 日,台湾清水地热发电测试展示说明会隆重召开,台湾结元科技股份有限公司和上海盛合新能源有限公司合作,利用后者从美国引进的以氨—水混合物为工质的卡琳娜(Kalina)动力循环技术,实行针对宜兰县政府地热发电的 BOT 开发计划,目前已完成装机容量分别为 3 MW 和 5 MW 的清水地热电站发电系统的设计。其实这两个公司在 2010 年 11 月 20 日在清水就建了一个 50 kW 利用卡琳娜系统的试验电站,并于 2010 年 12 月 21 日并网发电成功。

(二)地热能直接利用方面

我国在地热发电方面虽然差强人意,但地热直接利用在世界上却是名列前茅。我国地热直接利用的装机容量屈居第二,仅次于美国,但在年利用热量上却夺得头筹。根据韩再生、郑克棪等人(2009)的统计:在全国地热直接利用的方式中,供热采暖占 18.0%,医疗洗浴与娱乐健身占 65.2%,种植与养殖占 9.1%,其他占 7.7%。

地热供暖集中在北京、天津、西安、郑州、鞍山等大中城市以及黑龙江大庆、辽宁沈阳、河北霸州和固安牛驼镇等产油区,开发利用 60 ℃~100 ℃ 的中低温地热水和不属于常规地热能的浅层地热能进行采暖。2000 年,采暖面积为 1100 万平方米,2008 年连同地源热泵供暖面积已超过 3000 万平方米。表 4 - 10 揭示了 1990 年到 2005 年的地热供暖情况。

表 4 - 10　地热供暖情况表(据韩再生等,2009)

类别	1990 年	1999 年	2005 年
地热供暖面积(万平方米)	190	800	1 270
地热供生活热水(万户)	1	20	30
二氧化碳减排(吨)	3 087	12 999	20 635
氮氧化物减排(吨)	1 158.65	4 878.5	7 744.6

2008 年,我国利用常规地热资源供暖的面积为 2400 万平方米,2009 年达到 3020 万平方米,其中近半数在天津。天津市 2004 年的地热供暖面积为 920

万平方米,2007 年达 1200 万平方米,2008 年达到了 1300 万平方米。目前天津市有 100 万人口居住在地热供暖的房屋中,有 400 万人口享受地热生活用水。图 4 – 17 是天津东丽湖度假旅游区内的供热站,该区共钻了 8 口井,其中 4 口是开采井,4 口是回灌井,供暖面积为 145 万平方米。

图 4 – 17　天津东丽湖度假旅游区内传统的地热供热站

我国地热源泵的利用主要是在 2004 年以后发展的,年增长率超过 30% 。北京的地热源泵利用在 2006 年就达 369 项,总面积为 738 万平方米。后来居上的是辽宁省沈阳市,2007 年使用地热源泵供暖的面积为 1848 万平方米,到 2008 年增至 3585 万平方米,占沈阳全市建筑物供暖面积的 18% ,设备能力达到 1790 MWt。图 4 – 18 是天津工业大学新校区利用地热源泵进行采暖和制冷的泵房。一期工程供暖面积达 18 万平方米。

2008 年,全国地热源泵总利用面积为 6200 万平方米,2009 年达到 10070 万平方米,总装机容量约 5210 MWt,年利用热量为 29035 TJ/a。当年在北京举行了第 29 届奥运会,中国政府为实现"绿色奥运"在许多场馆采用了地热源泵装置。浅层地热能(地热源泵)的利用具有三大优点:一是比其他常规供暖技术可以节能 50% ~60% ;二是不但替代和节省了传统的燃料能源,而且减少了污染,净化了空气,明显改善了环境;三是运行费用可降低 30% ~70% (中国地热源泵网,2011)。

图 4 – 18　天津工业大学地热源泵泵房

地热流体具有医疗保健作用,温泉(或人工地热井)是洗浴和医疗度假胜地,因为它具有较高的温度、含有特殊的化学成分与气体,很可能有少量生物活性离子及放射性物质,对人体各系统器官的功能调节有明显的医疗和保健作用。地热可以用于水疗、气疗和泥疗。全国用于医疗保健的地热田已有 126 处,建立了"温泉度假村"或"医疗康复中心"。它们集医疗、洗浴、保健、娱乐、旅游度假于一体。全国已建的温泉疗养院有 200 余处,突出医疗利用的温泉浴疗点有 430 处。全国现有公共温泉浴池和温泉游泳池 1600 处。用于洗浴的地热水量为 1.38×10^8 m³/a,利用的地热能为 716.45 MWt,相当于每年节约或减少 77.1 万吨标准煤,有 4 亿人次用地热水洗浴(韩再生等,2009)。

有些温泉的疗效扬名海内外。如云南省腾冲市热海地热田的黄瓜箐,它所采用的蒸汽疗法在国内是独一无二的。该地建有治病的蒸床,床底位于蒸汽地面上,上铺石块、砾石、细砂,上铺 3 ~ 5 cm 厚的松针,最上部覆以草席,患者先上蒸床,卧于草席上,身盖毛毯。94 ℃的天然蒸汽通过砂层后,温度已降到 45 ℃ ~ 50 ℃,并均匀地作用于患者的身体各部,每次蒸疗持续 40 min。这种蒸疗对风湿性关节炎和风湿性腰痛具有特殊的疗效。据疗养所统计,1965—1973 年的 1300 个病例中,有 733 个患有此种病,占 56%;余下 567 例患有其他 21 种病。在 733 个病人中,治疗无效的仅 47 例,占 6%;有效人数 686 人,占 94%。其中痊愈的有 354 例,占 48%。因此群众赞誉黄瓜箐:"来时骑马、轿抬、拐棍带,走时稳步、挺胸、两腿迈。"

利用低温地热水进行水产养殖已遍及 20 多个省、市、自治区的 47 个地热田。建有养殖场 300 处,鱼池面积约 445 万平方米。耗水量约占地热水总量的 5.7%。普通的家养鱼一亩水面第一年产成鱼 100 kg,但喜温的罗非鱼等鱼种一亩水面一年可产成鱼 10000 kg,而且鱼苗可以越冬和繁殖。

地热温室和地热水灌溉以及农产品干燥是地热直接利用的一方面。目前我国有地热温室和大棚 133 万平方米,所利用的地热能折合标准煤 21.5 万吨每年,占地热资源 2 年开采总量的 3.4%。天津建成了单体 2 万~3 万平方米的玻璃地热温室,兼有温度、湿度的自动调控,达到世界先进水平。图 4 - 19 是羊八井地热田的地热温室,充分利用地热发电后的 80 ℃到尾水作为温室的热源。地热水的工业利用在我国规模较小,目前主要用于轻纺工业,如纺织印染、洗涤、制革、造纸与木材加工等。如京津地区的地下热水矿化度低、硬度低,可以不经过软化处理直接用于工业,既省煤,又节水,且产品质地优良。如天津针织厂用热水染布,每年节约染料费 3 万~5 万元,加上节省的煤和水处理费,每年节约 20 万元。部分地热水还可以提取工业原料,如芒硝、自然硫。华北油田利

图 4 - 19　西藏羊八井地热田的地热温室

用封存的油井深部的奥陶系进行地热水伴热输油,完全替代了锅炉热水伴热输油,取得了明显的经济、社会效益。

我国地热资源直接利用方面统计如下(表4-11)。

表4-11　中国地热资源直接利用概况

利用项目	区域采暖	地热源泵	地热温室	水产养殖	农业干燥	工业利用	洗浴疗养	总计
设备能力（MWt）	1 291	5 210	147	197	82	145	1 826	8 898
年利用热（TJ/a）	14 798.5	29 035	1 687.9	2 170.8	1 037.5	2 732.6	23 886	75 348.3

从上表可知,我国地热资源的直接利用,从传统地热资源(>25 ℃)来考虑,主要是地热源泵和洗浴疗养。它们的份额占到79%。地热源泵的利用使浅层地热资源(<25 ℃)的热量利用占到第一位,在总直接利用热量中占58.6%,如果加上传统的区域采暖,它们所用的热量占73.1%。地热源泵的加入显然大大增加了地热资源利用的份额。

第五章　风能技术

风能(wind energy)是空气流做功而提供给人类的一种可利用的能量,属于可再生能源(包括水能、生物能等)。空气流具有的动能称为风能。空气流速越快,动能越大。人们可以用风车把风的动能转化为旋转的动作去推动发电机以产生电力,方法是通过传动轴将转子(由以空气动力推动的扇叶组成)的旋转动力传送至发电机。到 2008 年为止,全世界以风力产生的电力约有 9410 万千瓦,供应的电力已超过全世界用量的 1%。风能虽然对大多数国家而言还不是主要能源,但在 1999 年到 2005 年之间已经增长了 4 倍以上。

在现代,人们利用涡轮叶片将气流的机械能转化为电能,在中古与古代则利用风车将收集到的机械能用来磨碎谷物和抽水。

风力被使用在大规模风农场和一些供电被隔绝的地方,为当地的生活和发展做出了巨大的贡献。

第一节　风能的特点

风能资源储量丰富,取之不尽用之不竭,分布广泛,属于清洁能源,能有效减轻温室效应,在地球表面一定范围内存在。经过长期测量,调查与统计得出的平均风能密度为该范围内能利用的依据,通常以能密度线标示在地图上。

第二节　风能的历史

人类利用风能的历史可以追溯到公元前。古埃及、中国、古巴比伦是世界上最早利用风能的国家。公元前,人们利用风力提水、灌溉、磨面、舂米,用风帆推动船舶前进。由于石油短缺,现代化帆船在近代得到了极大的重视。宋代是中国风车应用的全盛时代,当时流行的垂直轴风车一直沿用至今。在国外,公元前2世纪,古波斯人就利用垂直轴风车碾米。10世纪时,伊斯兰人用风车提水,11世纪时,风车在中东已获得广泛的应用。13世纪时,风车传至欧洲,14世纪时已成为欧洲不可缺少的原动机。在荷兰,风车先用于莱茵河三角洲湖地和低湿地汲水,之后用于榨油和锯木。蒸汽机的出现才使欧洲风车数目急剧下降。

数千年来,风能技术发展缓慢,也没有引起人们足够的重视。但自1973年世界石油危机以来,在常规能源告急和全球生态环境恶化的双重压力下,风能作为新能源的一部分才重新有了长足的发展。风能作为一种无污染和可再生的新能源有着巨大的发展潜力,是沿海岛屿、交通不便的边远山区、地广人稀的草原牧场,以及远离电网和近期电网还难以覆盖的农村、边疆解决生产和生活能源的一种可靠途径。即使在发达国家,风能作为一种高效清洁的新能源也日益受到重视。

第三节　风能的利用

风是地球上的一种自然现象,它是由太阳辐射热引起的。太阳照射到地球表面,地球表面各处受热不均,产生温差,从而引起大气的对流运动形成风。风能就是空气的动能,风能的大小取决于风速和空气的密度。全球的风能约为2.74×10^9 MW,其中可利用的风能为2×10^7 MW,比地球上可开发利用的水能总量还要大10倍。

美国早在1974年就开始实行联邦风能计划。其内容主要是:评估国家的风能资源;研究风能开发中的社会和环境问题;改进风力机的性能,降低造价;主要研究供农业和其他用户用的小于100 kW的风力机;为电力公司及工业用户设计兆瓦级的风力发电机组。美国已于20世纪80年代成功地开发了100 kW、200 kW、2000 kW、2500 kW、6200 kW、7200 kW6种风力机组。目前美国已成为世界上风力机装机容量最多的国家,超过2×10^4 MW,每年还以10%的速度增长。

现在世界上最大的新型风力发电机组已在夏威夷岛建成运行,其风力机叶片直径为 97.5 m,重 144 t,风轮迎风角的调整和机组的运行都由计算机控制,年发电量达 1000 万千瓦时。根据美国能源部的统计,至 1990 年,美国风力发电量已占总发电量的 1%。瑞典、荷兰、英国、丹麦、德国、日本、西班牙也根据各自的情况制定了相应的风力发电计划。瑞典 1990 年的风力机的装机容量已达 350 MW,年发电 10 亿千瓦时。

丹麦在 1978 年建成了日德兰风力发电站,装机容量为 2000 kW,三片风叶的扫掠直径为 54 m,混凝土塔高 58 m,到 2005 年电力需求量的 10% 都来源于风能。德国 1980 年就在易北河口建成了一座风力电站,装机容量为 3000 kW,到 20 世纪末,风力发电占总发电量的 8%。英国英伦三岛濒临海洋,风能十分丰富,政府对风能开发也十分重视,到 1990 年风力发电已占英国总发电量的 2%。

1991 年 10 月,日本最大的风力发电站投入运行,5 台风力发电机可为 700 户家庭提供电力。中国位于亚洲大陆东南、濒临太平洋西岸,季风强盛。季风是中国气候的基本特征,如冬季季风在华北长达 6 个月,在东北长达 7 个月。东南季风则遍及中国的东部和南部。根据国家气象局估计,全国风力资源的总储量为每年 16 亿千瓦,近期可开发的约为 1.6 亿千瓦,内蒙古、青海、黑龙江、甘肃等省风能储量居中国前列,年平均风速大于 3 m/s 的天数在 200 天以上。

中国风力机的发展。在 20 世纪 50 年代末,中国有各种木结构的布篷式风车,1959 年仅江苏省就有木风车 20 多万台,到 20 世纪 60 年代中期,主要是发展风力提水机。20 世纪 70 年代中期以后,风能开发利用被列为"六五"国家重点项目,得到迅速发展。进入 20 世纪 80 年代中期以后,中国先后从丹麦、比利时、瑞典、美国、德国引进一批中、大型风力发电机组。在新疆、内蒙古的风口及山东、浙江、福建、广东的岛屿上建立了 8 座示范性风力发电场。1992 年,装机容量已达 8 MW。新疆达坂城的风力发电场装机容量已达 3300 kW,是目前国内最大的风力发电场。至 1990 年年底,全国风力提水灌溉面积已达 2.58 万亩。1997 年,新增风力发电 10 万千瓦。目前中国已研制出 100 多种不同型式、不同容量的风力发电机组,并初步形成了风力机产业。尽管如此,与发达国家相比,中国风能的开发利用还相当落后,不但发展速度缓慢而且技术落后,远没有形成规模。进入 21 世纪后,中国在风能的开发利用上加大投入力度,使高效清洁的风能在中国能源的格局中占有应有之地。

全球风能产业的发展历经几次兴衰交替,终于峰回路转,迎来新的热潮。

2013 年对于全球风能产业来说无疑是个打击年,但其中也不乏可圈可点之处。

在美国,风能产业最繁盛的当属得克萨斯州,这里已经拥有了 1.24 万兆瓦的风电装机量。风能对该州电网的贡献与日俱增。

中国的风电产能在 2010 年已经超越美国,我国成为世界规模最大的风能生产国。我国还计划新增 39 MW 的海上风电开发规模。

此外,在亚洲其他地区,风力发电项目也都在如火如荼地进行。如巴基斯坦,2013 年的风电装机总量比 2012 年增加 1 倍,增至 100 MW,随着 2014 年上线的两个 50 MW 的风能项目的落实,装机总量实现翻番。同样,泰国也在 2013 年使本国风电装机总量增加 1 倍,达到 220 MW。而菲律宾 2014 年竣工的 7 个项目,把该国的风电装机产能扩大到了 450 MW,增长 13 倍。

可见,经过 2013 年的蛰伏,还有 2014 年的蓄力,全球风能产业再次迎来了发展的热潮,甚至创造新的纪录。

一、利用形式

风能利用形式主要是将大气运动时所产生的动能转化为其他形式的能量。风就是水平运动的空气,空气产生运动,主要是由于地球上各纬度所接受的太阳辐射强度不同而形成的。赤道和低纬度地区太阳高度角大,日照时间长,太阳辐射强,地面和大气接受的热量多、温度较高;高纬度地区太阳高度角小,日照时间短,地面和大气接受的热量小,温度低。这种高纬度与低纬度之间的温度差异,形成了中国南北之间的气压梯度,使空气做水平运动。

二、季风

理论上,风应沿水平气压梯度方向吹,即垂直于等压线,从高压向低压吹,但是地球在自转,使空气水平运动发生偏向的力,称为地转偏向力,使北半球气流向右偏转,南半球气流向左偏转,所以地球大气运动除受气压梯度力的影响外,还受地转偏向力的影响。大气真实运动是这两个力的合力。实际上,地面风不仅受这两个力的支配,而且在很大程度上还受海洋、地形的影响,山隘和海峡能改变气流运动的方向,还能使风速增大,而丘陵、山地使风速减小,孤立山峰因海拔高使风速增大。因此,风向和风速的时空分布很复杂。比如海陆差异对气流运动的影响:在冬季,大陆比海洋冷,大陆气压比海洋高,风从大陆吹向海洋;夏季相反,大陆比海洋热,风从海洋吹向内陆。这种随季节转换的风,我们称为季风。

三、海陆风

白昼时,大陆上的气流受热膨胀,上升至高空,流向海洋,到海洋上空冷却下沉,在近地层海洋上的气流吹向大陆,补偿大陆的上升气流,低层风从海洋吹向大陆,称为海风;夜间(冬季),情况相反,低层风从大陆吹向海洋,称为陆风。在山区,由热力原因引起的风白天由谷地吹向平原或山坡,夜间由平原或山坡吹向谷底,前者称为谷风,后者称为山风。这是由于白天山坡受热快,空气温度高于山谷上方同高度的空气,坡地上的暖空气从山坡流向谷地上方,谷地的空气则沿着山坡向上补充流失的空气,这种由山谷吹向山坡的风,称为谷风。夜间,山坡因辐射冷却,其降温速度比同高度的空气更快,冷空气沿坡地向下流入山谷,称为山风。

当太阳辐射能穿越地球大气层时,大气层约吸收 2×10^{16} W 的能量,其中一小部分转变成空气的动能。因为热带比亚热带吸收更多太阳辐射能,产生大气压力差导致空气流动而产生风。至于局部地区,例如,在高山和深谷,白天,高山顶上的空气受到阳光加热而上升,深谷中的冷空气取而代之,因此,风由深谷吹向高山;夜晚,高山上的空气散热较快,于是风由高山吹向深谷。在沿海地区,白天,由于陆地与海洋的温度差,海风吹向陆地;晚上,风从陆地吹向海洋。

四、风的能量

地球吸收的太阳能有 1% 到 3% 转化为风能,总量相当于地球上所有植物通过光合作用吸收太阳能转化为化学能的 50 到 100 倍。在高空,我们会发现风的能量,那儿有时速超过 160 km 的强风。这些风的能量最后因和地表及大气间的摩擦力而以各种方式释放。

风的成因:太阳照射极地和赤道的角度不同使地表受热不均;地表升温速度较海面快;大气中的同温层如同天花板效应加快了气体的对流;季节的变化;

科氏效应;月亮的反射比率。

风能可以通过风车来提取。当风吹动风轮时,风力带动风轮绕轴旋转,使得风能转化为机械能。而风能转化量直接与空气密度、风轮扫过的面积和风速的平方成正比。空气的质流穿越风轮扫过的面积,随风速以及空气的密度而变化。举例来说,在 15 ℃(59 ℉)的凉爽日子里,海平面的空气密度为 1.22 kg/m³(当湿度增加时,空气密度会降低)。当风以 8 m/s 的速度吹过直径为 100 m 的转轮时,每秒能使 1,000,000,000 kg 的空气穿越风轮扫过的面积。

指定质量的动能与其速率的平方成正比。因为质流与风速呈线性增加,对风轮有效用的风能与风速的立方成正比。本例中的风吹送风轮的功率大约为 250 万瓦特。

五、能量分级

风的强弱程度通常用风力等级来表示,而风力的等级可通过地面或海面物体被风吹动的情形加以估计。目前国际通用的风力估计以蒲福风级为标准。蒲福氏为英国海军上将,于 1805 年首创风力分级标准。蒲福风级先仅用于海上,后亦用于陆上,经过多次修订,成了今天通用的风级。

一般而言,风力发电机组起动风速为 2.5 m/s,即脸上感觉有风且树叶摇动情况下,就已开始运转发电了。当风速达 28~34 m/s 时,风机将会自动停止运转,以降低对受体本身的伤害。

第四节 风能的优、缺点

一、优点

风能为洁净的能量来源。

风能设施日趋完善,风能大量生产,成本降低。在某些地点,风力发电成本已低于其他发电机。

风能设施多为非立体化设施,可保护陆地和生态环境。

风力发电是可再生能源,很洁净。

风力发电节能环保。

二、缺点

风力发电导致的生态问题是可能干扰鸟类的生活,如美国堪萨斯州的松鸡在风车出现之后已渐渐消失。目前的解决方案是离岸发电,离岸发电成本较高,但效率也高。

在一些地区,风力发电的经济性不足,许多地区的风力有间歇性,如台湾等地电力需求较高的夏季及白天反而是风力较小的时间,解决此类问题有待于压缩空气等储能技术的发展。

风力发电需要大量土地以兴建风力发电场,才可以生产比较多的能源。

进行风力发电时,风力发电机会发出巨大的噪音,所以要找一些空旷的地方来兴建。

三、限制及弊端

风能利用存在一些限制及弊端:

(1)风速不稳定,产生的能量大小不稳定;

(2)风能利用受地理位置限制严重;

(3)风能的转换效率低;

(4)风能是新型能源,相应的使用设备也不是很成熟。

(5)适用于地势比较开阔、障碍物较少的地方或地势较高的地方。

第五节 风能的经济前景

一、经济价值

风力发电的成本已经降低许多,即使不含其他外在的成本,许多地方的风力发电的成本已低于利用燃油的内燃机发电了。风力发电年增长率在2002年时约25%,现在则以38%的比例快速增长。2003年,美国的风力发电增长率就超过了所有发电机的平均增长率。自2004年起,风力发电在所有新式能源中已是最便宜的了。2005年风力能源的成本已降到1990年代的1/5,而且随着大瓦数发电机的使用,下降趋势还会持续。

1. 西班牙

位于西班牙东北方的 La Muela，总面积为 143.5 平方公里。1980 年起，新任市长看好充沛的东北风资源而极力推动风力发电。近 20 年来，当地已陆续建造 450 座风机（额定容量为 237 MW），为地方带来丰厚的利益。当地政府并借此规划完善的市镇福利，吸引了许多人移居至此，短短 5 年内，居民已由 4000 人增加到 12000 人。La Muela 已由不知名的荒野小镇变成人人皆知的观光休闲好去处。

2. 法国

法国西北方的 Bouin 原本以蚵及海盐而著名，2004 年 7 月 1 日起，8 座风力发电机组正式运转，这 8 座风机与蚵、海盐同时成为该镇的观光特色，吸引大批游客从各地前来参观，带来大量的旅游收入。

3. 台湾

台湾苗栗县后龙镇好望角因位于滨海山丘制高点，早年就是眺望台湾海峡的好去处，近几年外商在邻近区域设置了 21 座高 100 m 的风力发电机，形成美不胜收的景致。该公司在 2003 年看中苗栗沿海冬天强劲的东北季风，着手在后龙、竹南等地设立风力发电机，在后龙成立了大鹏风力发电场，建设了 21 座风机，发电总装置容量达 4.2 万千瓦，是目前台湾容量最大的风力发电场。2006 年 6 月，电场竣工启用后，这里成为观光新景点，吸引不少人前往探访。

二、主要技术

①水平轴风电机组技术。因为水平轴风电机组具有风能转换效率高、转轴较短等优点，所以它成为世界风电发展的主流机型，占有 95% 以上的市场份额。同期发展的垂直轴风电机组，因为转轴过长、风能转换效率不高，启动、停机和变桨困难等问题，目前市场份额很小，应用数量有限，但它的变速装置及发电机可以置于风轮下方（或地面）。近年来，国际上的相关研究和开发也在不断进行并取得了一定进展。

②风电机组单机容量持续增大，利用效率不断提高。近年来，世界风电市场上风电机组的单机容量持续增大，世界主流机型已经从 2000 年的 500～1000 kW 增加到 2004 年的 2～3 MW，目前世界上运行的最大风电机组单机容量为 5 MW，10 MW 级风机的设计与研发已开始。

③海上风电技术成为发展方向。目前建设海上风电场的造价是陆地风电场的 1.7~2 倍,而发电量则是路上风电场的 1.4 倍,所以其经济性仍不如陆地风电场。随着技术的不断发展,海上风电的成本会不断降低,其经济性也会逐渐凸显。

④变桨变速、功率调节技术得到广泛采用。变桨距功率调节方式具有载荷控制平稳、安全和高效等优点,近年来在大型风电机组上得到了广泛采用。

⑤直驱式、全功率变流技术得到迅速发展。无齿轮箱的直取方式能有效减少由齿轮箱问题造成的机组故障,可有效提高系统的运行可靠性和寿命,减少维护成本,因而市场份额不断扩大。

⑥新型垂直轴风力发电机。它采取了完全不同的设计理念,并采用了新型结构和材料,具有微风启动、无噪声、抗 12 级以上台风、不受风向影响等优良性能,可以大量用于别墅、多层及高层建筑、路灯等中小型应用场合。以它为基础建立的风光互补发电系统具有电力输出稳定、经济性高、对环境影响小等优点,减小了太阳能发展中对电网的冲击等影响。

三、各国鼓励政策

自 20 世纪 80 年代开始受到欧美各国重视以来,至今全球风电发电量以每年 30% 的惊人速度快速增长。世界各国的再生能源推动制度主要可分为:

固定电价系统(fixed-price systems),由政府制定再生能源优惠收购电价,由市场决定数量。其主要方式包括:

1. 设备补助(investment subsidies):丹麦、德国及西班牙等在风力发电发展初期皆采用设备补助方式;

2. 固定收购价格(fixed feed-in tariffs):德国、丹麦及西班牙采用此种方式;

3. 固定补贴价格(fixed-premium systems);

4. 税赋抵减(tax credits):美国采用此种方式。

固定电量系统(fixed quantity systems),又称再生能源配比系统(renewable-quota system,在美国称为 renewable portfolio standard),由政府规定再生能源发电量,由市场决定价格。其主要方式包括:

1. 竞比系统(tendering systems):英国、爱尔兰及法国采用此种方式;

2. 可交易绿色凭证系统(tradable green certificate systems):英国、瑞典、比利

时、意大利及日本采用此种方法。

两种推动制度的用意为保护市场,透过政府的力量让再生能源在电力市场上更具投资效益,而其最终目的为提升技术与降低成本,以确保再生能源未来能在自由市场中与传统能源竞争。

四、各国增长态势

德意志银行最新发布的研究报告预计,全球风电发展正在进入一个迅速扩张的阶段,风能产业将保持每年20%的增速,到2015年时,该行业总产值将增至目前水平的5倍。

从目前的技术成熟度和经济可行性来看,风能最具竞争力。从中期来看,全球风能产业的前景相当乐观,各国政府不断出台的可再生能源鼓励政策,将为该产业未来几年的迅速发展提供巨大动力。

预计未来几年亚洲和美洲将成为最具增长潜力的地区。中国的风电装机容量将实现每年30%的高速增长,印度风能也将保持每年23%的增长速度。印度鼓励大型企业投资发展风电,并实施优惠政策激励企业建设风能制造基地,目前印度已经成为世界第五大风电生产国。而在美国,随着新能源政策的出台,风能产业每年将实现25%的超常发展。在欧洲,德国的风电发展处于领先地位,其中风电设备制造业已经取代汽车制造业和造船业。近期德国制定的风电发展长远规划中指出,到2025年,风电要实现占电力总用量的25%,到2050年实现占总用量50%的目标。

一直以来在风能领域处于领先地位的欧洲国家增长速度将放慢,预计在2015年前保持每年15%的增长速度。其中最早发展风能的国家如德国、丹麦等陆上风电场建设基本趋于饱和,下一步的主要发展方向是海上风电场和设备更新。英国、法国等国仍有较大潜力,增长速度将高于15%的平均水平。

目前,德国仍然是全球风电技术最先进的国家。德国风电装机容量占全球的28%,而德国风电设备生产总额占全球市场的37%。在国内市场逐渐饱和的情况下,出口已成为德国风电设备公司的主要增长点。

德国政府通过价格补贴等手段支持该行业通过技术创新保持领头羊地位。2017年,德国再次修订《可再生能源法》,将海上风电场入网补贴价格从每千瓦时9.1欧分提高到14欧分。

在中国,2006 年国家发改委、科技部、财政部等 8 部门联合出台了《"十一五"十大重点节能工程实施意见》。依据十大重点节能工程的标准以及政府支持环保节能产业的政策导向,未来工业设备节能更新改造、建筑节能节油及石油替代以及可再生能源这几大节能领域将获得快速发展。

行业杂志《风能世界》提道,中国市场最热的可再生能源是风能、太阳能等产业。风能资源具有可再生、永不枯竭、无污染等特点,综合社会效益高。而且,风电技术开发最成熟,成本最低廉。根据"十一五"国家风电发展规划,2010年,全国风电装机容量达到 500 万千瓦;2020 年,全国风电装机容量达到 3000万千瓦。而 2006 年年底,全国已建成和在建的约 91 个风电场装机总容量仅260 万千瓦。可见,风机市场前景诱人,发展空间广阔。

第六节　风能的现状

一、储量与分布

我国位于亚洲大陆东部,濒临太平洋,季风强盛,内陆还有许多山系,地形复杂,加之青藏高原耸立于我国西部,改变了海陆影响所引起的气压分布和大气环流,增加了我国季风的复杂性。冬季风来自西伯利亚和蒙古等中、高纬度的内陆。那里的空气十分严寒、干燥,冷空气积累到一定程度,在有利高空环流的引导下,就会南下,俗称"寒潮"。频频南下的强冷空气,即寒冷干燥的西北风侵袭我国北方各省(直辖市、自治区)。每年冬季都有多次大幅降温的强冷空气南下,主要影响我国西北、东北和华北地区,直到次年春夏之交才消失。夏季风是来自太平洋的东南季风、来自印度洋和南海的西南季风,东南季风影响我国东部,西南季风则影响西南各省和南部沿海,但风力远不及东南季风大。热带风暴是太平洋西部和南海热带海洋上形成的空气涡旋,是破坏力极大的海洋风暴,每年夏、秋两季频繁侵袭我国,登陆我国南海之滨和东南沿海。热带风暴也能在上海以北登陆,但次数很少。

酒泉市现已建起中国第一个千万千瓦级超大型风电基地,是中国最重要的风电基地。

青藏高原地势高而开阔,冬季,东南部盛行偏南风,东北部多盛行东北风,其他地区一般为偏西风;夏季,唐古拉山以南盛行东南风,以北盛行东风、东北风。我国幅员辽阔,陆疆总长达2万多公里,还有1.8万多公里的海岸线,边缘海中有岛屿5000多个,风能资源丰富。我国现有风电场场址的年平均风速均达到6 m/s以上。一般认为,可将风电场风况分为三类:年平均风速6 m/s以上时为较好;7 m/s以上为好;8 m/s以上为很好。我们可按风速频率曲线和机组功率曲线,估算国际标准大气状态下该机组的年发电量。我国6 m/s以上的地区仅限于少数几个地带,就内陆而言,大约仅占全国总面积的1/100,主要分布在长江到南澳岛之间的东南沿海及其岛屿。这些地区是我国最大的风能资源区以及风能资源丰富区,包括山东半岛、辽东半岛、黄海之滨,南澳岛以西的南海沿海地区、海南岛和南海诸岛,内蒙古从阴山山脉以北到大兴安岭以北,新疆达坂城、阿拉山口,河西走廊,松花江下游,张家口北部等地区以及分布于各地的高山山口和山顶。

根据全国气象台部分风能资料的统计和计算,中国风能分区及占全国面积的百分比见表5-1。

表5-1　中国风能分区及占全国面积的百分比

指标	丰富区	较丰富区	可利用区	贫乏区
年有效风能密度(W/m^2)	>200	150~200	50~150	<50
年≥3 m/s累计小时数(h)	>5000	4000~5000	2000~4000	<2000
年≥6 m/s累计小时数(h)	>2200	1500~2200	350~1500	<350
占全国面积的百分比(%)	8	18	50	24

太阳辐射到地球表面的能量约有2%转化为风能,风能是地球上自然能源的一部分,我国的风能潜力估算如下:风能理论可开发总量(R),全国为32.26亿千瓦,实际可开发利用量(R'),按总量的1/10计,考虑到风轮实际扫掠面积为计算气流正方形面积的0.785倍(1米直径风轮面积为$0.5^2 \times \pi = 0.785$ m^2),故实际可开发量为:$R' = 0.785R \div 10 = 2.53$(亿千瓦)。

中国属于能源进口大国,利用可再生能源是当务之急,特别是在中国风资源丰富的广大农村地区,中国政府应加大对风电设备的购买补贴,包括太阳能电池板屋顶的补贴。如果全国农村家用电能做到一半自给,每年可以节约电能

20 亿度以上。

二、开发潜能

中国 10m 高度层的风能资源总储量为 32.26 亿千瓦,其中实际可开发利用的风能资源储量为 2.53 亿千瓦。

东南沿海及其附近岛屿是风能资源丰富地区,有效风能密度大于或等于 200 W/m^2 的等值线平行于海岸线;沿海岛屿有效风能密度在 300 W/m^2 以上。全年风速大于或等于 3 m/s 的时数约为 7000 ~ 8000 h,大于或等于 6 m/s 的时数为 4000 h。

酒泉市、新疆北部、内蒙古也是风能资源丰富地区,有效风能密度为 200 ~ 300 W/m^2。全年风速大于或等于 3 m/s 的时数为 5000 h 以上,大于或等于 6 m/s 的时数为 3000 h 以上。

黑龙江、吉林东部、河北北部及辽东半岛的风能资源也较丰富,有效风能密度在 200 W/m^2 以上。全年风速大于或等于 3 m/s 的时数为 5000 h,大于或等于 6 m/s 的时数为 3000 h。

青藏高原北部有效风能密度在 150 ~ 200 W/m^2 之间,全年风速大于或等于 3 m/s 的时数为 4000 ~ 5000 h,大于或等于 6 m/s 的时数为 3000 h。但青藏高原海拔高,空气密度小,所以有效风能密度也较低。

云南、贵州、四川、甘肃(除酒泉市)、陕西南部、河南、湖南西部、福建、广东、广西的山区及新疆塔里木盆地和西藏雅鲁藏布江流域,为风能资源贫乏地区,有效风能密度在 50 W/m^2 以下,全年风速大于或等于 3 m/s 的时数在 2000 h 以下,大于或等于 6 m/s 的时数在 150 h 以下,风能潜力很小。

第六章 生物质能技术

生物质能可转化为常规固态、液态和气态燃料,取之不尽、用之不竭,是一种可再生能源,同时也是唯一一种可再生的碳源。

第一节 生物质及其特点

一、生物质

生物质是指利用大气、水、土地等通过光合作用而产生的各种有机体,即一切有生命的可以生长的有机物质通称为生物质。它包括植物、动物和微生物。广义概念:生物质包括所有的植物、微生物以及以植物、微生物为食物的动物及其生产的废弃物。有代表性的生物质如农作物、农作物废弃物、木材、木材废弃物和动物粪便。狭义概念:生物质主要是指农、林业生产过程中除粮食、果实以外的秸秆、树木等木质纤维素(简称木质素)、农产品加工业下脚料、农林废弃物及畜牧业生产过程中的禽畜粪便和废弃物等物质。地球上的生物质能资源较丰富,而且是一种无害的能源。地球每年因光合作用产生的物质达 1730 亿吨,其蕴含的能量相当于全世界能源消耗总量的 10~20 倍,但利用率不到 3%。

二、生物质的特点

生物质的特点:可再生、低污染、分布广泛等。中国生物质能源的特点如下:

①可再生性。生物质能源是从太阳能转化而来,通过植物的光合作用将太阳能转化为化学能,储存在生物质内部的能量,与风能、太阳能等同属可再生能源,可实现能源的永续利用。

②清洁、低碳。生物质能源属于清洁能源,有害物质含量很低。生物质能源的转化过程是通过绿色植物的光合作用将二氧化碳和水合成生物质,生物质

能源在使用过程中又生成二氧化碳和水,形成二氧化碳的循环排放过程,能够有效减少二氧化碳的净排放量,降低温室效应。

③替代优势。利用现代技术可以将生物质能源转化成可替代化石燃料的生物质成型燃料、生物质可燃气、生物质液体燃料等。在热转化方面,生物质能源可以直接燃烧或经过转换,形成便于储存和运输的固体、气体和液体燃料,可运用于大部分使用石油、煤炭及天然气的工业锅炉和窑炉中。国际自然基金会2011年2月发布的《能源报告》认为,到2050年,将有60%的工业燃料和工业供热都采用生物质能源。

④原料丰富。生物质能源资源丰富,分布广泛。根据世界自然基金会的预计,全球生物质能源每年的潜在可利用量达350 EJ(约合82.12亿吨标准油,相当于2009年全球能源消耗量的73%)。根据我国《可再生能源中长期发展规划》统计,我国生物质资源可转换为能源的潜力约5亿吨标准煤。随着造林面积的扩大和经济社会的发展,我国生物质资源转换为能源的潜力可达10亿吨标准煤。在传统能源日渐枯竭的背景下,生物质能源是理想的替代能源,被誉为继煤炭、石油、天然气之外的"第四大能源"。

第二节　生物质的分类

依据来源的不同,生物质分为林业资源、农业资源、生活污水和工业有机废水、城市固体废物和畜禽粪便等五大类。

一、林业资源

林业生物质资源是指森林生长和林业生产过程提供的生物质能源,包括薪炭林,森林抚育和间伐作业中的零散木材,残留的树枝、树叶和木屑等;木材采运和加工过程中的枝丫、锯末、木屑、梢头、板皮和截头等;林业副产品的废弃物,如果壳、果核。

二、农业资源

农业生物质资源是指农业作物(包括能源作物);农业生产过程中的废弃物,如农作物收获时残留在农田里的农作物秸秆(玉米秸、高粱秸、麦秸、稻草、豆秸和棉秆等);农业加工产生的废弃物,如农业生产过程中剩余的稻壳。能源植物泛指各种用以提供能源的植物,通常包括草本能源作物、油料作物、制取碳氢化合物植物和水生植物等几类。

三、污水废水

生活污水主要由城镇居民生活、商业和服务业的各种排水组成,如冷却水、洗浴排水、盥洗排水、洗衣排水、厨房排水、粪便污水等。工业有机废水主要是酒精、酿酒、制糖、食品、制药、造纸及屠宰等行业生产过程中排出的废水等,其中都富含有机物。

四、固体废物

城市固体废物主要是由城镇居民生活垃圾,商业、服务业垃圾和少量建筑业垃圾等固体废物构成。其组成成分比较复杂,受当地居民的平均生活水平、能源消费结构、城镇建设、自然条件、传统习惯以及季节变化等因素的影响。

五、畜禽粪便

畜禽粪便是畜禽排泄物的总称,它是其他形态生物质(主要是粮食、农作物秸秆和牧草等)的转化形式,包括畜禽排出的粪便、尿及其与垫草的混合物。

六、沼气

沼气是由生物质能转换的一种可燃气体。沼气是一种混合物,主要成分是甲烷(CH_4)。沼气是有机物质在厌氧条件下,经过微生物的发酵作用而生成的一种混合气体。由于这种气体最先是在沼泽中发现的,所以称为沼气。粪便、秸秆、污水等各种有机物在密闭的沼气池内,在厌氧(没有氧气)条件下发酵,种类繁多的沼气发酵微生物分解转化,从而产生沼气。沼气是一种混合气体,可以燃烧,可以用来烧饭、照明。

第三节 生物质能的利用

生物质能一直是人类赖以生存的重要能源,它是仅次于煤炭、石油和天然气而居于世界能源消费总量第四位的能源,在整个能源系统中占有重要地位。有关专家估计,生物质能极有可能成为未来可持续能源系统的组成部分,到21

世纪中叶,采用新技术生产的各种生物质替代燃料将占全球总能耗的 40%
以上。

人类对生物质能的利用,包括直接用作燃料的农作物的秸秆、薪柴,间接作
为燃料的农林废弃物、动物粪便、垃圾及藻类等。它们通过微生物作用生成沼
气,或采用热解法制造液体和气体燃料,也可制造生物炭。生物质能是世界上
最广泛的可再生能源。据估计,每年地球上仅通过光合作用生成的生物质总量
就达 1440 亿~1800 亿吨,其能量约相当于 20 世纪 90 年代初全世界总能耗的
3~8 倍,但是尚未被人们合理利用,多半直接当薪柴使用,效率低,影响生态环
境。现代生物质能的利用是通过生物质的厌氧发酵制取甲烷,用热解法生成燃
料气、生物油和生物炭,用生物质制造乙醇和甲醇燃料,以及利用生物工程技术
培育能源植物,发展能源农场。

一、利用途径

生物质能的利用主要有直接燃烧、热化学转换和生物化学转换等 3 种途
径。生物质的直接燃烧在今后相当长的时间内仍将是我国生物质能利用的主
要方式。当前改造热效率仅为 10% 左右的传统烧柴灶,推广效率可达 20% ~
30%,节柴灶这种技术简单、易于推广、效益明显的节能措施,被国家列为农村
新能源建设的重点任务之一。生物质的热化学转换是指在一定的温度和条件
下,使生物质汽化、炭化、热解和催化液化,以生产气态燃料、液态燃料和化学物
质的技术。生物质的生物化学转换包括生物质—沼气转换和生物质—乙醇转
换等。沼气转化是有机物质在厌氧环境中通过微生物发酵产生一种以甲烷为
主要成分的可燃性混合气体即沼气。乙醇转换是利用糖质、淀粉和纤维素等原
料经发酵制成乙醇。

二、利用现状

2006 年年底,全国已经建设农村户用沼气池 1870 万口,生活污水净化沼气
池 14 万处,畜禽养殖场和工业废水沼气工程 2000 多项,年产沼气约 90 亿立方
米,为近 8000 万农村人口提供了优质生活燃料。

中国已经开发出多种固定床和流化床气化炉,以秸秆、木屑、稻壳、树枝为
原料生产燃气。2006 年用于木材和农副产品烘干的有 800 多台,村镇级秸秆气
化集中供气系统有近 600 处,年生产生物质燃气 2000 万立方米。

三、利用技术

1. 直接燃烧

生物质的直接燃烧和固化成型技术的研究开发主要着重于专用燃烧设备的设计和生物质成型物的应用。现已成功开发的成型技术按成型物的形状主要分为三类：以日本为代表开发的螺旋挤压生产棒状成型物技术、欧洲各国开发的活塞式挤压制的圆柱块状成型技术以及美国开发研究的内压滚筒颗粒状成型技术和设备。

2. 生物质气化

生物质气化技术是将固体生物质置于气化炉内加热，同时通入空气、氧气或水蒸气，来产生品位较高的可燃气体。它的特点是气化率可达70%以上，热效率也可达85%。生物质气化生成的可燃气经过处理可用于取暖、发电等不同用途。这对于生物质原料丰富的偏远山区意义十分重大，不仅能改变他们的生活质量，而且能够提高用能效率，节约能源。

3. 液体生物燃料

由生物质制成的液体燃料叫作生物燃料。生物燃料主要包括生物乙醇、生物丁醇、生物柴油、生物甲醇等。虽然利用生物质制成液体燃料起步较早，但发展比较缓慢，由于受世界石油资源、价格、环保和全球气候变化的影响，20世纪70年代以来，许多国家日益重视生物燃料的发展，并取得了显著的成效。

4. 沼气

沼气是各种有机物质在隔绝空气（还原）并且在适宜的温度、湿度条件下，经过微生物的发酵作用产生的一种可燃烧气体。沼气的主要成分甲烷类似于天然气，是一种理想的气体燃料，它无色无味，与适量空气混合后即可燃烧。

（1）沼气的传统利用和综合利用技术

我国是世界上开发沼气较多的国家，最初主要是农村的户用沼气池，以解决秸秆焚烧和燃料供应不足的问题。后来的大中型沼气工程始于1936年，此后，大中型废水、养殖业污水、村镇生物质废弃物、城市垃圾沼气的建立扩大了沼气的生产和使用范围。

自20世纪80年代以来，建立起的沼气发酵综合利用技术以沼气为纽带，将物质多层次利用、能量合理流动的高效农业模式，已逐渐成为我国农村地区利用沼气技术促进可持续发展的有效方法。通过沼气发酵综合利用技术,沼气用于农户生活用能和农副产品生产加工,沼液用于饲料、生物农药、培养料液的生产,沼渣用于肥料的生产。我国北方推广的塑料大棚、沼气池、气禽畜舍和厕所相结合的"四位一体"沼气生态农业模式,中部地区以沼气为纽带的生态果园模式,南方建立的"猪—果"模式,以及其他地区因地制宜建立的"养殖—沼气""猪—沼—鱼""草—牛—沼"等模式,都是以农业为龙头,以沼气为纽带,对沼气、沼液、沼渣的多层次利用的生态农业模式。沼气发酵综合利用生态农业模式的建立使农村沼气和农业生态紧密结合,是改善农村环境卫生的有效措施,也是发展绿色种植业、养殖业的有效途径,已成为农村经济新的增长点。

(2)沼气发电技术

这是沼气燃烧发电时随着大型沼气池建设和沼气综合利用的不断发展而出现的一项沼气利用技术,它将厌氧发酵处理产生的沼气用于发动机上,并装有综合发电装置,以产生电能和热能。沼气发电具有高效、节能、安全和环保等特点,是一种分布广泛且价廉的分布式能源。沼气发电在发达国家已受到广泛重视和积极推广。生物质能发电并网电量在西欧一些国家占能源总量的10%左右。

(3)沼气燃料电池技术

燃料电池是一种将储存在燃料和氧化剂中的化学能直接转化为电能的装置。当源源不断地从外部向燃料电池供给燃料和氧化剂时,它可以连续发电。依据电解质的不同,燃料电池分为碱性燃料电池(AFC)、质子交换膜(PEMFC)、磷酸(PAFC)、熔融碳酸盐(MCFC)及固态氧化物(SOFC)等。

燃料电池能量转换效率高、洁净、无污染、噪声低,既可以集中供电,也适合分散供电,是21世纪最有竞争力的高效、清洁的发电方式之一。它在洁净煤炭燃料电站、电动汽车、移动电源、不间断电源、潜艇及空间电源等方面,有着广泛的应用前景和巨大的潜在市场。

5. 生物制氢

氢气是一种清洁、高效的能源,工业用途广泛,潜力巨大。近年来,生物制氢逐渐成为人们关注的热点,但将其他物质转化为氢并不容易。生物制氢过程可分为厌氧光合制氢和厌氧发酵制氢两大类。

6. 生物质发电技术

生物质发电技术是将生物质能源转化为电能的一种技术,主要包括农林废物发电、垃圾发电和沼气发电等。作为一种可再生能源,生物质能发电在国际上越来越受到重视,在我国也越来越受到政府的关注和民间的拥护。

生物质发电将废弃的农林剩余物进行收集、加工整理,形成商品,减少了秸秆在田间焚烧造成的环境污染,又改变了农村的村容村貌,是我国建设生态文明、实现可持续发展的能源战略选择之一。如果我国生物质能利用量达到 5 亿吨标准煤,就可解决目前我国能源消耗量的 20% 以上,每年可减少排放二氧化碳中的碳量近 3.5 亿吨,二氧化硫、氮氧化物、烟尘减排量近 2500 万吨,将产生巨大的环境效益。尤为重要的是,我国的生物质能资源主要集中在农村,大力开发并利用农村丰富的生物质能资源,可促进农村生产发展,显著改善农村的村貌和居民生活条件,将对建设社会主义新农村产生积极而深远的影响。

7. 原电池

通过化学反应时电子的转移制成原电池,产物和直接燃烧相同,但是能量能得到充分利用。

四、新利用

新西兰业余航海家和环境保护家皮特·贝修恩宣布,他将驾驶以脂肪为动力的快艇"地球竞赛"号,进行一次环球航行。据悉,贝修恩将于 2008 年 3 月 1 日从西班牙的瓦伦西亚出发,开始全长约 4.5 万公里的环球航行。贝修恩表示,他打算挑战英国船只"有线和无线冒险者"号于 1998 年创造的 75 天环球航行的世界纪录。

以脂肪为燃料的"地球竞赛"号被称为世界上最快的生态船,造价 240 万美元,融合多项高科技。"地球竞赛"号长约 23.8 m,形似一只展翅欲飞的天鹅。船身有三层保护外壳,内有两个功能先进的发动机,最高时速可达每小时约 74 km,即使航行在巨浪中,速度也不会减慢。

虽然动物脂肪种类丰富,但贝修恩计划只利用人类脂肪转化成的生物燃料作为"地球竞赛"号的动力来源,百分之百采用生物燃料完成一次环游世界的环保之旅。

为了能募集到足够的脂肪生物燃料,贝修恩身先士卒,主动躺到了手术台上。整形医生尽管做了很大努力,从他体内抽出的脂肪也只够制造 100 mL 的生物燃料。他的两名助手抽出的 10 L 脂肪能够制成 7 L 生物燃料,可供"地球竞赛"号航行 15 km。

而贝修恩进行"绿色"环游世界之旅,以打破英国"有线和无线冒险者"号于 1998 年创造的 75 天环游世界的纪录,总共需要 7 万升生物燃料,也就是说,贝修恩需要胖子志愿者们捐赠出大约 7 万公斤的脂肪。

第四节 生物质能的效益分析及其意义

一、生物质发电能源林的效益

瑞典柳树无性系能源林的种植面积不断增大,主要与瑞典农民贸易协会及其他各种机构把柳树作为一种农作物来推广有关。同时政府的补助金制度也为柳树能源林的大面积推广提供了必要条件。瑞典南部及中部的柳树能源林约有 11000 hm,其中 2000 hm 是 1994 年种植的,1995 年种植了 5000 hm。这些能源林每年每公顷平均的生物量生产为 10 ~ 12 t,相当于 25 ~ 30 m 木材或 4 ~ 5 m 燃油,约合 25 ~ 30 桶原油。如将所产的生物量用来发电,按照我国国产直燃发电机组发电效率单位电量原料消耗量 1.37 kg/kW·h 计算,这些能源林每年每公顷可供发电 7300 ~ 8760 kW·h;若按照进口直燃发电机组发电效率单位电量原料消耗量 1.05 kg/kW·h 计算,则每年每公顷可供发电 9500 ~ 11430 kW·h。如果以竹柳作为分析对象,在超短期轮伐(轮伐期 1 ~ 2 年)的情况下,其每年每公顷平均的生物量生产可达 37.8 t 以上,相当于 94.5 m 木材或 15.12 m 燃油,约合 94 桶原油。受全球金融风暴影响,国际原油价格暴跌,按照 43 美元/桶计算,每年每公顷产值 4042 美元,折合人民币约 27500 元(汇率 6.8)。这些能源林每年每公顷可供发电 27560 kW·h。

二、生物质能发展的意义

中国是一个人口大国,又是一个经济迅速发展的国家,面临经济增长和环境保护的双重压力。因此,改变能源生产和消费方式,开发利用生物质能等可再生的清洁能源资源对建立可持续的能源系统,促进国民经济发展和环境保护具有重大意义。

　　开发利用生物质能对中国农村更具特殊意义。中国 80% 的人口生活在农村,秸秆和薪柴等生物质能是农村的主要生活燃料。尽管煤炭等商品能源在农村的使用迅速增加,但生物质能仍占有重要地位。1998 年,农村生活用能总量约合 3.65 亿吨标煤,其中秸秆和薪柴合 2.07 亿吨标煤,占 56.7%。因此发展生物质能技术,为农村地区提供生活和生产用能,是帮助这些地区脱贫致富、实现小康目标的一项重要任务。

　　1991 至 1998 年,农村能源消费总量从 5.68 亿吨标准煤发展到 6.72 亿吨标准煤,增加了 18.3%,年均增长 2.4%。而同期农村使用液化石油气和电炊的农户由 1578 万户发展到 4937 万户,增加了 2 倍多,年增长达 17.7%,增长率是总量增长率的 7 倍多。可见,随着农村经济的发展和农民生活水平的提高,农村对于优质燃料的需求日益迫切。传统能源利用方式已经难以满足农村现代化需求,生物质能优质化转换利用势在必行。

　　生物质能高新转换技术不仅能够大大加快村镇居民实现能源现代化的进程,满足农民富裕后对优质能源的迫切需求,同时也可在乡镇企业等生产领域中得到应用。由于中国地广人多,常规能源不可能完全满足广大农村日益增长的能源需求,而且由于国际上正在制定各种有关环境问题的公约,限制二氧化碳等温室气体排放,这对以煤炭为主要燃料的我国是很不利的。因此,立足农村现有的生物质资源,研究新型转换技术,开发新型装备既是农村发展的迫切需要,又是减少二氧化碳排放、保护环境、实施可持续发展战略的需要。

第五节　生物质能的现状

　　我国拥有丰富的生物质能资源,据测算,我国理论生物质能资源为 50 亿吨左右标准煤,是中国总能耗的 4 倍左右。在可收集的条件下,我国可利用的生物质能资源主要是传统生物质,包括农作物秸秆、薪柴、禽畜粪便、生活垃圾、工业有机废渣与废水等。

　　农业产出物的 51% 转化为秸秆,年产约 6 亿吨,约 3 亿吨可作为燃料使用,折合 1.5 亿吨标准煤;林业废弃物年可获得量约 9 亿吨,约 3 亿吨可能源化利用,折合 2 亿吨标准煤。甜高粱、小桐子、黄连木、油桐等能源作物可种植面积达 2000 多万公顷,可满足年产量约 5000 万吨生物液体燃料的原料需求。畜禽养殖和工业有机废水理论上可年产沼气约 800 亿立方米。

一、能源多样化发展

生物燃料既有助于促进能源多样化,帮助我们摆脱对传统化石能源的严重依赖,还能减少温室气体排放,缓解对环境的压力。所以,它被视为替代燃料之一,对于加强能源安全有着积极的意义。

二、生物质能产业加快发展

近年来,我国组织重点企业和重点资源省份加大创新力度,推进先进生物质能产业加快发展。

相关部门将尽快编制出台《先进生物质能源化工示范项目专项规划》,明确生物质能化产业的发展目标、主要任务和准入条件。依托重点资源地区和有实力的骨干企业,围绕纤维素乙醇产业化示范和醇、电、气、化多联产等生物能化重点创新领域,选择落实好示范项目。国家能源局将会同有关部门结合生物能化发展重点与方向,配套出台相关支持政策。

生物质能研究与开发已经成为世界重大热门课题之一,受到世界各国政府与科学家的关注。许多国家都制定了相应的开发研究计划,如日本的阳光计划、印度的绿色能源工程、美国的能源农场和巴西的酒精能源计划等,其中生物质能源的开发利用占有相当的比例。国外的生物质能技术和装置多已达到商业化应用程度,实现了规模化产业经营。以美国、瑞典和奥地利三国为例,生物质转化为高品位能源利用已经具有相当可观的规模,分别占一次能源消耗的 4%、6% 和 10%。在美国,生物质能发电的总装机容量已经超过 10 吉兆瓦,单机容量达到 10 ~ 25 MW;美国纽约的斯塔藤垃圾处理站投资 2000 万美元,采用湿法处理垃圾,回收沼气,用于发电,同时生产肥料。巴西是乙醇燃料开发应用最有特色的国家,实施了世界上规模最大的乙醇开发计划,乙醇燃料已经占该国汽车燃料消费量的 50% 以上。美国开发出利用纤维素废料生产酒精的技术,建立了 1 MW 的稻壳发电示范工程,年产酒精 2500 t。2013 年,全球生物质能发电量约 4140 亿千瓦时,全球生物质能发电市场年收益为 286.818 亿美元。

第六节　生物质能发展存在的问题

高能源价格的刺激和能源安全问题使生物质能真正为各国政府高度重视。各国对发展生物质能源的考虑有不同的侧重,但有两个主要原因,即能源替代和环境保护。

根据《2007 世界可再生能源报告》,全球生物乙醇产量从 2005 年的 330 亿公升增长到 2006 年的 390 亿公升;其中,美国的产量为 183 亿公升,增幅达 22%,超过巴西。巴西的燃料乙醇消费量从 2005 年的 150 亿公升增长到 2006 年的 175 亿公升,燃料乙醇供应了非柴油机动车燃料的 41%,巴西机动车中有 70% 左右采用"混合燃料"。欧盟的燃料乙醇产量增长迅速,2006 年增长了 77.8%,但绝对数相对于巴西和美国仍然较少。

我国现实的社会经济环境中,还存在一些消极因素制约着生物质能的发展和应用:

一、市场环境和保障机制不够完善

我国生物燃料乙醇发展缺乏明确的发展目标,没有形成连续稳定的市场需求,还处在"以产定销、计划供应"阶段。国内生物燃料乙醇从生产到销售的各个环节都受到了政府部门的严格控制,是政策性的封闭运行,尚未形成真正意义上的市场化。

二、体系不完善

我国于 2001 年颁布了变性生物燃料乙醇(GB 183502－2001)和车用乙醇汽油(GB183512－2001)两项强制性国家标准,在技术内容上等效采用了美国试验与材料协会标准(ASTM)。因此,在现有标准的基础上及时制定不同生物质原料来源的生物燃料乙醇相关基础标准和工艺控制等标准就显得极为迫切。

三、商业化利用难

资源分散、收集手段落后、产业化进程缓慢,制约着生物质能源高新技术的规模化和商业化利用。集中发电和供热是国际上通行的高效清洁地利用生物质能源的主要技术方式。但是,这些技术需要具有一定的规模,才能产生经济效益。

四、技术落后

装备技术含量低,研发经费投入过少,一些关键技术研发进展不大。例如厌氧消化产气率低,设备与管理自动化程度较差;气化利用中焦油问题未能得到解决,影响长期应用;沼气发电与气化发电效率较低,二次污染问题没有得到彻底解决。

五、缺乏相关政策

缺乏专门扶持生物质能源发展、鼓励生产和消费生物质能源的政策。在当前缺乏一定的经济补助手段的条件下,生物质热电联产规模化难以实现,竞争能力弱。

六、土地矛盾

生物质能源与农业、林业在资源使用上不协调。能源作物已经成为不少国家生物质能源的主体。但是,我国土地资源短缺,存在能源作物和农业、林业争夺土地的矛盾。

七、利用制约

一些制约生物质能发电的问题逐渐显现出来。电价补贴标准低,使生物质发电项目一旦投入运营就面临亏损境地。《可再生能源法》明确指出,要制定激励可再生能源发展的税收及贷款优惠政策,然而关于生物质发电的相关退税政策至今尚未落实。

第七节　生物质能发展前景

未来中国生物质能产业发展的重点是沼气及沼气发电、液体燃料、生物质固体成型燃料以及生物质发电,促进生物质能产业发展的政策环境将进一步完善,技术水平进一步提高,将有更多的大型企业参与,生物质能产业必将成为中国国民经济新的增长点。

第七章　海洋能技术

随着全球能源消费的迅速增长,能源安全问题和能源环境问题越来越成为国内各界和国际社会高度关注的问题。传统能源储量的减少和开发难度的日益增大使人类面临前所未有的能源危机,大部分传统能源的利用过程往往伴随着相当程度的污染,这对人类的生存环境造成了严重的破坏,因此开发清洁而安全的新能源是解决目前能源与环境困境的有效办法之一。各国科学家都在努力研究、开发、利用新的能源。海洋能是一种洁净的新能源,我国拥有丰富的海洋能,开发海洋能对沿海地区及海域的经济发展与节能减排工作都具有重要意义。

第一节　海洋能

海洋能是一种蕴藏在海洋中的重要的可再生清洁能源,主要包括潮汐能、波浪能、海流能(潮流能)、海水温差能和海水盐差能,广义的海洋能还包括海洋上空的风能、海洋表面的太阳能以及海洋生物质能等。从成因上来看,海洋能是在太阳能加热海水、太阳月球对海水的引力、地球自转力等因素的影响下产生的,因而是一种取之不尽、用之不竭的可再生能源,而且开发海洋能不会产生废水、废气,也不会占用大片良田,更没有辐射污染,因此,海洋能被称为21世纪的绿色能源,被许多能源专家看好。海洋能的全球储量达1500亿千瓦,其中便于利用的有70亿千瓦。据估算,全球海洋能固有功率以温差能、盐差能以及海洋风能和太阳能为最大,波浪能和潮汐能居中,海流能相对较小。

第二节　海洋能的特点

海洋能源与常规能源相比具有以下特点:

1. 海洋能在海洋总水体中的蕴藏量巨大,而能量密度低,单位体积、单位面积、单位长度所拥有的能量较小。这就是说,要想得到较多能量,就得从大量的海水中获得。海洋能广泛地存在于占地球表面积71%的海洋上,所以其总蕴藏量巨大。据国外学者们计算,全世界各种海洋能固有功率的数量以温差能和盐差能最大,为 10^{10} kW,波浪能和潮汐能居中,均为 10^9 kW,海流能最小,为 10^8 kW。另外,由于海洋永不间断地接受着太阳辐射和月亮、太阳的作用,所以海洋能又是可再生的,因此海洋能可谓取之不尽、用之不竭。当然,必须指出,以上巨量的海洋能资源,并不是全部都可以开发利用。据1981年联合国教科文组织出版的《海洋能开发》一书估计,全球海洋能理论可再生的功率为766亿千瓦,技术上允许利用的功率仅为64亿千瓦,这一数字是80年代初全世界发电机装机总容量的2倍。

2. 能量随时空变化,但有规律可循。各种海洋能按各自的规律发生和变化。就空间而言,既因地而异,又不能搬迁,各有各的富集海域。温差能主要集中在低纬度大洋深水海域,如我国南海(远海、深海);潮汐、潮流能主要集中在沿岸海域,如我国东海沿岸(沿岸、浅海);海流能主要集中在北半球两大洋西侧,如我国东海的黑潮流域(外海、深海);波浪能近海、外海都有,但北半球两大洋东侧中纬度(30°~40°N)地区和南极风暴带(40°~50°S)最富集,我国东海和南海北部较大(全海域);盐差能主要在江河入海口附近沿岸,如我国长江和珠江等河口(沿岸、浅海)。就时间而言,除温差能和海流能较稳定外,其他均具有明显的日、月变化和年变化,故海洋能发电多存在不稳定性。不过,各种海洋能能量密度的时间变化一般均有规律性,可以预报,特别是潮汐和潮流的变化,目前已能做出较准确的预报。

3. 开发环境严酷,一次性投资大,单位装机造价高,但不污染环境,不占用土地,可综合利用。不论在沿岸近海,还是在外海、深海,开发海洋能资源都存在风、浪、流等动力作用,海水腐蚀,海洋生物附着以及能量密度低等问题,致使转换装置设备庞大,要求材料强度高、防腐好,设计施工技术复杂,投资大,造价高。但是,由于海洋能发电在沿岸和海上进行,所以不但不占用土地资源,不需要迁移人口,而且还具有综合利用效益。同时,由于海洋能发电不消耗一次性矿物燃料,所以既不用付燃料费,又不受能源枯竭的威胁。另外,海洋能发电几乎没有氧化还原反应,并且不向大气排出有害气体和热,故也不存在常规能源和原子能发电存在的环境污染问题,这就避免了很多社会问题的产生。

第三节　海洋能的能量形式及其利用

1. 潮汐能

月球引力的变化引起潮汐现象,潮汐导致海水平面周期性地升降,因海水涨落及潮水流动而产生的能量称为潮汐能。潮汐与潮流能来源于月球、太阳引力,其他海洋能均来源于太阳辐射。海洋面积占地球总面积的71%,太阳到达地球的能量,大部分落在海洋上空和海水中,部分转化成各种形式的海洋能。

潮汐能的主要利用方式为发电,具体地说,潮汐发电就是在海湾或有潮汐的河口建一座拦水堤坝,将海湾或河口与海洋隔开,构成水库,再在坝内或坝房安装水轮发电机组,然后利用潮汐涨落时海水位的升降,使海水通过轮机转动水轮发电机组发电。涨潮时,海水从大海流入坝内水库,带动水轮机旋转发电;落潮时,海水流向大海,同样推动水轮机旋转而发电。潮汐电站按照运行方式和对设备要求的不同,可以分为单库单向型、单库双向型、双库双向型、双库单向型四种。目前世界上最大的潮汐电站是法国的朗斯潮汐电站,我国的江夏潮汐实验电站为国内最大的潮汐电站。

我国的潮汐电站建设开始于20世纪50年代中期,经过了1958年前后、70年代初期和80年代3个时期的建设,至80年代初,我国共建设有76个潮汐电站。在20世纪80年代运行的有8座,目前还在运行的潮汐能电站只剩下3座,分别是:总装机容量为3200 kW的浙江温岭的江厦站、总装机容量为150 kW的浙江玉环的海山站、总装机容量为640 kW的山东乳山的白沙口站。

2. 波浪能

波浪能是指海洋表面波浪所具有的动能和势能,是一种在风的作用下产生,并以位能和动能的形式由短周期波储存的机械能。波浪的能量与波高的平方、波浪的运动周期以及迎波面的宽度成正比。波浪能是海洋能源中能量最不稳定的一种能源。波浪发电是波浪能利用的主要方式,此外,波浪能还可以用于抽水、供热、海水淡化以及制氢等。

波浪发电的原理:利用海面波浪的垂直运动、水平运动和海浪中水的压力变化产生的能量发电。波浪发电一般是利用波浪的推动力,使波浪能转化为推动空气流动的压力(原理与风箱相同,只是用波浪做动力,水面代替活塞),气流推动空气涡轮机叶片旋转而带动发电机发电。

中国波浪发电研究开始于 1978 年,经过 30 年的开发研究,获得了较快的发展。我国波浪发电的相关成果有:额定功率为 20 kW 的岸基式广州珠江口大万山岛电站;额定功率为 8 kW 的采用摆式波浪发电装置的小麦岛电站;额定功率为 100 kW 的广州汕尾岸式波浪实验电站;青岛大管岛 30 kW 的摆式波浪实验电站;"十五"期间投资的广州汕尾电站,2005 年 1 月成功地实现了把不稳定的波浪能转化为稳定电能。

3. 海水温差能

海水温差能是指涵养表层海水和深层海水之间水温差的热能,是海洋能的一种重要形式。低纬度的海面水温较高,与深层冷水存在温度差,因而储存着温差热能,其能量与温差的大小和水量成正比。温差能的主要利用方式是发电,首次提出利用海水温差发电设想的是法国物理学家阿松瓦尔,1926 年,阿松瓦尔的学生克劳德试验成功海水温差发电。1930 年,克劳德在古巴海滨建造了世界上第一座海水温差发电站,获得了 10 kW 的功率。温差能利用的最大困难是温差大小,能量密度低,其效率仅有 3% 左右,而且换热面积大,建设费用高,目前各国仍在积极探索中。

温差发电的原理:海洋温差发电主要采用开式和闭式两种循环系统。在开式循环中,表层温海水在闪蒸蒸发器中由于闪蒸而产生蒸汽,蒸汽进入汽轮机做功后流入凝汽器,由来自海洋深层的冷海水将其冷却。在闭式循环中,来自海洋表层的温海水先在热交换器内将热量传给丙烷、氨等低沸点物质,使之蒸发,产生的蒸汽推动汽轮机做功后再由冷海水冷却。

我国的浙江、福建和山东沿海是世界上潮流能资源最丰富的地区之一,其中舟山群岛一带的部分海域潮流流速在 2 ~ 4 m/s,其能流密度相当于 20 ~ 40 m/s(即 9 ~ 12 级以上)风能的能流密度,具有非常可观的开发价值。

4. 盐差能

盐差能是指海水和淡水之间或两种含盐浓度不同的海水之间的化学电位差能,是以化学能形态出现的海洋能,主要存在于河海交界处。同时,淡水丰富地区的盐湖和地下盐矿也具有盐差能。盐差能是海洋能中能量密度最大的一种可再生能源。

盐差发电的原理:当两种不同盐度的海水被一层只能通过水分而不能通过盐分的半透膜相分离的时候,两边的海水就会产生渗透压,促使水从浓度低的一侧通过这层膜向浓度高的一侧渗透,使浓度高的一侧水位升高,直到膜两侧的含盐浓度相等。通常,海水和河水之间的化学电位差具有相当于 240 m 高水位的落差所产生的能量,利用这一水位差就可以直接用水轮发电机发电。盐差能发电的基本方式是,将不同盐浓度的海水之间或海水与淡水之间的化学电位差能转换成水的势能,再利用水轮机发电。

据估计,世界各河口区的盐差能达 30 TW,可以利用的有 2.6 TW。我国的盐差能估计有 1.1×10^8 kW,主要集中在各大江河的出海处,同时,我国青海省等地还有不少内陆盐湖可以利用。盐差能的研究以美国、以色列的研究为先,中国、瑞典和日本等也开展了一些研究。但总体上,对盐差能这种新能源的研究还处于实验室实验阶段,离示范应用还有较长的距离。

5. 海流能

海流能是指海水流动的动能,主要是指海底水道和海峡中较稳定的流动以及由潮汐导致的有规律的海水流动所产生的能量,是另一种以动能形态出现的海洋能。海流能的利用方式主要是发电,其原理和风力发电相似。潮流能与太阳能、风能、波浪能等可再生能源相比较,其规律性更强,能量更稳定,电网的发配电管理更容易,因此是优秀的可再生清洁能源。

潮流发电的原理:利用海洋中沿一定方向流动的潮流的动能**发电**,潮流发电装置的基本形式与风力发电装置类似,故又称为"水下风车"。**潮流**能发电装置由水轮机和电机组成,水轮机有垂直翼和水平翼两种,视实际需要而定。当海流流过水轮机时,在水轮机的叶片上产生环流,导致升力,因而对水轮机的轴产生扭矩,推动水轮机上叶片的转动,故可驱动电机发电。

全世界海流能的理论估算值约为 10^8 kW。利用中国沿海 130 个水道、航门的各种观测及分析资料,计算得出中国沿海海流能的年平均功率理论值约为 1.4×10^7 kW。中国属于世界上功率密度最大的地区之一,其中辽宁、山东、浙江、福建和台湾沿海的海流能较丰富,不少水道的能量密度为 $15 \sim 30$ kW/m²,具有良好的开发价值。特别是浙江舟山群岛的金塘、龟山和西堠门水道,平均功率密度在 20 kW/m² 以上,开发环境和条件很好。

6. 近海风能

风能是地球表面大量空气流动所产生的动能。海洋上的风力比陆地上的更强劲,方向也更单一。据专家估测,一台同样功率的海洋风电机在一年内的产电量,比陆地风电机高 70%。

风能发电的原理:风力作用在叶轮上,将动能转换成机械能,从而推动叶轮旋转,再通过增速机将旋转的速度提高,来促使发电机发电。

我国近海风能资源是陆上风能资源的 3 倍,可开发和利用的风能储量有 7.5 亿千瓦。长江到南澳岛之间的东南沿海及其岛屿是我国最大的风能资源区以及风能资源丰富区。资源丰富区有山东、辽东半岛、黄海之滨,南澳岛以西的南海沿海、海南岛和南海诸岛。

我国是海洋大国,大陆海岸线长达 1.87 万千米,面积 500 m² 以上的岛屿有 6961 个,海岛海岸线长 1.4 万千米,海洋能资源总量可达近 30 亿千瓦,开发利用潜力极大,其中东南沿海及海岛地区最具资源优势。

20 世纪 80 年代初至 90 年代中期,海洋能开发利用研究受到众多部门、单位和专家的重视。参与海洋能开发利用研究的专业单位和电站等最多时达 50 个。其中波浪能最多,其次是潮汐能。全国和省级(浙闽)的大型学术研讨和潮汐电站选址考察活动接连不断。各地新建、续建、扩建,进行技术改造、设备更新的潮汐电站陆续完成,至 20 世纪 80 年代中期,建成并长期运行发电的潮汐电站达 8 座。20 世纪 80 年代中期至 90 年代中期,浙、闽两省对几个大中型潮汐电站进行了考察选址、规划设计和可行性研究。随着改革的深入、计划经济向市场经济的过渡,由于海洋能技术研究未列入"七五"科技计划、研究经费不足等原因,至 80 年代末,参与海洋能技术研究的专业单位很快减少,至 90 年代中期仅剩 4~5 个,主要开展波浪能和潮流能技术研究。温差能、盐差能研究已停止。由于大电网向沿海农村扩展延伸,多数潮汐电站因社会作用下降、经济效益降低、设备老化等原因而停止运行发电,仍在运行发电的仅剩 3 座。20 世纪 90 年代中期至 21 世纪初,在制订"九五"计划前,国家有关部门和专家一致认为,中国潮汐能开发利用的科技水平在设计研究和机械制造等方面均已具备研建万千瓦级潮汐电站的条件。国家各有关部、委、局对海洋能开发利用的重视达到前所未有的高度,均把开发海洋能特别是中型潮汐能电站列入"九五"计划。浙闽两省有关部门积极争取国家立项,研建中型潮汐电站。

我国潮汐电站目前仅剩浙江江厦、海山和山东白沙 3 座尚在运行,其中江厦潮汐试验电站最大,装机容量为 3200 kW,全球排名第三。海流(潮流)能、温差能处于研发试验阶段;波浪能发电技术研发获得了较快发展,并在沿海航标中小规模应用;海洋太阳能利用比较薄弱,仅个别海岛采用了太阳能路灯照明装置;海洋能开发利用发展迅速,长山岛、嵊泗列岛、岱山岛、大陈岛、平潭岛、东山岛、南澳岛均建有风力发电厂,但发电机组国产化率不到 30%,主要依靠国外设备和技术。

1980 年 5 月 4 日,浙江省温岭的江厦潮汐电站第一台机组并网发电,揭开了中国较大规模建设潮汐电站的序幕。该电站装有 6 台 500 kW 水轮发电机组,总装机容量为 3000 kW,拦潮坝全长 670 m,水库有效库容为 270 万立方米,是一座规模不小的现代潮汐电站。它不但为解决浙江的能源短缺问题做出了应有的贡献,而且在经济上亦有竞争能力。江厦潮汐电站的单位造价为每千瓦 2500元,与小水电站的造价相当。浙江沙山的 40 kW 小型潮汐电站,从 1959 年建成至今运行状况良好,投资 4 万元,收入已超过 35 万元。海山潮汐电站装机 150 kW,年发电量 29 万千瓦时,收入 2 万元,并养殖蚶子、鱼虾及制砖,年收入 20 万元。

潮汐发电有三种形式:一种是单库单向发电。它是在海湾(或河口)筑起堤坝、厂房和水闸,将海湾(或河口)与外海隔开,涨潮时开启水闸,潮水充满水库,落潮时利用库内与库外的水位差,形成强有力的水龙头冲击水轮发电机组发电。这种方式只能在落潮时发电,所以叫单库单向发电。第二种是单库双向发电,它同样只建一个水库,采取巧妙的水工设计或采用双向水轮发电机组,使电站在涨、落潮时都能发电。但这两种发电方式在平潮时都不能发电。第三种是双库双向发电。它是在具有有利条件的海湾建起两个水库,涨潮和落潮的过程中,两座水库的水位始终保持一定的落差,水轮发电机安装在两水库之间,可以连续不断地发电。

潮汐发电有许多优点。例如:潮水来去有规律,不受洪水或枯水的影响;以河口或海湾为天然水库,不会淹没大量土地;不污染环境;不消耗燃料等。但潮汐电站也有工程艰巨、造价高、海水对水下设备有腐蚀作用等缺点。但综合比较,潮汐发电成本低于火电。

第四节　海洋能发展存在的主要问题

海洋能发展缺乏整体规划。由于我们对资源本底匹配状况缺乏整体认识,没有形成系统的发展方向、目标和计划,我国海洋能的开发基本处于试验、探索阶段,甚至有一定的盲目性和重复性,这影响了我国海洋能的研究开发和利用。当前,国家已制定了《可再生能源中长期发展规划》和《可再生能源发展"十一五"规划》,但还没有一个整体的规划。

海洋能高新技术研发能力不足。海洋能利用属于高新技术产业范畴,对工程技术有很高的要求。然而,我国海洋能开发技术研究时冷时热,有些领域的研究曾因各种原因而一度中止,没有系统的科研规划和发展计划,只是各研究单位开展了一些零星的研究工作,从而造成我国海洋能开发利用停留在低水平重复阶段,未能形成规模和产业,总体研发能力不强。

海洋能开发市场化运作难度大。我国乃至世界海洋能利用都还处于初级阶段,技术不成熟,投入有风险,难以和其他类型的能源开发在同一个市场上竞争。这使得海洋能利用除国家投资的少数试验电站外,其他社会资金难以进入海洋能开发利用领域,进而限制了海洋能的发展规模。

海洋能发展缺少相关扶持政策。一些发达国家从国家的科技政策、环境政策、经济政策等方面,向包括海洋能在内的可再生能源领域倾斜,激励海洋能开发利用向产业化方向发展。目前,我国尚未形成促进海洋能发展的政策体系,海洋能发展的动力明显不足。

第五节　海洋能开发利用的对策及前景

一、提高对开发海洋能重要性的认识

海洋能是可再生资源,具有持续开发价值,是解决我国目前能源危机的重要资源,更是未来能源的主要依托。开发海洋能可以缓解石化能源的不足,对于促进沿海经济的发展和优化能源结构,保证能源可持续利用,以及开发海岛、巩固国防和保护生态环境,保障我国能源安全,缓解我国能源环境压力,实现建设资源节约型和环境友好型社会的目标,有十分深远的意义。

据专家预测,21世纪大型潮汐电站的发展将实现产业化,海洋能发电系统将并入沿海地区甚至内陆电网,沿海地区用户将全部或部分由海洋能发电系统供给;获取海洋能的方式、能量的传送保存和能量综合利用等技术逐步成熟;有了依靠海洋能发电的海上电力自给系统后,海上远洋渔业基地、海洋牧场、水产加工流通中心、海上码头、石油储备基地有望陆续建成,海上城市和海上机场也将投入建设;陆上拥挤的人口将向海上迁移。

二、国家应高度重视海洋能的开发,并实施一系列激励政策予以促进

世界上许多沿海国家都十分重视海洋能的开发利用,我国也是走在海洋能开发前列的国家之一。海洋能的开发难度大、成本较高,需要有强大的技术和资金支持。目前的进展已表明这种新能源潜在的商业价值,其发展前景十分广阔。目前,虽然我国海洋能利用技术与国际先进水平差距不大,但投资和建设规模却较小。因此在起步阶段,国家需要制定相关的科技政策、环境政策、经济政策,保护和促进海洋能的开发利用。我们必须以科学发展观为指导,把海洋能的研究、勘探、开发、利用摆到国家远景发展战略的位置上来,及早制定阶段性实施计划和政策,以期能够早日将海洋能源纳入全面、协调、可持续发展的轨道上来。尽快出台有关鼓励海洋能利用的优惠政策,调动地方、企业、财团等各方面开发利用海洋能的积极性,加大对海洋能利用的投入,为海洋能利用技术的研究和产业化提供雄厚的资金支持,从而加快海洋能开发利用的步伐。

三、选准重点进行开发

目前各类海洋能开发技术的趋势是:潮汐能开发向巨型化发展,重点进行

经济效益论证。波浪发电以海岛供电为目标,多采用震荡水柱气动式,并向多能互补开发、多用途(综合利用)与海洋工程结合的方向发展。温差发电多采用闭式循环,既有大型(10万千瓦)开发研究,又有以海岛供电为目标的 1 MW 标准化装置设计研究,深层海水综合利用的研究也异常活跃,方兴未艾。上海洋能开发技术已基本成熟,只要在不断完善技术的同时降低一次性投资成本,使海洋能发电的成本降到一定水平,提高经济效益,即可大大促进其推广应用,实现商业化运作。

四、建立海洋能开发利用示范工程或基地

利用比较成熟、具有推广应用价值的技术建立海洋能开发利用示范工程或基地,如研究建设万千瓦级潮汐电站、小型实用波浪能发电站;与其他可再生能源互补,建立海岛自然能源多能互补综合利用示范工程、南海岛屿温差能利用基地,解决海岛能源供应问题。通过海洋能开发利用示范工程的运行,以点带面,稳步推进,使海洋能开发利用向更广、更深的领域不断拓展。

五、发展前景

全球海洋能的可再生量很大。联合国教科文组织 1981 年的出版物的估计数字显示,5 种海洋能理论上可再生的总量为 766 亿千瓦。其中温差能为 400 亿千瓦,盐差能为 300 亿千瓦,潮汐和波浪能各为 30 亿千瓦,海流能为 6 亿千瓦。但难以实现把上述全部能量加以利用,只能利用较强的海流、潮汐和波浪,利用大降雨量地域的盐度差,而温差利用则受卡诺热机效率的限制。因此,估计技术上允许利用功率为 64 亿千瓦,其中盐差能 30 亿千瓦,温差能 20 亿千瓦,波浪能 10 亿千瓦,海流能 3 亿千瓦,潮汐能 1 亿千瓦。

海洋被认为是地球上最后的资源宝库,也被称作能量之海。21 世纪,海洋将在为人类提供生存空间、食物、能源及水资源等方面发挥更重要的作用,而海洋能资源的研究与开发利用已成为增加能源供应、保护生态环境、促进人类可持续发展的重要保障。专家认为,从技术及经济上的可行性、可持续发展的能源资源以及地球生态平衡等方面分析,海洋能中的潮汐能作为成熟的技术将得到更大规模的利用;波浪能将逐步发展为行业,近期主要是固定式,但大规模利用要发展漂浮式;可作为战略能源的海洋温差能将得到更进一步的发展,并将与开发海洋综合实施、建立海上独立生存空间和工业基地相结合;潮流能也将在局部地区得到规模化应用。

第八章 锂电池技术

第一节 锂元素的物理、化学性质

锂元素的英文名为 lithium，化学符号 Li，其处于元素周期表的 s 区，碱金属；原子序数 3；相对原子质量 6.941(2)。锂金属在 298 K 时为固态，其颜色为银白色或灰色。在空气中，锂很快失去光泽。

锂为第一周期元素，含一个价电子，固态时，其密度约为水的一半。锂元素的原子半径（经验值）为 145 pm，原子半径（计算值）167 pm，共价半径（经验值）134 pm，范德华半径 182 pm，离子半径 68 pm。锂元素的化学性质见表 8-1。

表 8-1 锂元素的化学性质

元素	电子构型	金属半径 /nm	离子化焓/(kJ/mol)		熔点/℃	沸点/℃	$E^{\ominus①}$/V	$-\Delta H_{diss}^{②}$ /(kJ/mol)
			1 级	2 级/ ×10⁻³				
Li	[He]2s	0.152	520.1	7.296	180.5	1326	-3.02	108.0

①反应式 $Li^+(aq) + e = Li(s)$。②双原子分子 Li_2 的离解能。

由于锂元素只有一个价电子，所以在紧密堆积晶胞中，它的结合能很弱。锂金属很软，熔点低，故锂钠合金可作原子核反应堆制冷剂。

锂的熔点、硬度高于其他碱金属，其导电性则较弱。锂的化学性质与其他碱金属的化学性质变化规律不一致。锂的标准电极电势 $E^{\ominus}$ 在同族元素中非常低，这与锂离子的水合热较大有关。锂在空气中燃烧时能与氮气直接作用，生成氮化物，这是由于它的离子半径小，因而对晶格能有较大贡献。锂在岩石圈中含量很低，主要存在于一些硅酸矿中。锂的密度只有 0.53 g/cm³，在碱金属中，锂具有最高的熔点和沸点以及最长的液程范围，具有超常的高比热容。这些特性使其在热交换中成为优异的制冷剂。然而锂的腐蚀性比其他液态金属强，它常被用作还原、脱硫、铜以及铜合金的除气剂等。

由于锂外层电子的低的离子化熵,锂离子呈球形和低极性,故锂元素呈 +1 价。与二价的镁离子相比较,一价的锂离子的离子半径特别小,因此具有特别高的电荷半径比。相比其他第一主族的元素,锂的化合物性质很反常,与镁的化合物性质类似。这些异常的特性是因为其带有低电荷阴离子的锂盐高的晶格能特别稳定,而对于高电荷、高价的阴离子的盐相对不稳定。如 LiH 的热稳定性比其他碱金属高,LiH 在 900 ℃时是稳定的,LiOH 相比其他氢氧化物更难溶于水,LiOH 在加热时分解;Li_2CO_3 不稳定,容易分解为 Li_2O 和 CO_2。锂盐的溶解性和镁盐类似。LiF 微溶于水,可从氟化铵溶液中沉淀出来;Li_3PO_4 难溶于水;LiCl、LiBr、LiI 尤其是 $LiClO_4$ 可溶于乙醇、丙酮和乙酸乙酯中,LiCl 可溶于嘧啶中。$LiClO_4$ 高的溶解性归结于锂离子的强溶解性。高浓度的 LiBr 可溶解纤维素。与其他碱金属的硫酸盐不同,Li_2SO_4 不形成同晶化合物。

金属锂高的电极电势显示了它在电池上的应用前景。比如正极为锂片、负极为复合过渡金属氧化物材料组成的锂离子二次电池。

第一主族元素与其他物质(除氮气外)反应的活性,从锂到铯依次升高。锂的活性通常是最低的,如锂与水在 25 ℃下才反应,而钠与水反应剧烈,钾与水发生燃烧,铷和铯与水发生爆炸式反应;与液溴的反应,锂和钠反应缓和,而其他碱金属则反应剧烈。锂不能取代 $C_6H_5C \equiv CH$ 中的弱酸性氢,而其他碱金属可以取代。

锂与其他同族元素一个基本的化学差别是与氧气的反应。当碱金属置于空气或氧气中燃烧时,锂生成 Li_2O、Li_2O_2,而其他碱金属氧化物(M_2O)则进一步反应,生成过氧化物 M_2O_2 和超氧化物 MO_2。锂在过量的氧气中燃烧时并不生成过氧化物,而生成正常氧化物。

锂能与氮气直接反应生成氮化物,锂和氮气反应生成红宝石色的晶体 Li_3N(镁与氮气生成 Mg_3N_2);在 25 ℃时,反应缓慢,在 400 ℃时,反应很快。利用该反应,锂和镁均可用来在混合气体中除去氮气。与碳共热时,锂和钠反应生成 Li_2C_2 和 Na_2C_2。重碱金属亦可以与碳反应,但生成非计量比间隙化合物,这是碱金属原子进入薄层石墨中碳原子间隙而导致的。

锂与水反应较缓慢。锂的氢氧化物都是中强碱,溶解度不大,在加热时可分解为氧化锂。锂的某些盐类,如氟化物、碳酸盐、磷酸盐均难溶于水。它们的碳酸盐在加热后均能分解为相应的氧化物和二氧化碳。锂的氯化物均能溶于有机溶剂中,表现出共价特性。

锂和胺、醚、羧酸、醇等形成一系列的化合物。在众多的锂化合物中,锂的配位数为 3~7。锂的热力学数据如表 8-2 所示。

表 8-2 金属锂的某些热力学数据

状态	$\Delta H_f^{\ominus}$ /(kJ/mol)	$\Delta G_f^{\ominus}$ /(kJ/mol)	$\Delta S^{\ominus}$ /[J/(K·mol)]	ΔC_p /[J/(K·mol)]	$\Delta H_{298.15}^{\ominus} - H_0^{\ominus}$ /(kJ/mol)
固态	0	0	29.12 ± 0.20	24.8	4.632 ± 0.040
气态	159.3 ± 1.0	126.6	138.782 ± 0.010	20.8	6.197 ± 0.001
气态(Li_2)	215.9	174.4	197.0	36.1	

在 298 K(25 ℃)条件下,锂金属的体心立方结构(bcc)是最稳定的,通常情况下,所有第一主族(碱金属)元素都是 bcc 结构;锂原子间的最短距离为 304 pm,锂金属的半径为 145 pm,说明锂原子间比钾原子间的距离要小。在 bcc 晶胞中,每个锂原子被最近的 8 个锂原子包围,如图 8-1 所示。

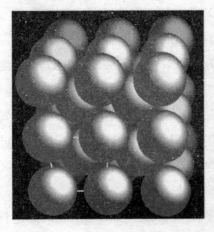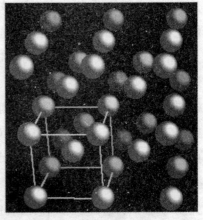

图 8-1 锂金属的体心立方结构(bcc)示意图

锂的最大用途在于,其可提供一种新型能源。如锂的几种同位素 $_3^6Li$、$_3^7Li$ 在核反应中很容易被中子轰击而"裂变"产生另一种物质氚,这类反应是用高速粒子(如质子、中子等)或用简单的原子核(如氘核、氦核)去轰击一种原子核,导致的核反应,例如:

$$_3^6Li + _0^1n \longrightarrow _1^3H + _2^4He$$

这个反应表示用中子轰击^6_3Li,生成氚和氦。

氚在热核聚变反应中能放出非常巨大的能量。锂在核聚变或核裂变反应堆中做堆心冷剂,如在氘-氚核聚变反应中产生的能量80%以上以中子动能形式释放。锂的熔点低,沸点高,热容量及热传导系数大,所以让液态锂在反应堆堆心吸收中子能,然后循环通过热交换器,使其中的水变成蒸汽,推动涡轮发电机发电。另外,中子照射锂时有氚生成,在不断增殖氚的过程中,锂是必不可少的热核反应堆燃料。通常所说的氢弹爆炸即是这种核聚变反应。据计算:1 kg锂具有的能量,大约相当于2万吨优质煤炭,至少可以发出340万千瓦时的电,一座100万千瓦的发电站,一年也不过消耗5 t锂。

碱土金属镁的密度为1.74 g/cm^3,约为金属铝密度的2/3。由镁和锂制成的镁锂合金,当锂含量达20%时,密度仅为1.2 g/cm^3,是最轻的合金;当锂含量超过5%时,能析出β相而形成($\alpha+\beta$)两相共存组织;锂含量超过11%时,镁锂合金变成单一的相,因而改善了镁锂合金的塑性加工性能。向镁锂合金中添加第三种元素(如Al、Cu、Zn、Ag),不仅细化了合金组织,而且大幅度提高了室温抗拉强度及延伸率,并且在一定的变形条件下出现高温塑性。

金属锂是合成制药的催化剂和中间体,如合成维生素A、维生素B、维生素D、肾上腺皮质激素、抗组织胺药等。临床上多用碳酸锂,因为碳酸锂在一般条件下较稳定,易于保存,制备也较容易,其中的锂含量较高,口服后吸收较快且完全。添加抗抑郁药的复方锂盐对躁狂抑郁症疗效明显。

锂的某些化学反应如下:

(1)锂与空气的反应　用小刀轻易地切割锂金属,可以看到光亮的有银色光泽的表面很快会变得灰暗,因其与空气中的氧及水蒸气发生了反应。锂在空气中点燃时,主要产物是白色的锂氧化物Li_2O。某些锂的过氧化物如Li_2O_2也是白色的。

$$4\text{Li}(\text{s}) + \text{O}_2(\text{g}) \longrightarrow 2\text{Li}_2\text{O}(\text{s})$$

$$2\text{Li}(\text{s}) + \text{O}_2(\text{g}) \longrightarrow \text{Li}_2\text{O}_2(\text{s})$$

(2)锂与水反应　锂金属可与水缓慢地反应,生成无色的氢氧化锂溶液(LiOH)及氢气(H_2),得到的溶液是碱性的。因为生成氢氧化物,所以反应时放热。如前所述,锂与水反应的速度慢于钠与水的反应。

$$2Li(s) + 2H_2O_2 \longrightarrow LiOH(aq) + H_2(g)$$

（3）锂与卤素反应　锂金属可以与所有的卤素反应,生成卤化锂。所以,它可与 F_2、Cl_2、Br_2 及 I_2 等反应依次生成一价的氟化锂（LiF）、氯化锂（LiCl）、溴化锂（LiBr）及碘化锂（LiI）。反应式如下:

$$2Li(s) + F_2(g) \longrightarrow 2LiF(s)$$

$$2Li(s) + Cl_2(g) \longrightarrow 2LiCl(s)$$

$$2Li(s) + Br_2(g) \longrightarrow 2LiBr(s)$$

$$2Li(s) + I_2(g) \longrightarrow 2LiI(s)$$

（4）锂与酸反应　锂金属易溶于稀硫酸,形成的溶液含水及水化的一价锂离子、硫酸根离子,并有氢气产生,如与硫酸的反应。

$$2Li(s) + H_2SO_4(aq) \longrightarrow 2Li^+(aq) + SO_4^{2-}(aq) + H_2(g)$$

（5）锂与碱反应　锂金属与水缓慢反应,生成无色的氢氧化锂溶液（LiOH）及氢气（H_2）。当溶液变为碱性时,反应亦会继续进行。随着反应的进行,氢氧化物浓度升高。

锂是最轻的金属,具有高电极电位和高电化学当量,其电化学比能量密度也相当高。锂的这些独特的物理、化学性质,决定了其具有重要作用。锂化合物用作高能电池的正极材料性能显著,如用于充电的锂二次电池。这类电池寿命长、功率大、能量高,并可在低温下使用,在国防上已应用于弹道导弹,并将用于电动汽车等民用领域;LiCl – KCl体系和铝锂合金 – FeS 体系亦用作生产电解液的大容量电池。

20 世纪 90 年代初,日本 Sony 能源开发公司和加拿大 Moli 能源公司分别研制成功了新型的锂离子蓄电池,不仅性能良好,而且对环境无污染。随着信息技术、手持式机械和电动汽车的迅猛发展,对高效能电源的需求急剧增长,锂电池已成为目前发展最迅速的领域之一。锂离子电池的比能量密度和比功率密度均为镍镉电池的 4 倍以上,近年来,锂离子二次电池以年均 20% 的速度迅速发展。美国最近开发成功的新型聚合物锂离子电池具有体积小、安全可靠的特点,其价格仅为现锂离子电池的 1/5。目前正在开发重量比能量密度为 180 $W \cdot h/kg$,体积比能量密度为 360 $W \cdot h/L$,充放电次数大于 500 次的高能量密度二次锂电池,将用于电动汽车。在 21 世纪前十年,用于锂电池的 Li_2CO_3 将超过 2 万吨。与此同时,以锂盐作为电解质的熔融碳酸盐燃料电池,可望成为继磷酸盐型燃料电池后的第二代燃料电池,其发展引人注目。

第二节　锂离子电池的概念与组装技术

一、锂离子电池的工作原理和特点

锂电池的研究历史可以追溯到 20 世纪 50 年代,于 70 年代进入实用化,因其具有比能量高、电池电压高、工作温度范围广、储存寿命长等优点,因此被广泛应用于军事和民用小型电器中,如便携式计算机、摄录机一体化、照相机、电动工具等。锂离子电池则是在锂电池的基础上发展起来的一类新型电池。锂离子电池与锂电池在原理上的相同之处是:两种电池都采用了一种能使锂离子嵌入和脱出的金属氧化物或硫化物作为正极,采用一种有机溶剂—无机盐体系作为电解质。不同之处是:锂离子电池采用可使锂离子嵌入和脱出的碳材料代替纯锂作为负极。锂电池的负极(阳极)采用金属锂,在充电过程中,金属锂会在锂负极上沉积,产生枝晶锂。枝晶锂可穿透隔膜,造成电池内部短路,以致发生爆炸。为克服锂电池的这种不足,提高电池的安全可靠性,于是锂离子电池应运而生。

纯粹意义上的锂离子电池研究始于 20 世纪 80 年代末,1990 年,日本 Nagoura 等人研制出以石油焦为负极、以钴酸锂为正极的锂离子二次电池。锂离子电池自 20 世纪 90 年代问世以来迅猛发展,目前已在小型二次电池市场中占据了最大的份额。另外,日本 Sony 公司和法国 SAFT 公司还开发了电动汽车用锂离子电池。

(1)工作原理

锂离子电池是指其中的锂离子嵌入和脱出正、负极材料的一种可充、放电的高能电池。其正极一般采用锂化合物,如 $LiCoO_2$、$LiNiO_2$、$LiMn_2O_4$ 等,负极采用锂 – 碳层间化合物,电解质为溶解了锂盐(如 $LiPF_6$、$LiAsF_6$、$LiClO_4$ 等)的有机溶剂。溶剂主要有碳酸乙烯酯(EC)、碳酸丙烯酯(PC)、碳酸二甲酯(DMC)和氯碳酸酯(ClMC)等。在充电过程中,锂离子在两个电极之间往返嵌入和脱出,被形象地称为"摇椅电池"(rocking chair batteries,缩写为 RCB),如图 8-2 所示。

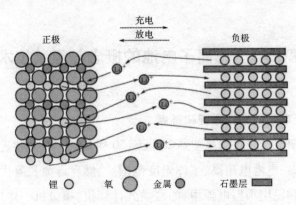

图 8-2 锂离子电池工作原理示意图

锂离子电池的化学表达式为：

$$(-)Cn|LiPF_6 - EC + DMC|LiM_xO_y(+)$$

其电池反应为：

$$LiM_xO_y + nC \xrightleftharpoons[\text{放电}]{\text{充电}} Li_{1-x}M_xO_y + Li_xC_n$$

锂离子二次电池实际上是一种锂离子浓差电池,充电时,锂离子从正极脱出,经过电解质嵌入到负极,负极处于富锂状态,正极处于贫锂状态,同时电子的补偿电荷从外电路供给碳负极,以确保电荷的平衡。放电时则相反,锂离子从负极脱出,经过电解液嵌入到正极材料中,正极处于富锂状态。在正常充、放电情况下,锂离子在层状结构的碳材料和层状结构氧化物的层间嵌入和脱出,一般只引起材料的层面间距的变化,不会破坏其晶体结构,在充、放电过程中,负极材料的化学结构基本不变。因此,从充、放电反应的可逆性看,锂离子电池反应是一种理想的可逆反应。

如以 $LiCoO_2$ 为正极的锂离子电池为例,从电池工作原理示意图可见,充电时,锂离子从 $LiCoO_2$ 晶胞中脱出,其中的三价钴离子氧化为四价钴离子;放电时,锂离子则嵌入 $LiCoO_2$ 晶胞中,其中的四价钴离子变成三价钴离子。由于锂在元素周期表中是电极电势最负的单质,所以电池的工作电压可以高达 3.6 V。如以 $LiCoO_2$ 为正极的锂离子电池的理论容量高达 274 $mA \cdot h/g$,实际容量为 140 $mA \cdot h/g$。

锂离子电池的工作电压与构成电极的锂离子嵌入化合物和锂离子浓度有关。用作锂离子电池的正极材料是过渡金属的离子复合氧化物,如 $LiCoO_2$、$LiNiO_2$、$LiMn_2O_4$ 等,作为负极的材料则选择电位尽可能接近锂电位的可嵌入锂化合物,如天然石墨、合成石墨、碳纤维、中间相小球碳素等各种碳材料和金属氧化物。

已经商品化的锂离子电池,以圆柱形为例(如图 8 - 3 所示),采用 $LiCoO_2$ 复合金属氧化物作为正极材料,在铝板上形成阴极,$LiCoO_2$ 容量一般限制在 125 mA · h/g 左右,且价格高,占锂离子电池成本的 40%;负极采用层状石墨,在铜板上形成阳极,嵌锂石墨属于离子型石墨层间化合物,其化合物分子式为 LiC_6,理论容量为 372 mA · h/g。电解质采用 $LiPF_6$ 的碳酸乙烯酯(EC)、碳酸丙烯酯(PC)和低黏度碳酸二乙烯酯(DEC)等烷基碳酸酯搭配的混合溶剂体系。隔膜采用聚烯微孔膜,如聚乙烯(PE)、聚丙烯(PP)或者其复合膜,尤其是 PP/PE/PP 三层隔膜,不仅熔点较低,而且具有较高的抗穿刺强度,起到了热保险作用。外壳采用钢或者铝材料,盖体组织具有防爆断电的功能,目前市场上也有采用聚合物作为外壳的软包装电池。

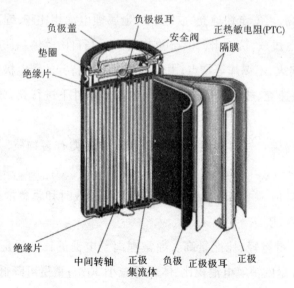

图 8 - 3　圆柱形锂离子电池的构造示意

阴极锂离子插入反应式为:

$$LiCoO_2 \rightarrow xLi^+ + Li_{1-x}CoO_2 + xe$$

阳极采用碳电极,从理论上讲,每6个碳原子可吸藏一个锂离子,锂离子插入反应式为:

$$xe + xLi^+ + 6C \rightarrow Li_xC_6$$

(2)锂离子电池的主要特点

①锂离子电池的优点表现在容量大、工作电压高。容量为镍镉蓄电池的2倍,更能适应长时间的通讯联络;而通常的单体锂离子电池的电压为3.6 V,是镍镉和镍氢电池的3倍。

②荷电保持能力强,允许工作温度范围广。在(20±5)℃下,以开路形式贮存30天后,电池的常温放电容量大于额定容量的85%。锂离子电池具有优良的高低温放电性能,可以在 – 20 ℃ ~ 55 ℃ 的环境中工作,高温放电性能优于其他各类电池。

③循环使用寿命长。锂离子电池采用碳阳极,在充、放电过程中,碳阳极不会生成枝晶锂,从而可以避免电池因为内部枝晶锂短路而损坏。在连续充、放电1200次后,电池的容量依然不低于额定值的60%,远远高于其他电池,具有长期使用的经济性。

④安全性高,可安全快速充、放电。与金属锂电池相比较,锂离子电池具有抗短路,抗过充、过放,抗冲击(10 kg 重物自1 m 高自由落体),防振动、枪击、针刺(穿透),不起火,不爆炸等特点;由于其阳极采用特殊的碳电极代替金属锂电极,因此允许快速充、放电,可在1 C 充电速率的条件下进行充、放电,所以安全性能大大提高。

⑤无环境污染。锂离子电池不含镉、铅、汞这类有害物质,是一种洁净的"绿色"化学能源。

⑥无记忆效应。可随时反复充、放电,尤其在战时和紧急情况下更显示出其优异的使用性能。

⑦体积小、重量轻、比能量高。通常锂离子电池的比能量是镍镉电池的2倍以上,与同容量的镍氢电池相比,体积可减小30%,重量可降低50%,有利于便携式电子设备小型轻量化。

锂离子电池与镍氢电池、镉镍电池主要性能对比见表8 – 3。

表 8 - 3　锂离子电池与镍氢电池、镉镍电池主要性能比较

项　　目	锂离子电池	镍氢电池	镉镍电池
工作电压/V	3.6	1.2	1.2
重量比能量/(W·h/kg)	100~140	65	50
体积比能量/(W·h/L)	270	200	150
充放电寿命/次	500~1000	300~700	300~600
自放电率(%/月)	6~9	30~50	25~30
电池容量	高	中	低
高温性能	优	差	一般
低温性能	较差	优	优
记忆效应	无	无	有
电池重量	较轻	重	重
安全性	具有过冲、过放、短路等自保护功能	无前述功能,尤其是无短路保护功能	无前述功能,尤其是无短路保护功能

锂离子电池的主要缺点如下:

①内部阻抗高。因为锂离子电池的电解液为有机溶剂,其电导率比镍镉电池、镍氢电池的水溶液电解液要低得多,所以,锂离子电池的内部阻抗比镍镉、镍氢电池约大 11 倍。如直径为 18 mm、长 50 mm 的单体电池的阻抗大约达 90 mΩ。

②工作电压变化较大。电池放电到额定容量的 80% 时,镍镉电池的电压变化很小(约 20%),锂离子电池的电压变化较大(约 40%)。对电池供电的设备来说,这是严重的缺点。但是由于锂离子电池放电电压变化较大,我们很容易据此检测电池的剩余电量。

③成本高,主要是正极材料 $LiCoO_2$ 的原材料价格高。

④必须有特殊的保护电路,以防止其过充。

⑤与普通电池的相容性差,由于工作电压高,所以一般的普通电池用三节的情况下才可用一节锂离子电池代替。

同其优点相比,锂离子电池的这些缺点都不是主要问题,特别是用于一些高科技、高附加值的产品中,因此,其具有广泛的应用价值。从世界可充电电池

份额的变化情况(见表8-4、表8-5)可以明显看出其经济价值,因此世界上许多大公司竞相加入该产品的研究、开发行列中,如索尼、三洋、东芝、三菱、富士通、日产、TDK、佳能、永备、贝尔、富士、松下、日本电报电话、三星等。目前主要应用领域为电子产品,如手机、笔记本电脑、微型摄像机、IC 卡、电子翻译器、汽车电话等。另外,对其他一些重要领域也在进行渗透。当然,它存在的一些不足之处在现在的条件下限制了它的普遍应用。

表8-4　1994—2003 年世界锂离子电池的产量及增长率

年　　份	产量/亿只	增长率/%
1994	0.12	
1995	0.33	175.0
1996	1.20	264.0
1997	1.96	63.3
1998	2.95	50.5
1999	4.08	38.3
2000	5.46	33.8
2001	5.73	4.9
2002	8.31	45.0
2003	13.93	67.6

表8-5　锂离子电池、MH/Ni 电池和 Cd/Ni 电池 2000—2005 年的市场竞争情况

年　　份	电池类型及其产量/亿只		
	锂离子电池	Cd/Ni 电池	MH/Ni 电池
2000	5.46	12.96	12.68
2001	5.73	11.85	9.27
2002	8.31	13.41	8.54
2003	13.93	13.06	6.58
2004	19.51	12.55	6.0
2005	20.5	11.2	5.1

二、锂离子电池的电化学性能

(1)锂离子电池的电动势

电池是一种能量转换器,它可将化学能转化为电能,亦可把电能转化为化

学能。它包含正极、负极和电解液。锂电池中负极是锂离子的来源,正极是锂离子的接收器,在理想的电池中,电解液中锂离子的迁移数为1。电动势由正、负极锂之间的化学势之差决定,$\Delta G = -EF$。

以锂离子电池的正极材料 $LiCoO_2$ 为例,设正极材料的电极电位 φ_c。在 CoO_2 中插入锂离子和电子 e 时,电池正极反应吉布斯自由能变化为:

$$\Delta G_c = -F\varphi_c$$

式中,ΔG_c 为反应的吉布斯自由能;φ_c 为正极的电极电位;F 为法拉第常数,$96485\ C \cdot mol^{-1}$,即因电极反应而生成的或溶解的物质的量和通过的电量与该物质的化学当量成正比;生成或溶解 1 mol 的物质需要 1 F 的电量。

锂离子电池负极常用相对于锂 $0 \sim 1$ V 的碳负极,因此,要获得 3 V 以上的电压,必须使用 4 V 级的正极材料。

图 8-4(a)为正极电极电位的吉布斯自由能变化的博恩-哈伯循环图;图 8-4(b)是负极电极电位 φ_a 的吉布斯自由能变化($\Delta G_a = -F\varphi_a$)的循环图。图中,g 代表气体,s 代表固体,solv 代表液体或者溶剂。

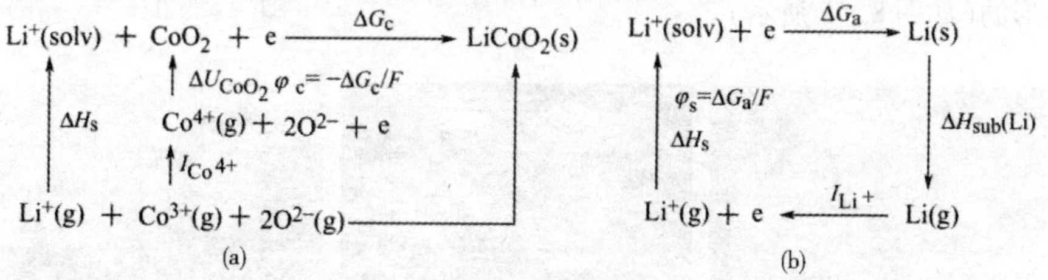

图 8-4　博恩-哈伯循环表示的锂离子电池的正极(a)、负极(b)与其电位关系图

因此,以锂负极为基准,锂离子电池的电动势为:

$$E = \varphi_c - \varphi_a$$

从图上可见,其吉布斯自由能 ΔG 的变化为:

$$\Delta G = \Delta G_c - \Delta G_a = -F(\varphi_c - \varphi_a) = -FE$$

$$= \Delta U LiCoO_2 - \Delta U CoO_2 - ICO_4 + ILi + + \Delta H sub$$

式中　$\Delta H sub$——锂离子溶剂化能;

I——离子化能;

$\Delta U LiCoO_2$——$LiCoO_2$ 的晶格能;

$\Delta U CoO_2$——CoO_2 的晶格能。

（2）电池开路电压

电池的开路电压为：

$$Uoc = U + IR_b$$

式中　　U——正负电极之间的电压；

I——工作电流；

R_b——内阻；

Uoc——I 为 0 时的电压。

其中，$Uoc = (\mu A - \mu B) \ln F$。

式中　　Uoc——开路电压（当电压小于 5 V 时）；

μA——阳极电化学电位；

μB——阴极电化学电位。

三、锂离子电池的类型

锂离子电池可以应用到各种领域中，因此，其类型也同样具有多样性。按照外形分，目前市场上的锂离子电池主要有三种类型，即纽扣式的、方形的和圆柱形的（如图 8 - 5 所示）。

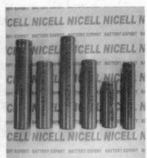

图 8 - 5　锂离子电池的类型

国外已经生产的锂离子电池类型有圆柱形的、棱柱形的、方形的、纽扣式的、薄型的和超薄型的，可以满足不同用途的要求。

圆柱形的型号用 5 位数表示，前两位数表示直径，后两位数表示高度。例如：18650 型电池，表示其直径为 18 mm，高度为 65 mm，用 $\varphi 18 \times 65$ 表示。方形的型号用 6 位数表示，前两位为电池的厚度，中间两位为电池的宽度，最后两位为电池的长度，例如 083448 型，表示厚度为 8 mm，宽度为 34 mm，长度为

48 mm,用 $8 \times 34 \times 48$ 表示。

电池的外形尺寸、重量是锂离子电池的一项重要指标,直接影响电池的特性。锂离子电池的电化学性能参数主要包括以下几个方面。

额定电压。商品化的锂离子电池额定电压一般为 3.6 V(目前市场上也出现了部分 4.2 V 的锂离子电池产品,但是所占比例不大),工作时电压范围为 2.4~4.1 V,也有下限终止电压设定为其他值的,如 3.1 V。

额定容量,指按照 0.2 C 恒流放电至终止电压时所获得的容量。

1 C 容量,指按照 1 C 恒流放电至终止电压所获得的容量。1 C 容量一般较额定容量小,其差值越小说明电池的电流特性越好,负载能力越强。

高低温性能:锂离子电池高温可达 +55 ℃,低温可达 -20 ℃。在此环境温度区间,电池容量可达额定容量的 70% 以上。高温环境一般对电池的性能几乎没有什么影响。

荷电保持能力,即电池在充满电后开路搁置 28 天,然后按照 0.2 C 放电所获得的容量与额定容量比的百分数。数值越大,表明其荷电保持能力越强,自放电越少。一般锂离子电池的荷电保持能力在 85% 以上。

循环寿命。随着锂离子电池充电、放电,电池容量降低到额定容量的 70% 时,所获得的充、放电次数称为循环寿命。锂离子电池循环寿命一般要求大于 500 次。

表 8-6 给出了国内某电池生产商的电池规格以及型号。

表 8-6 某些型号的锂离子电池规格

电池型号	外形尺寸 /mm	质量 /g	额定容量 /(mA·h)	额定电压 /V	循环寿命 /次	适用温度 /℃
18650	$\phi 18 \times 65$	41	1400			
17670	$\phi 17 \times 67$	39	1200			
14500	$\phi 14 \times 50$	19	550	3.6	≥500	-20~60
083448	$8 \times 34 \times 48$	35	900			
083467	$8 \times 34 \times 67$	30	900			
083048	$8 \times 30 \times 48$	20	550			

按照锂离子电池的电解质形态分,锂离子电池有液态锂离子电池和固态(或干态)锂离子电池两种。固态锂离子电池即通常所说的聚合物锂离子电池,

是在液态锂离子电池的基础上开发出来的新一代电池,比液态锂离子电池具有更好的安全性能,而液态锂离子电池即通常所说的锂离子电池。

聚合物锂离子电池的工作原理与液态锂离子电池相同。主要区别是,聚合物的电解液与液态锂离子电池不同。电池主要的构造同样包括正极、负极与电解质三项要素。所谓的聚合物锂离子电池是至少由一项或一项以上采用高分子材料作为电池系统组成的。在目前所开发的聚合物锂离子电池系统中,高分子材料主要是被应用于正极或电解质。正极材料包括导电高分子聚合物或一般锂离子电池所采用的无机化合物,电解质则可以使用固态或胶态高分子电解质,或是有机电解液。目前锂离子电池使用液体或胶体电解液,因此需要坚固的二次包装来容纳电池中可燃的活性成分,这就增加了重量,另外也限制了电池的尺寸。聚合物锂离子制备工艺中不会存有多余的电解液,因此它更稳定,也不易因电池的过量充电、碰撞或其他损害以及过量使用而造成危险情况。

锂离子电池在结构上主要有五大块:正极、负极、电解液、隔膜、外壳与电极引线。锂离子电池的结构主要分卷绕式和层叠式两大类。液锂电池采用卷绕结构,聚锂电池则两种均有。卷绕式将正极膜片、隔膜、负极膜片依次放好,卷绕成圆柱形或扁柱形,层叠式则将正极—隔膜—负极—隔膜—正极这样的方式多层堆叠,将所有正极焊接在一起引出,负极也焊在一起引出。

新一代的聚合物锂离子电池在形状上可做到薄形化(如广州东莞某公司ATL生产的电池最薄为 0.5 mm,相当于一张卡片的厚度),可做成任意形状,大大提高了电池造型设计的灵活性,从而可以配合产品需求,做成任何形状与容量的电池,为应用设备开发商在电源解决方案上提供了高度的设计灵活性和适应性,从而可最大化地优化其产品性能。

聚合物锂离子电池适用行业广泛,手机、移动 DVD、笔记本电脑、摄像机、数码相机、数码摄影机、个人数码助理(PDA)、3G 移动电话、电动车、携带式卫星定位系统,以及汽车、火车、轮船、航天飞机、智能机器人、电动滑板车、儿童玩具车、剪草机、采棉机、野外勘探工具、手动工具等移动设备在未来均可能使用聚合物锂离子电池。

同时,聚合物锂离子电池的单位能量比目前的一般锂离子电池提高了50%,其容量、充放电特性、安全性、工作温度范围、循环寿命(超过 500 次)与环保性能等方面都较锂离子电池有大幅度的提高。

表 8-7 给出了国内某电池生产商的电池规格以及性能比较。

表 8-7　一些电池的有关性能比较

电池类型	酸性电池	镍镉电池	镍氢电池	液态锂电池	聚合物锂电池
安全	好	好	好	好	优
工作电压/V	2	1.2	1.2	3.7	3.7
重量比能量/(W·h/kg)	35	41	50~80	120~160	140~180
体积比能量/(W·h/L)	80	120	100~200	200~280	>320
循环寿命	300	300	500	>500	>500
工作温度/℃	-20~60	20~60	20~60	0~60	0~60
记忆效应	无	有	无	无	无
自放电	<0	<10	<30	<5	<5
毒性	有毒	有毒	轻毒	轻毒	无毒
形状	固定	固定	固定	固定	任意形状

聚合物锂离子电池具有如下优点：

①安全性能好。聚合物锂离子电池在结构上采用铝塑软包装，有别于液态电池的金属外壳，一旦发生安全隐患，液态电池容易爆炸，而聚合物电池则只会出现气鼓。

②电池厚度小，可制作得更薄。普通液态锂离子电池采用先定制外壳，后塞正、负极材料的方法，厚度做到 3.6 mm 以下存在技术瓶颈，聚合物电池则不存在这一问题，厚度可做到 1 mm 以下，符合时尚手机需求方向。

③重量轻。聚合物电池重量较同等容量规格的钢壳锂电池轻 40%，较铝壳电池轻 20%。

④电池容量大。聚合物电池较同等尺寸规格的钢壳电池容量高 10%~15%，较铝壳电池高 5%~10%，成为彩屏手机及彩信手机的首选，现在市面上新出的彩屏和彩信手机大多采用聚合物电池。

⑤内阻小。聚合物电池的内阻较一般液态电池小，目前国产聚合物电池的内阻甚至可以做到 35 mΩ 以下，这样可极大地减低电池的自耗电，延长手机的待机时间，这种支持大放电电流的聚合物锂电池更是遥控模型的理想选择，成

为最有希望替代镍氢电池的产品。

⑥电池的形状可定制。聚合物电池可根据需求增加或减少电池的厚度，开发新的电池型号，价格便宜，开模周期短，有的甚至可以根据手机形状量身定做，以充分利用电池的外壳空间，提升电池的容量。

⑦放电性能好。聚合物电池采用胶体电解质，相比较液态电解质，胶体电解质具有平稳的放电特性和更高的放电平台。

⑧保护板设计简单。由于采用聚合物材料，电池不起火、不爆炸，电池本身具有足够的安全性，因此聚合物电池的保护线路的设计可考虑省略 PTC 和保险丝，从而节约了成本。

除上面介绍的电池外，还有一种所谓的"塑料锂离子电池"，最早的塑料锂离子电池是 1994 年由美国 Bellcore 实验室提出的，其外形与聚合物锂离子电池完全一样，其实是传统的锂离子电池的"软包装"，即采用铝/PP 复合膜代替不锈钢或者铝壳进行热压塑封装，电解液吸附于多孔电极中。几种锂离子电池结构比较见表 8 - 8。

表 8 - 8 锂离子电池结构比较

电池类型	电解液	壳体/包装	隔膜	集流体	电解液是否固定胶体中
方形锂离子电池	液态	不锈钢、铝	25μPE	铜箔和铝箔	否
膜锂离子电池	液态	铝/PP 复合膜	25μPE	铜箔和铝箔	否
聚合物锂离子电池	胶体聚合物	铝/PP 复合膜	没有隔膜或 μPE	铜箔和铝箔	是

四、锂离子电池的设计

电池的结构、壳体及零部件，电极的外形尺寸及制造工艺，两极物质的配比，电池组装的松紧度对电池的性能都具有不同程度的影响。因此，合理的电池设计、优化的生产工艺过程，是关系到研究结果准确性、重现性、可靠性与否的关键。

锂离子电池作为一类化学电源，其设计亦需适合化学电源的基本思想及原则。化学电源是一种直接把化学能转变成低压直流电能的装置，这种装置实际上是一个小的直流发电器或能量转换器。按用电器具的技术要求，相应地与之相配套的化学电源亦有对应的技术要求。制造商们设法使化学电源既能发挥其自身的特点,又能以较好的性能适应整机的要求。这种设计思想及原则使得化学电源能满足整机技术要求的过程,被称为化学电源的设计。

化学电源的设计主要解决的问题是:

①在允许的尺寸、重量范围内进行结构和工艺的设计,使其满足整机系统的用电要求;

②寻找可行和简单可行的工艺路线;

③最大限度地降低电池成本;

④在条件许可的情况下,提高产品的技术性能;

⑤最大可能实现绿色能源,克服和解决环境污染问题。

随着锂离子电池的商品化,越来越多的领域使用锂离子电池。由于技术问题,目前使用的锂离子电池还是以 $LiCoO_2$ 为主要正极材料,而钴是一种战略性资源,其价格相当高,同时由于其高毒性因而存在环境污染问题,科研工作者正在进行这方面的努力。值得庆幸的是,$LiMn_2O_4$ 及其掺杂化合物正作为最具有挑战性的替代 $LiCoO_2$ 的正极材料,越来越引起人们的关注。

本节关于电池的设计主要从电池的设计原理、设计原则及一般的计算方法进行介绍,简要地阐述电池壳体材料的选择原则、制作工艺和环境保护等。

电池设计传统的计算方法是在通过化学电源设计时积累的经验或试验基础上,根据要求、条件进行选择和计算,并经过进一步的试验,来确定合理的参数。

另外,电子计算机技术的发展和应用,也为电池的设计开辟了道路。目前我们已经能根据以往的经验数据编制计算机程序进行设计,预计今后将会进一步发展到完全用计算机进行设计,从而缩短电池的研制周期。

1. 电池设计的一般程序

电池的设计包括性能设计和结构设计。所谓性能设计是指电压、容量和寿命的设计。结构设计是指电池壳、隔膜、电解液和其他结构件的设计。

设计的一般程序分为以下三步:

第一步:对各种给定的技术指标进行综合分析,找出关键问题。

通常为满足整机的技术要求,提出的技术指标有工作电压、电压精度、工作电流、工作时间、机械载荷、寿命和环境温度等,其中主要的是工作电压(及电压精度)、容量和寿命。

　　第二步：进行性能设计。根据要解决的关键问题，在以往积累的试验数据和生产实际中积累的经验的基础上，确定合适的工作电流密度，选择合适的工艺类型，以期做出合理的电压及其他性能设计。根据实际所需要的容量，确定合适的设计容量，以确定活性物质的比例用量。选择合适的隔膜材料、壳体材质等，以确定寿命设计。选材问题应根据电池的要求在保证成本的前提下尽可能地选择新材料。当然这些设计要求都是相关设计时要综合考虑的，不可偏废任何方面。

　　第三步：进行结构设计。它包括外形尺寸的确定、单体电池的外壳设计、电解液的设计、隔膜的设计以及导电网、极柱、气孔设计等。若是电池组还要进行电池组合、电池组外壳、内衬材料以及加热系统的设计。

　　设计时应着眼于主要问题，对次要问题进行折中和平衡，最后确定合理的设计方案。

　　2.电池设计的要求

　　电池设计是为满足对象(用户或仪器设备)的要求进行的。因此，在进行电池设计前，首先必须详尽地了解对象对电池性能指标及使用条件的要求，一般包括以下几个方面：电池的工作电压及要求的电压精度；电池的工作电流，即正常放电电流和峰值电流；电池的工作时间，包括连续放电时间、使用期限或循环寿命；电池的工作环境，包括电池工作时所处状态及环境温度；电池的最大允许体积和重量。

　　我们以生产方形锂离子电池为例，来说明和确定选择的电池材料组装的AA型锂离子电池的设计要求：

　　电池在放电状态下的欧姆内阻不大于 40 Ω；电池 1 C 放电时，视不同的正极材料而定，如 $LiCoO_2$ 的比容量不小于 135 $mA \cdot h/g$；电池 2 C 放电容量不小于1 C 放电容量的 96%；在前 30 次 1 C 充、放电循环过程中，3.6 V 以上的容量不小于电池总容量的 80%；在前 100 次 1 C 充、放电循环过程中，电池的平均每次容量衰减不大于 0.06%；电池荷电时置于 135 ℃的电炉中不发生爆炸。

　　按照 AA 型锂离子电池的结构设计和组装工艺过程组装的电池，经实验测试，若结果达到上述要求，说明结构设计合理、组装工艺过程完善，在进行不同正极材料的电池性能研究时，就可按此结构设计与工艺过程组装电池；若结果达不到上述要求,则说明结构设计不够合理或工艺过程不够完善,需要进行反复的优化,直至实验结果符合上述要求。

锂离子电池由于其优异的性能,被越来越多地应用到各个领域,特别是一些特殊场合和器件。电池的设计有时还有一些特殊的要求,比如防震动、防碰撞、防重物冲击、防热冲击、防过充电、防短路等。同时还需考虑电极材料来源、电池性能、影响电池特性的因素、电池工艺、经济指标、环境问题等方面的因素。

3. 电池性能设计

在明确设计任务和做好有关准备后,即可进行电池设计。根据电池用户的要求,电池设计的思路有两种:一种是为用电设备和仪器提供额定容量的电源;另一种则只是给定电源的外形尺寸,研制开发性能优良的新规格电池或异形电池。

电池设计主要包括参数计算和工艺制定,具体步骤如下:

①确定组合电池中的单体电池的数目、单体电池的工作电压与工作电流密度。根据要求确定电池组的工作总电压、工作电流等指标,选定电池系列,参照该系列的"伏安特性曲线"(经验数据或通过实验所得),确定单体电池的工作电压与工作电流密度。

$$单体电池数目 = \frac{电池工作总电压}{单体电池工作电压}$$

②计算电极总面积和电极数目。根据要求的工作电流和选定的工作电流密度,计算电极总面积(以控制电极为准)。

$$电极总面积 = \frac{工作电流(mA)}{工作电流密度(mA/cm^2)}$$

根据要求的电池外形、最大尺寸,选择合适的电极尺寸,计算电极数目。

$$电极数目 = \frac{电极总面积}{极板面积}$$

③计算电池容量。根据要求的工作电流和工作时间计算额定容量。

额定容量 = 工作电流 × 工作时间

④确定设计容量

设计容量 = 额定容量 × 设计系数

其中,设计系数是为保证电池的可靠性和使用寿命而设定的,一般取

1.1～1.2。

⑤计算电池正、负极活性物质的用量

a 计算控制电极的活性物质用量。根据控制电极的活性物质的电化学当量、设计容量及活性物质利用率计算单体电池中控制电极的物质用量。

$$电极活性物质用量 = \frac{设计容量 \times 活性物电化学当量}{活性物质利用率}$$

b 计算非控制电极的活性物质用量。单体电池中非控制电极活性物质的用量,应根据控制电极活性物质用量来定,为了保证电池有较好的性能,一般应过量,通常系数为 1～2。锂离子电池通常采用负极碳材料过剩,系数取 1.1。

⑥计算正、负极板的平均厚度。根据容量要求来确定单体电池的活性物质用量。当电极物质是单一物质时,则:

$$电极片物质用量 = \frac{单体电池物质用量}{单体电池极板数目}$$

$$电极活性物质平均厚度 = \frac{每片电极物质用量}{物质密度 \times 极板面积 \times (1 - 孔率)} + 集流体厚度$$

$$集流体厚度 = \frac{网格重量}{物质密度 \times 网格面积}(或选定厚度)$$

如果电极活性物质不是单一物质而是混合物时,则物质的用量与密度应换成混合物质的用量与密度。

⑦隔膜材料的选择与厚度、层数的确定。隔膜的主要作用是使电池的正负极分隔开来,防止两极接触而短路。此外,还应具有能使电解质离子通过的功能。隔膜材质是不导电的,其物理、化学性质对电池的性能有很大影响。锂离子电池经常用的隔膜有聚丙烯和聚乙烯微孔膜,Celgard 的系列隔膜已在锂离子电池中应用。隔膜的层数及厚度要根据隔膜本身的性能及具体设计电池的性能要求来确定。

⑧确定电解液的浓度和用量。根据选择的电池体系特征,结合具体设计电池的使用条件(如工作电流、工作温度等)或根据经验数据来确定电解液的浓度和用量。

常用锂离子电池的电解液体系有:1 mol/L $LiPF_6$/PC – DEC(1∶1),PC – DMC(1∶1)和 PC – EMC(1∶1)或 1 mol/L $LiPF_6$/EC – DEC(1∶1),EC – DMC

(1∶1)和 EC – EMC(1∶1)。

注:PC,即碳酸丙烯酯;EC,即碳酸乙烯酯;DEC,即碳酸二乙酯;DMC,即碳酸二甲酯;EMC,即碳酸甲乙酯。

⑨确定电池的装配比及单体电池容器尺寸。电池的装配比是根据所选定的电池特性及设计电池的电极厚度等情况来确定的,一般控制为 80% ~ 90%。

根据所用电器对电池的要求选定电池后,再根据电池壳体材料的物理性能和力学性能,以确定电池容器的宽度、长度及壁厚等。特别是随着电子产品的薄型化和轻量化,电池的空间越来越小,这就要求我们选用更优质的电极材料,制备比容量更高的电池。

4. AA 型锂离子电池的结构设计

从设计要求来说,由于电池壳体选定为 AA 型(ϕ 14 mm × 50 mm),则电池结构设计主要指电池盖、电池组装的松紧度、电极片的尺寸、电池上部空气室的大小、两极物质的配比等设计。对它们的设计是否合理将直接影响电池的内阻、内压、容量和安全性等性能。

①电池盖的设计。根据锂离子电池的性能可知,在电池充电末期,阳极电压高达 4.2 V 以上。如此高的电压很容易使不锈钢或镀镍不锈钢发生阳极氧化而被腐蚀,因此传统的 AA 型 Cd/Ni、MH/Ni 电池所使用的不锈钢或镀镍不锈钢盖不能用于 AA 型锂离子电池。考虑到锂离子电池的正极集流体可以使用铝箔而不发生氧化腐蚀,所以在 AA 型 Cd/Ni 电池盖的基础上,可进行改制设计。首先在不改变 AA 型 Cd/Ni 电池盖的双层结构及外观的情况下,用金属铝代替电池盖的镀镍不锈钢底层,然后把此铝片和镀镍不锈钢上层卷边包合,使其成为一个整体,同时在它们之间放置耐压为 1.0 ~ 1.5 MPa 的乙丙橡胶放气阀。实验证实,改制后的电池盖不但密封性、安全性好,而且耐腐蚀,容易和铝制正极极耳焊接。

②装配松紧度的确定。装配松紧度的大小主要根据电池系列的不同、电极和隔膜的尺寸及其膨胀程度来确定。对设计 AA 型锂离子电池来说,电极的膨胀主要由正、负极物质中的添加剂乙炔黑和聚偏氟乙烯引起,由于其添加量较少,吸液后,电极膨胀亦不会太大;充、放电过程中,由锂离子在正极材料,如 $LiCoO_2$ 和电解液中的嵌/脱引起的电极膨胀也十分小;电池的隔膜厚度仅为

25 μm,其组成为 Celgard2300PP/PE/PP 三层膜,吸液后,其膨胀程度也较小。综合考虑以上因素,锂离子电池应采取紧装配的结构设计。通过电芯卷绕、装壳及电池注液实验,并结合电池解剖后极粉是否脱落或粘连在隔膜上等结果,可确定 AA 型锂离子电池的装配松紧度为 $\eta = 86\% \sim 92\%$。

5. 电池保护电路设计

为防止锂离子电池过充,锂离子电池必须设计有保护电路,锂离子电池保护器 IC 有适用于单节的和适用于 2～4 节电池组的。在此介绍保护器的要求,同时介绍单节锂离子电池电路保护器电路。

对锂离子电池保护器的基本要求如下:

①充电时要充满,终止充电电压精度要求在 ±1% 左右;

②在充、放电过程中不过流,需设计有短路保护;

③达到终止放电电压要禁止继续放电,终止放电电压精度控制在 ±3% 左右;

④深度放电的电池(不低于终止放电电压)在充电前要以小电流方式预充电;

⑤为保证电池工作稳定可靠,防止瞬态电压变化的干扰,其内部应设计有过充、过放电、过流保护的延时电路,以防止瞬态干扰造成不稳定;

⑥自身耗电省(在充、放电时,保护器应处于通电工作状态)。单节电池保护器耗电一般小于 10 μA,多节的电池组一般在 20 μA 左右;在达到终止放电时,它处于关闭状态,一般耗电 2 μA 以下;

⑦保护器电路简单,外围元器件少,占空间小,一般可制作在电池或电池组中;

⑧保护器的价格低。

(1)单节锂离子电池的保护器

我们以 AICI811 单节锂离子电池保护器为例来说明保护器的电路及工作原理。该器件的主要特点是:终止充电电压有 4.35 V、4.30 V 及 4.25 V(分别用型号 A、B、C 表示),充电电压精度为 ±30 mV(±0.7%),工作电压为 3.5 V 时,工作电流为 7 μA,到达终止放电后,耗电仅 0.2 μA;有过充、过放、过流保护,并有延时以免瞬态干扰;过放电电压为 2.4 V,精度为 ±3.5%;工作温度为 -20 ℃ ~80 ℃。

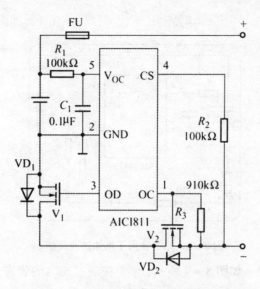

图8-6 单节锂离子电池保护器电路示意图

正常充、放电时，V_1、V_2都导通。充电电流从阴极（+）流入，经保险丝向电池充电，经V_1、V_2后，由阳极（-）流出。正常放电时，电流由阴极端经负载R_L（图8-6中未画出）后，经阳极端及V_2、V_1流向电池负极，其电流方向与充电电流方向相反。由于V_1、V_2的导通电阻极小，因此损耗较小。几种保护电路的工作状态分别参看图8-7和图8-8。

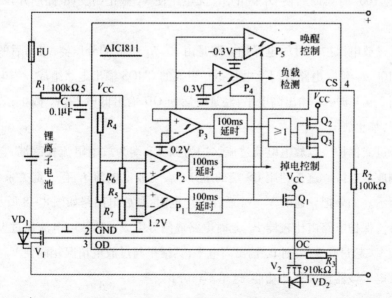

图8-7 几种保护电路的工作状态示意图

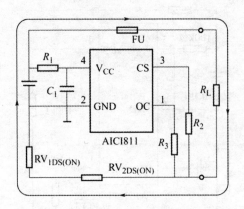

图 8-8　单节锂离子电池过流保护

①过充电保护　如图 8-7 所示,P_1 为控制过充电的带滞后的比较器,R_6、R_7 组成的分压器接在锂离子电池两端,其中间检测电池的电压并接在 R_1 的同相端,P_1 的反相端接 1.2 V 基准电压。充电时,当电池电压低于过充电阈值电压时,P_1 的反相端电压大于同相端电压,P_1 输出低电平,使 Q_1 导通,V_2 的偏置电阻 R_3 有电流流过,使 V_2 也导通(V_1 在充电时是导通的),这样形成充电回路。当充电到达并超过充电阈值电压时,P_1 同相端电压超过 1.2 V,P_1 输出高电平,经 100 ms 延时后使 Q_1 截止,R_3 无电压使 V_2 截止,充电电路断开,防止过充电。

②过放电保护　过放电保护电路是由 R_4、R_5 组成的分压器、带滞后的比较器 P_2、100 ms 延时电路或门及由 Q_2、Q_3 组成的 CMOS 输出电路组成。当电池放电达到 2.4 V 时,P_2 输出高电平,经延时后使 OD 输出低电平,V_1 截止,放电回路断开,禁止放电。

③过流保护　以放电电流过流保护为例,CS 端为放电电流检测端,它连续地检测放电电流。这是利用 CS 端的电压 V_{CS} 与放电电流 I_L 有一定关系,如图 8-8 所示。如果把导通的 V_1、V_2 看作一个电阻,则放电回路如图 8-8 所示。

过流保护电路由比较器 P_3、延时电路或门等组成。若放电电流超过设定阈值而使 V_{CS} 超过 0.2 V,则 P_3 输出高电平,其结果与过放电情况相同使 V_2 截止,禁止放电。该器件的其他功能,这里不再介绍。

（2）3～4节锂离子电池的保护

我们以 MAX1894/MAX1924 为例说明其功能及特点。MAX1894 设计用于 4 节锂离子电池组,而 MAX1924 适用于 3 节或 4 节的电池组。两个保护器可监控串联电池中每一个电池的电压,避免过充电及过放电,从而能有效地延长电池的寿命。另外,它也能防止充、放电时电流过大或短路。

两个器件组成的保护器电路如图 8－9 所示。它是一种用于 4 节锂离子电池组的保护器。串联的 4 个电池在充电时每一个电池的电压基本相等（均压）,所以增加了内部电路及外部电阻、电容等元件;另外,保护器电路由微控制器（μC）来控制,可以输出电池的状态信号,使功能更完善。

两个器件的主要特点是:每个电池的过压阈值可以设定,其电压精度可达 ±0.5%;终止放电电压阈值亦能设定,精度可达 ±2%;有关闭模式,关闭状态时,耗电 0.8 μA,可防止电池深度放电;工作电流典型值为 30 μA;工作温度范围为 －40 ℃～85 ℃。

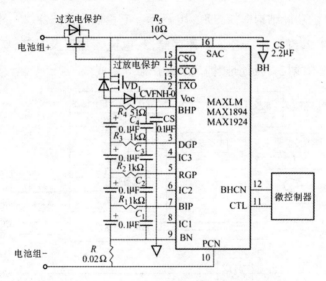

图 8－9　两个器件组成的保护器电路示意图

6. 锂离子电池监控器

锂离子电池监控器除了有保护电路功能外（可保护电池在充电、放电过程中免于过充电、过放电和过热）,还能输出电池剩余能量信号（LCD 显示器可形象地显示出电池剩余能量）,这样可随时了解电池的剩余能量状态,以便及时充电或更换电池。它主要用于有 μC 或 μP 的便携式电子产品中,如手机、摄像机、照相机、医疗仪器和音、视频装置等。

我们以 DS2760 为例说明该器件的特点、内部结构及应用电路。该器件有温度传感器,能检测双向电流的电流检测器及电池电压检测器,并有 12 位 ADC 将模拟量转模成数字量;有多种存储器,能实现电池剩余能量的计算。它是集数据采集、信息计算与存储及安全保护于一身。另外,它具有外围元件少、电路简单、器件封装尺寸小(3.25 mm × 2.75 mm,管芯式 BGA 封装)的特点。

DS2760 的内部有 25 mΩ 检测电阻,能检测双向(充电及放电)电流(但自身阻值极小,损耗极小);电流分辨率为 0.625 mA,动态范围为 1.8 A,并有电流累加计算;电压测量分辨率为 48 mV;温度测量分辨率可达 0.125 ℃;由 ADC 转换的数字量存储在相应的存储器内,通过单线接口与主系统连接,可对锂离子电池组成的电源进行管理及控制,即实现与内部存储器进行读、写访问及控制。器件功耗低:工作状态时最大电流为 80 μA,节能状态(睡眠模式)时小于 2 μA。

DS2760 的功能结构框如图 8-10 所示。它由温度传感器、25 mΩ 电流检测电阻、多路器、基准电压、ADC、多种存储器、电流累加器及时基、状态/控制电路、与主系统单线接口及地址、锂离子保护器等组成。

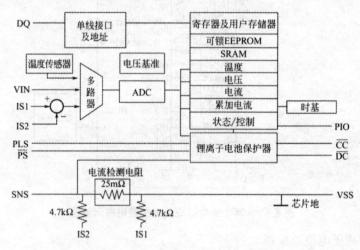

图 8-10　DS2760 的功能结构框示意图

DS2760 有 EEPOM、可锁 EEPROM 及 SRAM 三种形式的存储器,EEPOM 用于保护电池的重要数据,可锁 EEPROM 用作 ROM,SRAM 可暂用作数据的存储。

应用电路并不复杂,如图 8 - 11 所示。两个 P 沟道功率 MOSFET 分别控制充电及放电,BAT + 、BAT - 之间连接锂离子电池,PACK + 、PACK - 为电池组的正负端,DATA 端为系统接口。该电路适用于单节锂电池,贴片式元器件占空间很小,亦可放在电池中。

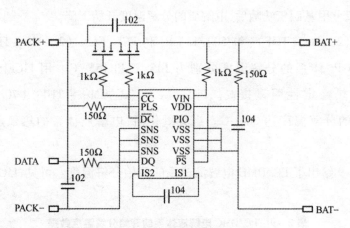

图 8 - 11　应用电路示意图

7. 锂离子电池体系热变化与控制

电池体系的温度变化由热量的产生和散发两个因素决定,其热量的产生来自热分解和(或)电池材料之间的反应。

电池中某一部分发生偏差时,如内部短路、大电流充放电和过充电,则会产生大量的热,导致电池体系的温度增加。电池体系达到一定的温度时,就会导致系列分解反应,使电池受到热破坏。同时由于锂离子电池中的液体电解质为易燃有机化合物,因此体系的温度达到较高时电池会着火。当产生的热量不大时,电池体系的温度不高,此时电池处于安全状态。锂离子电池内部产生热量的原因主要有以下几种。

①电池电解质与负极的反应。虽然电解质与金属锂或碳材料之间有一层界面保护膜,保护膜的存在使得它们的反应受到限制。但当温度达到一定高度时,反应活性增加,该界面膜不足以防止材料间的反应,只有在生成更厚的保护膜时才能防止反应的发生。由于反应为放热反应,电池体系的温度将增加,如在进行电池的热测试时则说明体系发生放热反应。将电池置于保温器中,当空气温度升高到一定时,电池体系的温度将上升,且比周围空气的温度更高,但是

经过一段时间后,又恢复到周围的空气温度。这表明当保护膜达到一定厚度后,反应停止,无疑,不同类型的保护膜与反应温度有关。

②电解质中存在的热分解。锂离子电池体系达到一定温度时,电解质会发生分解并产生热量。对于 $EC-PC/LiAsF_6$ 电解质,开始分解温度为 190 ℃左右。加入 2-甲基四氢呋喃后,电解质的分解温度开始下降。

$EC-(2-Me-THF)(50/50)/LiAsP_6$ 和 $PC-EC-(2-Me-THF)(70/15/15)LiAsP_6$ 体系的分解温度分别为 145 ℃和 155 ℃。用 $LiCF_3SO_3$ 取代 $LiAsP_6$ 后,热稳定性明显提高。$PC-EC-(2-Me-THF)(70/15/15)/LiCF_3SO_3$ 的分解温度达 260 ℃。当其氧化后,电解质体系的热稳定性明显下降。

表 8-9 给出了 PC/DME 电解液体系的开始分解温度。可见,$LiCF_3SO_3$ 盐最稳定。

表 8-9　PC/DMC 电解液体系的开始分解温度数据

溶剂	电解质盐	添加剂	分解温度/℃	溶剂	电解质盐	添加剂	分解温度/℃
PC/DMC	无	无	265	PC/DMC	无	MnO_2	132
	$LiClO_4$	无	217		$LiClO_4$	MnO_2	138
	$LiCF_3SO_3$	无	268		$LiCF_3SO_3$	MnO_2	144
	$LiPF_6$	无	156		无	金属锂/MnO_2	187
	无	金属锂	185		$LiClO_4$	金属锂/MnO_2	173
	$LiClO_4$	金属锂	149		$LiCF_3SO_3$	金属锂/MnO_2	171
	$LiCF_3SO_3$	金属锂	155				

③电解质与正极的反应。由于锂离子电池电解质的分解电压高于正极的电压,因此电解质与正极的反应很少发生。但是当发生过充电时,正极将变得不稳定,与电解质发生氧化反应而产生热。

④负极材料的热分解。作为负极材料,金属锂在 180 ℃时会吸热熔化,负极加热到 180 ℃以上时,电池温度将停留在 180 ℃左右。必须注意的是,熔化的锂易流动,而导致短路。

对于碳负极而言,Li_2C_2 在 180 ℃发生分解产生热量。针刺实验表明,锂的插入安全限度为 60%,插入量过多时,易导致在较低的温度下负极材料发生放热分解。

⑤正极材料的热分解。工作电压高于 4 V 时,正极材料将呈现不稳定,特

别是处于充电状态时,正极材料会在 180 ℃时发生分解。与其他正极材料相比较,V_2O_5 正极比较稳定,其熔点(吸热)为 670 ℃,沸点为 1690 ℃。4 V 正极材料处于充电状态时,它们的分解温度按如下顺序降低:$LiMnO_4$ > $LiCO_2$ > $LiNiO_2$。$LiNiO_2$ 的可逆容量高,但是不稳定,通过掺杂如加入 Al、CO、Mn 等元素,可有效提高其热稳定性。

⑥正极活性物和负极活性物的熔变。锂离子电池充电时吸热,放电时放热,主要是由于锂嵌入正极材料中的熵发生了改变。

⑦电流通过内阻而产生热量。电池存在内阻(Rc),当电流通过电池时,内阻产生的热可用 I_2Rc 进行计算。其热量有时亦为极化热。当电池外部短路时,电池内阻产生的热占主要地位。

⑧其他。对于锂离子电池而言,负极电位接近金属锂的电极电位,因此除了上述反应外,与胶黏剂等的反应亦须考虑,如含氟胶黏剂(包括 PVDF)与负极发生反应产生的热量。当采用其他胶黏剂如酚醛树脂基胶黏剂可大大减少电池热量的产生。此外,溶剂与电解质盐也会导致反应热的生成。

降低电池体系的热量和提高体系的抗高温性能,电池体系则安全。此外,在电池制作工艺中采用不易燃或不燃的电解质,如陶瓷电解质、熔融盐等,亦可提高电池的抗高温性能。表 8-10 列出了不同锂离子电池体系的热反应数据。

表 8-10　不同锂离子电池体系的热反应数据

温度范围/℃	反应类型	热反应结果	放出热/(J/g)
120～150	Li_xC_6 + 电解质(液体)	破坏钝化膜	350
130～180	聚乙烯隔膜融化	吸热	−190
160～190	聚丙烯隔膜融化	吸热	−90
180～500	$LiNiO_2$ + 电解质	析热峰位约200 ℃	600
220～500	$LiCoO_2$ + 电解质	析热峰位约230 ℃	450
150～300	$LiMn_2O_4$ + 电解质	析热峰位约300 ℃	450
130～220	$LiPF_6$ + 溶剂	能量较低	250
240～350	Li_xC_6 + PVDF 胶黏剂	剧烈反应	1500

五、锂离子电池的基本组成及关键材料

锂离子电池是化学电源的一种。我们知道,化学电源在实现能量转换过程中,必须具备以下条件。

①组成电池的两个电极进行氧化还原反应的过程,必须分别在两个分开的区域进行,这有别于一般的氧化还原反应。

②两种电极活性物进行氧化还原反应时,所需要的电子必须由外电路传递,它有别于腐蚀过程的微电池反应。

为了满足以上条件,不论电池是什么系列、形状、大小,均由以下几个部分组成:电极(活性物质)、电解液、隔膜、黏结剂、外壳;另外,正、负极引线,中心端子,绝缘材料,安全阀,PTC(正温度控制端子)等也是锂离子电池不可或缺的部分。下面扼要介绍锂离子电池中的几个组成部分,即电极材料、电解液、隔膜和黏结剂。

(一)电极材料

电极是电池的核心,由活性物质和导电骨架组成。正、负极活性物质是产生电能的源泉,是决定电池基本特性的重要组成部分。如在锂离子电池中,目前商品化的锂离子电池的正极活性物质一般为 $LiCoO_2$,目前科学研究的热点正在朝着无钴材料努力,市场上也有部分正极材料采用 $LiMn_2O_4$。

电源内部的非静电力是将单位正电荷从电源负极经内电路移动到正极过程中做的功。电动势的符号是 ε,单位是伏(V)。电源是一种把其他形式能转变为电能的装置。要在电路中维持恒定电流,只有静电场力还不够,还需要有非静电力。电源则提供非静电力,把正电荷从低电势处移到高电势处,非静电力推动电荷做功的过程,就是其他形式的能转换为电能的过程。

电动势是表征电源产生电能的物理量。不同电源非静电力的来源不同,能量转换形式也不同。如化学电动势(干电池、纽扣电池、蓄电池、锂离子电池等)的非静电力是一种化学作用,电动势的大小与电源大小无关;发电机的非静电力是磁场对运动电荷的作用力;光生电动势(光电池)的非静电力来源于内光电效应;而压电电动势(晶体压电点火、晶体话筒等)来源于机械功造成的极化现象。

当电源的外电路断开时,电源内部的非静电力与静电场力平衡,电源正、负极两端的电压等于电源电动势。当外电路接通时,端电压小于电动势。

对锂离子电池而言,其对活性物质的要求是:首先组成电池的电动势高,即正极活性物质的标准电极电位越正,负极活性物质标准电极电位越负,这样组成的电池电动势就越高。

以锂离子电池为例,其通常采用 $LiCoO_2$ 作为正极活性物质,碳作为负极活性物质,这样可获得高达 3.6 V 以上的电动势;其次就是活性物质自发进行反应的能力越强越好;电池的重量比容量和体积比容量要大,$LiCoO_2$ 和石墨的理论重量比容量都较大,分别为 279 $mA \cdot h/g$ 和 372 $mA \cdot h/g$;而且,要求活性物质在电解液中的稳定性高,这样可以减少电池在储存过程中的自放电,从而提高电池的储存性能;此外,对活性物质要求有较高的电子导电性,以降低其内阻;当然从经济和环保方面考虑,要求活性物质来源广泛,价格便宜,对环境友好。

1. 正极材料

锂离子电池正极活性物质的选择除上述要求外,还有其特殊的要求,具体来说,锂离子电池正极材料的选择必须遵循以下原则。

①正极材料具有较大的吉布斯自由能,以便与负极材料之间保持一个较大的电位差,提供电池工作电压(高比功率)。

②锂离子嵌入反应时的吉布斯自由能改变 ΔG 小,即锂离子嵌入量大且电极电位对嵌入量的依赖性较小,这样可以确保锂离子电池工作电压稳定。

③较宽的锂离子嵌入/脱嵌范围和相当的锂离子嵌入/脱逸量(比容量大)。

④正极材料需有大的孔径"隧道"结构,以利于锂离子在充、放电过程中在其中嵌入/脱逸。

⑤锂离子在"隧道"中有较大的扩散系数和迁移系数,以保证大的扩散速率,并具有良好的电子导电性,以提高锂离子电池的最大工作电流。

⑥正极材料具有大的界面结构和表观结构,以增加放电时嵌锂的空间位置,提高其嵌锂容量。

⑦正极材料的化学、物理性质均一,其异动性极小,以保证电池良好的可逆性(循环寿命长)。

⑧与电解液不发生化学或物理的反应。

⑨与电解质有良好的相容性,热稳定性高,以保证电池安全工作。

⑩重量轻,易于制作适用的电极结构,以便提高锂离子电池的性价比。正

极材料无毒、价廉,易制备。

常用的正极活性物质除 $LiCoO_2$ 外,还有 $LiMn_2O_4$ 等。表 8 – 11 列出了部分正极材料的有关性能数据。

表 8 – 11　部分正极材料的工作电压和能量数据

正极材料	电压 (vs. Li^+/Li)/V	理论容量 /($A \cdot h/kg$)	实际容量 /($A \cdot h/kg$)	理论比能量 /($W \cdot h/kg$)	实际比能量 /($W \cdot h/kg$)
$LiCoO_2$	3.8	273(1)	140	1037	532
$LiNiO_2$	3.7	274(1)	170	1013	629
$LiMn_2O_4$	4.0	148(1)	110	592	440
V_2O_5	2.7	440(3)	200	1200	540
V_6O_{13}	2.6	420(8)	200	1000	520
$Li_xMn_2O_4$	2.8	210(0.7)	170	588	480
$Li_4Mn_5O_{12}$	2.8	160(3)	140	448	392

说明:表中括号内的数值是锂离子的最大嵌入/脱出数;表中数据用金属锂作为负极材料参比。

用于商品化的锂离子电池正极材料 $LiCoO_2$,属于 $\alpha – NaFeO_2$ 型结构。层状岩盐钴酸锂的合成方法主要有高温固相法、低温共沉淀法和凝胶法,比较成熟的是高温固相法,有关方法在以后章节中详细介绍。

钴是一种战略元素,全球的钴储量十分有限,其价格昂贵而且毒性大,因此,以 $LiCoO_2$ 作为正极活性物质的锂离子电池成本偏高;另外,$LiCoO_2$ 中,可逆地脱嵌锂的量为 0.5 ~ 0.6 mol,过充电时脱出的锂大于 0.6 mol 时,过量的锂以单质锂的形式沉积于负极,亦会带来安全隐患。$LiCoO_2$ 过充后所产生的 CoO_2 对电解质氧化的催化活性很强,同时,CoO_2 起始分解温度低(约 240 ℃),放出的热量大(1000 J/g)。因此用 $LiCoO_2$ 做锂离子电池正极材料亦存在严重的安全隐患,它只适合小容量的单体电池单独使用。

相对于金属钴而言,金属镍要便宜得多,世界上已经探明镍的可采储量约为钴的 14.5 倍,而且毒性也较低。镍和钴的化学性质接近,$LiNiO_2$ 和 $LiCoO_2$ 具有相同的结构。两种化合物同属于 $\alpha – NaFeO_2$ 型二维层状结构,适用于锂离子的脱出和嵌入。$LiNiO_2$ 不存在过充电和过放电的限制,具有较好的高温稳定性,其自放电率低,污染小,对电解液的要求低,是一种很有前途的锂离子电池正极材料;然而 $LiNiO_2$ 在充放电过程中,其结构欠稳定,且制作工艺条件苛刻,不易制备得到稳定 $\alpha - NaFeO_2$ 型二维层状结构的 $LiNiO_2$。

$LiNiO_2$ 通常采用高温固相法反应合成,以 $LiOH$、$LiNO_3$、Li_2O、Li_2Co_3 等锂盐和 $Ni(OH)_2$、$NiNO_3$、NiO 等镍盐为原料,镍与锂的摩尔比为 $(1:1.1) \sim (1:1.5)$,将反应物混合均匀后,压制成片或丸,在 650 ℃ ~850 ℃ 的富氧气氛中煅烧 5 ~16 h 制得。

同锂钴氧化物和锂镍氧化物相比,锂锰氧化物的安全性、耐过充性更好。原料锰资源丰富、价格低廉及无毒性,是最具发展前途的正极材料之一。锂锰氧化物主要有两种,即层状结构的 $LiMnO_2$ 和尖晶石结构的 $LiMn_2O_4$。

尖晶石型的 $LiMn_2O_4$ 属立方晶系,具有 Fd_3m 空间群;其理论容量为 148 $mA \cdot h/g$。其中氧原子构成面心立方紧密堆积(ccp),锂和锰分别占据 ccp 堆积的四面体位置(8a)和八面体位置(16d),其中四面体晶格 8a、48f 和八面体晶格 16c 共同构成互通的三维离子通道,适合锂离子自由脱出和嵌入。

尖晶石 $LiMn_2O_4$ 的制法有高温固相法、融盐浸渍法、共沉淀法、pechini 法、喷雾干燥法、溶胶 – 凝胶法、水热合成法等。

在充、放电过程中,$LiMn_2O_4$ 会发生由立方晶系到四方晶系的相变,导致容量衰减严重,循环寿命低。目前,研究者通过掺杂其他半径和价态与 Mn 相近的金属原子(Co、Ni、Cr、Zn、Mg 等)来改善其电化学性能,效果明显。但是总的来说,这些掺杂元素的加入量不宜过多,过多的掺杂物将使得电池的容量明显降低。其次,在化学计量的 $LiMn_2O_4$ 中添加适量的锂盐亦可以提高其晶体结构的稳定性。

尖晶石型的 LiM_2O_4($M = Mn$、Co、V 等)中 M_2O_4 骨架是一个有利于锂离子扩散的四面体和八面体共面的三维网络。其典型代表是 $LiMn_2O_4$。在加热过程中易失去氧而产生电化学性能差的缺氧化合物,使高容量的 $LiMn_2O_4$ 制备较复杂。尖晶石型特别是掺杂型 $LiMn_2O_4$ 的结构与性能的关系仍是今后锂离子电池电极材料研究的方向。

层状 $LiMnO_2$ 同 $LiCoO_2$ 一样,具有 $\alpha - NaFeO_2$ 型层状结构,理论容量为 286 $mA \cdot h/g$。$LiMnO_2$ 在空气中稳定,是一种具有潜力的正极材料。它的制备方法也是多种多样的,如通过高温固相法制备的层状 $LiMnO_2$ 在 2.5～4.3 V 间充、放电,可逆容量可达 200 mA·h/g。经过第一次充电,正交晶系的 $LiMnO_2$ 会转变成尖晶石型的 $LiMn_2O_4$,因此可逆容量很差。

除上述过渡金属氧化物作为锂离子电池正极材料外,目前研究关注的热点正极材料还有多元酸根离子体系 $LiMXO_4$、$Li_3M_2(XO_4)_3$(其中 M = Fe、Co、Mn 等;X = P、S、Si 等)。

自从 1997 年有人报道了锂离子可在 $LiFePO_4$ 中可逆地脱嵌以来,具有有序结构的橄榄石型 $LiMPO_4$ 材料就受到了广泛的关注。美国的 Valence 公司已将类似材料应用于该公司的聚合物电池之中。

磷酸铁锂($LiFePO_4$)具有规整的橄榄石晶体结构,属于正交晶系(Pmnb),每个晶胞中有 4 个 $LiFePO_4$ 单元。其晶胞参数为 $a = 0.6008$ nm,$b = 1.0324$ nm 和 $c = 0.4694$ nm。图 8 – 12 为 $LiFePO_4$ 的立体结构示意图。

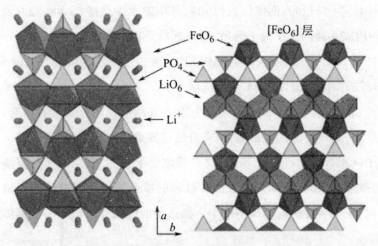

图 8 – 12　磷酸铁锂的立体结构示意图

在 $LiFePO_4$ 中,氧原子以稍微扭曲的六方紧密堆积方式排列,铁与锂各自处于氧原子八面体的中心位置,形成 FeO_6 八面体和 LiO_6 八面体。交替排列的 FeO_6 八面体、LiO_6 八面体和 PO_4 四面体形成层状脚手架结构。在 bc 平面上,相邻的 FeO_6 八面体通过共用顶点的一个氧原子相连,构成 FeO_6 层。在 FeO_6 层之间,相邻的 LiO_6 八面体在 b 方向上通过共用棱的两个氧原子相连成链。每个 PO_4 四面体与 FeO_6 八面体共用棱上的两个氧原子,同时又与两个 LiO_6 八面体共用棱上的氧原子。

纯相的 $LiFePO_4$ 橄榄石理论比容量为 170 $mA \cdot h/g$,实际比容量可达 160 $mA \cdot h/g$ 左右。稳定的橄榄石结构使 $LiFePO_4$ 正极材料具有以下优点:①较高的理论比容量和工作电压,1 mol $LiFePO_4$ 可以脱嵌 1 mol 锂离子,其工作电压约为 3.4 V;②优良的循环性能,特别是高温循环性能,而且提高使用温度还可以改善它的高倍率放电性能;③优良的安全性能;④较高的振实密度(3.6 mg/cm^3),其质量、体积能量密度较高;⑤铁资源丰富、价廉并且无毒,$LiFePO_4$ 被认为是一种环境友好型正极材料。

尽管如此,$LiFePO_4$ 正极材料也有它的不足之处:离子和电子传导率都很低;合成过程中,亚铁离子极易被氧化成三价铁离子;同时需要较纯的惰性气氛体做保护。目前 $LiFePO_4$ 的研究难点是,合成工艺困难、电极材料的高倍率充放电性能较差。

作为锂离子电池正极材料最基本的条件,就是在结构稳定的前提下,在电池充、放电过程中,锂离子能够可逆地从该材料结构中脱出和嵌入。许多磷酸盐都具有类似于钠快离子导体(NASICON, sodium super ion conductor)的结构。这类化合物存在足够的空间以传导钠离子、锂离子等碱金属离子,而且最重要的一点是,该类化合物具有比过渡金属氧化物稳定得多的结构,即使在脱出锂离子与过渡金属原子摩尔比大于 1 的时候仍然具有超乎寻常的稳定性。$Li_3V_2(PO_4)_3$ 就是这样一种具有 NASICON 结构的化合物。

$Li_3V_2(PO_4)_3$ 是 NASICON 结构化合物的一种,该化合物具有两种晶型,即斜方(Trigonal/Rhombohedral)和单斜晶系(Monoclinic),分别如图 8 - 13(a) 和(b)所示。在 $Li_3V_2(PO_4)_3$ 中,PO_4 四面体 VO_6 通过共用顶点氧原子而组成三维骨架结构,每个 VO_6 八面体周围有 6 个 PO_4 四面体,而每个 PO_4 四面体周围有 4 个 VO_6 八面体。这样就以 A_2B_3(其中 $A = VO_6$、$B = PO_4$)为单元形成三维网状结构,每个单晶由 4 个 A_2B_3 单元构成,晶胞中共 12 个锂离子。图 8 - 13(c)给出了单斜晶系 $Li_3V_2(PO_4)_3$ 的立体图。

上述两种晶型中,只有斜方晶系是 NASICON 结构的化合物,在斜方晶系 $Li_3V_2(PO_4)_3$ 中,A_2B_3 单元平行排列(图 8 - 13(a)),而在单斜晶系 $Li_3V_2(PO_4)_3$ 中,A_2B_3 单元排列成 Z 字形(图 8 - 13(b)),这样就减小了客体锂离子嵌入所占据的空间。这两种晶型都存在三个相,不同的温度下存在不同相的转变:低温时为 α 相,中温时为 β 相,高温时为 γ 相。相与相之间的转化是可逆的, $\alpha \rightarrow \beta$, $\beta \rightarrow \gamma$ 的相变仅仅是由于锂原子在占据位置上的分布不同, $\beta \rightarrow \gamma$ 相的转变就是一种从有序到无序相的转变。120 ℃时, $Li_3V_2(PO_4)_3$ 从 α 相转变为 β 相,180 ℃时,则从 β 相转变为 γ 相。

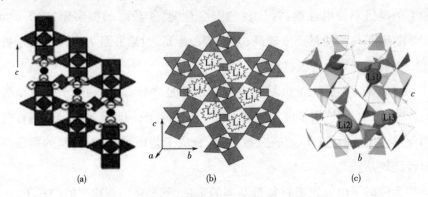

图 8 - 13　两种不同晶型 $Li_3V_2(PO_4)_3$ 的示意图

锂离子电池正极通常由活性物质,如 $LiCoO_2$ 、$LiNi_xCo_{1-x}O_2$ 或 $LiMn_2O_4$ 中的一种物质与导电剂(如石墨、乙炔黑)及胶黏剂(如 PVDF、PTFE)等混合均匀,搅拌成糊状,均匀地涂覆在铝箔的两侧,涂层厚度为 15 ~ 20 μm ,在氮气流下干燥以除去有机物分散剂,然后用辊压机压制成型,再按要求剪切成规定尺寸的极片。各厂家的极片配方略有不同,表 8 - 12 是常见正极活性物质配方组成。

表 8 - 12　正极活性物质配方

配方	LiCoO$_2$	LiNiO$_2$	LiNi$_x$Co$_{1-x}$O$_2$	LiMn$_2$O$_4$	石墨	乙炔黑	PTFE	PVDF
1	80					15	5	
2		83.3				12.2		4.5
3			85($x = 0.8$)			10		5
4				65	28			7

2. 负极材料

在锂离子电池中,以金属锂作为负极时,电解液与锂发生反应,在金属锂表面形成锂膜,导致锂枝晶生长,容易引起电池内部短路和电池爆炸。

当锂在碳材料中的嵌入反应时,其电位接近锂的电位,并不易与有机电解液反应,并表现出良好的循环性能。

采用碳材料做负极的电池充、放电时,在固相内的锂会发生嵌入—脱嵌反应。

除碳基负极材料外,非碳基负极材料的发展也十分引人注目。图 8－14 列出了碳基与非碳基负极材料的分类。

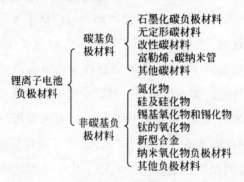

图 8－14　锂离子电池负极材料分类一览图

石墨化碳材料的理论容量为 372 mA·h/g,但其制备温度高达 2800 ℃。无定形碳则是在低温下制备,并具有高理论容量的一类电极材料。无定形碳材料的制备方法较多,最主要有两种:①将高分子材料在较低的温度(< 1200 ℃)下于惰性气氛中进行热处理;②将小分子有机物进行化学气相沉积。高分子材料的种类比较多,例如聚苯、聚丙烯腈、酚醛树脂等。小分子有机物包括苊、六苯并苯、酚酞等。这些材料的 X 射线衍射图中没有明显的(002)面衍射峰,均为无定形结构,由石墨微晶和无定形区组成。无定形区中存在大量的微孔结构。其可逆容量在合适的热处理条件下,均大于 372 mA·h/g,有的甚至超过 1000 mA·h/g。

锂嵌入无定形碳材料时,首先嵌入石墨微晶中,然后进入石墨微晶的微孔中。在嵌脱过程中,锂先从石墨微晶中发生嵌脱,然后才是微孔中的锂通过石墨微晶发生嵌脱,因此锂在发生嵌脱的过程中存在电压滞后现象。此外,由于没有经过高温处理,碳材料中残留有缺陷结构,锂嵌入时首先与这些结构发生反应,导致电池首次充、放电效率低;同时,由于缺陷结构在循环时不稳定,使得电池容量随循环次数的增加而衰减较快。尽管无定形碳材料的可逆容量高,但由于这些问题目前尚未得到解决,因此它还不能达到实际应用的要求。

新型负极材料包括薄膜负极材料、纳米负极材料和新型核/壳结构负极材料等。薄膜负极材料主要用于微电池中,包括复合氧化物、硅及其合金等,主要

的制备方法有射频磁控喷射法、直流磁控喷射法和气相化学沉积法等,其应用
领域主要是微电子行业。纳米负极材料的开发是利用材料的纳米特性,减少
充、放电过程中体积膨胀和收缩对结构的影响,从而改进循环性能。研究表明,
纳米特性的有效利用可改进这些负极材料的循环性能,然而离实际应用还有距
离。关键原因是,纳米粒子随充、放电循环的进行而逐渐发生结合,从而又失去
了纳米粒子特有的性能,导致其结构被破坏,可逆容量发生衰减。对于纳米氧
化物而言,首次充、放电效率不高,需要消耗较多的电解液,所以纳米材料主要
集中于金属或金属合金。制备的负极材料膜厚度一般不超过 500 nm,因为过厚
的膜容易导致结构发生变化,容量发生衰减。据有关报道,通过改善沉积基体
的表面结构,在膜厚度高达 615 μm 的时候,膜的可逆容量还在 1600 mA·h/g
以上,同时具有较好的循环性能。由于应用了化学溅射法或真空蒸发法,其制
备工艺成本高。

　　表 8 - 13 为锂离子电池负极材料的中间相碳微球(MCMB)的性能;表 8 -
14 列出了不同热处理温度及不同类别的碳负极材料的物理性能;表 8 - 15 是各
种碳材料的充、放电容量性能比较。

表 8 - 13　锂离子电池负极材料的中间相碳微球(MCMB)的性能

项目	真密度 /(g/cm³)	振实密度 /(g/cm³)	比表面积 /(m²/g)	平均粒径 D_{50}/μm	比容量/(mA·h/g)		首次放电效率/%
					充电	放电	
控制指标	≥2.16	≥1.25	0.3 ~ 3.0	6 ~ 25	≥330	≥300	≥90

表 8 - 14　各种负极材料的物理性能

碳样品	HTT[①]/℃	d_{002}/nm	L_c[②]/nm	比表面积/(m²/g)	密度/(g/cm³)
碳纤维	900	0.347	1.8	4.98	1.85
碳纤维	1500	0.347	4.5	3.0	2.1
碳纤维	2000	0.347	13	2.14	2.17
碳纤维	2300	0.340	16	4.36	2.2
碳纤维	3000	0.3375	34	1.8	2.22
石油焦	1300	0.345	3.3	9	2.1
人造石墨	3000	0.3354	>100	3.3	2.25
天然石墨		0.3355	>100	5	2.25

　　①HTT 表示热处理温度。②L_c 表示激光 Raman 光谱,用 514 nm 的 Ar 激光(JASCO,
NR1800)测定。

表 8 - 15　各种碳材料的充、放电容量性能

碳材料	放电容量 /(mA·h/g)	充电容量(至 1 V) /(mA·h/g)	充电容量(至 2.5 V) /(mA·h/g)
热解碳	210.5	163.5	175.8
沥青基碳	262.5	189.5	219.3
中间相沥青碳(球状)	181.3	147.8	157.9
中间相沥青碳(纤维状)	226.3	183.1	212.8

负极片的制作是将负极活性物质碳或石墨与约 10% 的胶黏剂(如 PVDF、聚亚胺添加剂)混合均匀,制成糊状,均匀涂敷在铜箔两侧,干燥后,辊压至 25 μm,按要求剪成规定尺寸。

3. 电解质

电解质是电池的主要组成部分之一,其功能与电池装置无关。电解质在电池、电容器、燃料电池的设备中,承担着通过电池内部在正、负电极之间传输离子的作用。它对电池的容量、工作温度范围、循环性能及安全性能等都有重要的影响。由于其物理位置在正、负极电极的中间,并且与两个电极都发生紧密联系,所以当研发出新的电极材料时,与之配套的电解液的研制也需同步进行。在电池中,正极和负极材料的化学性质决定着电池的输出能量,对电解质而言,在大多数情况下,则通过控制电池的质量流量比来控制电池的释放能量速度。

根据电解质的形态特征,电解质分为液体和固体两大类,它们都是具有高离子导电性的物质,在电池内部起着传递正、负极之间电荷的作用。不同类型的电池采用不同的电解质,如铅酸电池的电解质采用水溶液;而锂离子电池的电解液不能采用水溶液,这是由于水的析氢析氧电压窗口较小,不能满足锂离子电池高电压的要求;此外,目前所采用的锂离子电池正极材料在水体系中的稳定性较差。因此,锂离子电池的电解液都采用锂盐有机溶液作为电解液(如 $LiPF_6/EC + DMC$)。但由于水溶液体系具有来源较广及电导率较高等优势,研究工作者们也正在努力开发这种新型电解液。

(1)非水溶液体系电解液。在锂离子电池的制造工艺中,选择电解液的一般原则如下:

①化学和电化学稳定性好,即它与电池体系的电极材料,如正极、负极、集流体、隔膜黏结剂等基本上不发生反应;

②具有较高的离子导电性,一般能达到 $1 \times 10^{-3} \sim 2 \times 10^{-2}$ S/cm,介电常数高,黏度低,离子迁移的阻力小;

③沸点高,冰点低,在 $-40\ ℃ \sim 70\ ℃$ 的温度范围内保持液态,适用于改善电池的高、低温特性;

④对添加至其中的溶质的溶解度大;

⑤对电池正、负极有较高的循环效率;

⑥具有良好的物理和化学综合性能,比如蒸气压低、化学稳定性好、无毒且不易燃烧等。

除上述要求外,用于锂离子电池的电解液一般还应满足以下基本要求:

①高的热稳定性,在较宽的温度范围内不发生分解;

②较宽的电化学窗口,在较宽的电压范围内保持电化学性能的稳定;

③与电池其他部分例如电极材料、电极集流体和隔膜等具有良好的相容性;

④组成电解质的任一组分易于制备或购买;

⑤能最大限度地促进电极可逆反应的进行。

能够溶解锂盐的有机溶剂比较多。表 8 – 16 给出了部分有机溶剂的物理性能,包括熔点、沸点、相对介电常数、黏度、偶极矩、给体数 D. N. 和受体数 A. N. 等。

表 8 – 16　部分有机溶剂的物理性能数据

溶剂	熔点/℃	沸点/℃	相对介电常数	黏度/mPa·s	偶极矩/3.33564×10^{-39} C·m	D. N.	A. N.	密度(20 ℃)/(g/cm³)	闪点/℃
乙腈	-44.7	81.8	38	0.345	3.94	14.1	18.9	0.78	2
EC	39	248	89.6 (40 ℃)	1.86 (40 ℃)	4.80	16.4		1.41	150
PC	-49.2	241.7	64.4	2.530	4.21	14.1	18.3	1.21	135
BC	-53	240	53	3.2				1.21	
1,2-BC	-53	240	55.9					1.15	80
BEC		167		1.3		7.7	2.3	0.94	
BMC		151		1.1		8.4	2.5	0.96	
DBC		207		2.0			3.8	0.92	
DEC	-43	127	2.8	0.75				0.97	33
DMC	3	90	3.1	0.59				1.07	15

注:表中 EC—碳酸乙烯酯;PC—碳酸丙烯酯;BC—碳酸丁烯酯;1,2-BC—1,2-二甲基乙

烯碳酸酯；BEC—碳酸乙丁酯；BMC—碳酸甲丁酯；DBC—碳酸二丁酯；DEC—碳酸二乙酯；DMC—碳酸二甲酯；CIEC—氯代乙烯碳酸酯；CF3-EC—三氟甲基碳酸乙烯酯；DPC—碳酸二正丙酯；DIPC—碳酸二异丙酯；EMC—碳酸甲乙酯；EPC—碳酸乙丙酯；EIPC—碳酸乙异丙酯；MPC—碳酸甲丙酯；MIPC—碳酸甲异丙酯；DME—二甲氧基乙烷；DEE—二乙氧基乙烷；THF—四氢呋喃；MeTHF—2-甲基四氢呋喃；DGM—缩二乙二醇二甲醚；TGM—缩三乙二醇二甲醚；TEGM—四乙二醇二甲醚；1,3-DOL—1,3-二氧戊烷；DMSO—二甲基亚砜；D. N.—给体数；A. N.—受体数。

电解质锂盐是供应锂离子的源泉，合适的电解质锂盐应满足以下条件：热稳定性好，不易发生分解；溶液中的离子电导率高；化学稳定性好，即不与溶剂、电极材料发生反应；电化学稳定性好，其阴离子的氧化电位高而还原电位低，具有较宽的电化学窗口；分子量低，在适当的溶剂中具有良好的溶解性；锂在正、负极材料中的嵌入量高和可逆性好等；电解质成本低。

常用的锂盐有 $LiClO_4$、$LiBF_6$、$LiPF_6$、$LiAsF_6$ 和某些有机锂盐，如 $LiCF_3SO_3$、$LiC(SO_2CF_3)_3$。在配制电解液工艺中，取上述锂盐按照一定比例溶入表 8 – 17 中的溶剂体系来组成锂离子电池用电解液。锂离子电池常用的电解液体系有 1 mol/L $LiPF_6$/PC-DEC（1∶1）、PC-DMC（1∶1）和 PC-MEC（1∶1）或 1 mol/L $LiPF_6$/EC-DEC（1∶1）、EC-DMC（1∶1）和 EC-EMC（1∶1）。

表 8 – 17　不同组成的 $LiMn_2O_4$ 样品的成分和 Mn 的氧化态

样品	组成	Mn 氧化态
MnA	$Li_{1.027}Mn_{1.973}O_{4.038}$	3.5727
MnB	$Li_{1.027}Mn_{1.973}O_{4.038}$	3.5727
MnC	$Li_{1.02}Mn_2O_{4.05}$	3.5400
MnD	$Li_{1.033}Mn_{1.967}O_4$	3.5425
MnE	$Li_{1.025}Mn_{1.975}O_{4.044}$	3.5762

电解液的离子电导率决定了电池的内阻和不同充、放电速率下的电化学行为，对电池的电化学性能的应用显得很重要。一般而言，溶有锂盐的非质子有机溶剂电导率最高可以达到 2×10^{-2} S/cm，但是与水溶液电解质相比则要低得多。许多锂离子电池中使用混合溶剂体系的电解液，这样可克服单一溶剂体系的一些弊端，有关电解液配方说明了这一点。当电解质浓度较高时，其导电行

为可用离子对模型进行说明。表 8 – 18 列出了部分电解液体系组成及其电导率的数据。

表 8 – 18　部分电解液体系组成及其电导率的数据

溶　剂	组成	电解质锂盐	浓度/(mol/L)	温度/℃	电导率/(S/cm)
DEC	—	LiAsF$_6$	1.5	25	5
DMC	—	LiAsF$_6$	1.9	25	11
EC/DMC	1：1(体积比)	LiAsF$_6$	1	25	11
EC/DMC	1：1(体积比)	LiAsF$_6$	1	55	18
EC/DMC	1：1(体积比)	LiAsF$_6$	1	– 30	0.26
EC/DMC	1：1(体积比)	LiPF$_6$	1	25	11.2
EC/DMC	1：1(质量比)	LiPF$_6$	1	– 20	3.7
EC/DMC	1：1(质量比)	LiPF$_6$	1	25	10.7
EC/DMC	1：1(质量比)	LiPF$_6$	1	60	19.5
EC/DMC	1：1(质量比)	Li$[(C_2F_5)_3PF_3]$	1	– 20	2.0
EC/DMC	1：1(质量比)	Li$[(C_2F_5)_3PF_3]$	1	25	8.2
EC/DMC	1：1(质量比)	Li$[(C_2F_5)_3PF_3]$	1	60	19.5
EC/DMC	1：1(体积比)	LiCF$_3$SO$_3$	1	25	3.1
EC/DMC	1：1(体积比)	LiN(CF$_3$SO$_2$)$_2$	1	25	9.2
EC/DMC	1：1(体积比)	LiN(CF$_3$SO$_2$)$_2$	1	55	14
EC/DMC	1：1(体积比)	LiCF$_3$SO$_3$	1	– 30	0.34

除了电解液的电导率影响其电化学性能外,电解液的电化学窗口及其与电池电极的反应也会影响电池的性能。

所谓电化学窗口是指发生氧化的电位 Eox 和发生还原反应的电位 Ered 之差。作为电池电解液,首先必备的条件是其与负极和正极材料不发生反应。因此,Ered 应低于金属锂的氧化电位,Eox 则须高于正极材料的锂嵌入电位,即必须在宽的电位范围内不发生氧化(正极)和还原(负极)反应。一般而言,醚类化合物的氧化电位比碳酸酯类的要低。溶剂 DME 一般多用于一次电池。而二次电池的氧化电位较低,常见的 4 V 锂离子电池在充电时必须补偿过电位,因此电解液的电化学窗口要求达到 5 V 左右。另外,测量的电化学窗口与工作电极和电流密度有关。电化学窗口与有机溶剂和锂盐(主要是阴离子)亦有关。部分溶剂发生氧化反应电位的高低顺序是:DME(5.1 V) < THF(5.2 V) < EC(6.2 V) < AN(6.3 V) < MA(6.4 V) < PC(6.6 V) < DMC(6.7 V)、DEC(6.7 V)、EMC

（6.7 V）。对于有机阴离子而言,其氧化稳定性与取代基有关。吸电子基,如 F 和 CF_3 等的引入有利于负电荷的分散,有利于提高其稳定性。以玻璃碳为工作电极的阴离子的氧化稳定性大小顺序为: $BPh_4 < ClO_4 < CF_3SO < [N(SO_2CF_3)_2]^- < C(SO_2CF_3) < SO_3C_4F < BF < AsF < SbF$。

电解液与电极的反应,主要针对与负极反应,如石墨化碳。从热力学角度而言,因为有机溶剂含有极性基团,如 $C-O$ 和 $C-N$,负极材料与电解液会发生反应。例如,以贵金属为工作电极,PC 在低于 1.5 V（以金属锂为参比）时发生还原,产生烷基碳酸酯锂。由于负极表面生成锂离子能通过的保护膜,防止了负极材料与电解液进一步还原,因而在动力学上是稳定的。如果使用 EMC 和 EC 的混合溶剂,保护膜的性能会进一步提高。对于碳材料而言,结构不同,同样的电解液组分所表现的电化学行为也是不一样的;同样,同一种碳材料在不同的电解液组分中所表现的电化学行为也不一样。例如,合成石墨在 PC/EC 的 1 mol/L 的 $Li[N(SO_2CF_3)_2]$ 溶液中,第一次循环的不可逆容量为 1087 mA·h/g,而在 EC/DEC 的 1 mol/L $Li[N(SO_2CF_3)_2]$ 溶液中,第一次不可逆容量仅为 108 mA·h/g。与水反应会生成 LiOH,有可能使保护膜的性能丧失,从而引起电解液的继续还原。因此在有机电解液中,水分的含量一般控制在 20×10^{-6} 以下。

溶剂与杂质在碳负极上发生的部分反应,其反应式如下:

$$C_3O_3H_4 + e \longrightarrow (C_3O_3H_4)^- + e + 2Li^+ \longrightarrow Li_2CO_3(s) + CH_2=CH_2(g)$$

$$2(C_3O_3H_4)^- + 2Li^+ \longrightarrow LiOCO_2CH_2CH_2CH_2CH_2OCO_2Li$$

$$CH_2=CH_2 + H_2 \longrightarrow CH_3CH_3(g)$$

$$PC + 2e + 2Li^+ \longrightarrow Li_2CO_3(s) + CH_3CH_2=CH_2(g)$$

$$DMC + Li^+ + e \longrightarrow CH_3OCO_2Li(s) + CH_3 \cdot$$

$$DEC + Li^+ + e \longrightarrow CH_3CH_2OCO_2Li(s) + CH_3CH_2 \cdot$$

$$2EMC + 2Li^+ + 2e \longrightarrow CH_3CH_2OCO_2Li(s) + CH_3OCO_2Li(s) + CH_3 \cdot + CH_3CH_2 \cdot$$

$$R \cdot + Li^+ + e \longrightarrow RLi$$

$$ROCO_2Li + Li^+ + e \longrightarrow R \cdot + Li_2CO_3(s)$$

$$\frac{1}{2}O_2 + Li^+ + 2e \longrightarrow Li_2O$$

$$H_2O + 2Li^+ + 2e \longrightarrow LiOH + \frac{1}{2}H_2$$

$$Li + HF \longrightarrow LiF + \frac{1}{2}H_2$$

$$Li_2CO_3 + 2HF \longrightarrow LiF + H_2O + CO_2$$

$$LiOH + HF \longrightarrow LiF + H_2O$$

$$Li_2O + 2HF \longrightarrow 2LiF + H_2O$$

电解液与正极材料的反应,主要是考虑电解液的氧化性。表 8 - 19 给出了丙烯酸碳酸酯基电解液的氧化分解电位随盐的种类、电极材料的变化,为设计电池的电解液体系提供了重要的信息数据。

表 8 - 19　不同的盐、电极材料对丙烯酸碳酸酯基电解液的氧化分解电位的影响

电　极	电解液的氧化分解电位(相对于 Li^+/Li)/V				
	$LiClO_4$	$LiPF_6$	$LiAsF_6$	$LiBF_4$	$LiCF_3SO_3$
Pt	4.25	—	4.25	4.25	4.25
Au	4.20	—	—	—	—
Ni	4.20	—	4.45	4.10	4.50
Al	4.00	6.20	—	4.60	—
$LiCoO_2$	4.20	4.20	4.20	4.20	4.20

电解质锂盐比较活泼,优先发生还原反应,其作为界面保护膜的主要成分,发生的分步反应如下:

$$Li[N(SO_2CF_3)_2] + ne + nLi^+ \longrightarrow Li_3N + Li_2S_2O_4 + LiF + Li_yC_2F_x$$

$$Li[N(SO_2CF_3)_2] + 2e + 2Li^+ \longrightarrow Li_2NSO_2CF_3 + LiSO_2CF_3$$

$$Li_2S_2O_4 + 4e + 4Li \longrightarrow Li_2SO_3 + Li_2S + Li_2O$$

上述各电解液体系将在其他章节进行具体的讨论,在此不再一一详述。

(2)固体电解质　聚合物电解质可分为纯聚合物电解质及胶体聚合物电解质。纯聚合物电解质由于室温电导率较低,难以商品化。胶体聚合物电解质则利用固定在具有合适微结构的聚合物网络中的液体电解质分子来实现其离子传导,这类电解质具有固体聚合物的稳定性,又具有液态电解质的高离子传导率,显示出良好的应用前景。表 8 - 20 列出了部分聚合物电解质的组成及其电导率数据。胶体聚合物电解质既可用于锂离子电池的电解质,又可以起隔膜的作用,但是由于其力学性能较差、制备工艺较复杂和常温导电性差,且胶体聚合物电解质在本质上是热力学不稳定体系,在敞开的环境中或长时间保存时,溶剂会出现渗出表面,从而导致其电导率下降。因此胶体聚合物电解质不可能完全取代聚乙烯、聚丙烯类隔膜而单独作为锂离子电池的隔膜。

电池体系中的电解质是离子载流子(对电子而言必须是绝缘体),用于锂离子电池的聚合物电解质除满足锂离子电池液态电解质部分要求外,如化学稳定

性和电化学稳定性较好,还应满足下述要求:聚合物膜加工性优良;室温电导率高,低温下锂离子电导率较高;高温稳定性好,不易燃烧;弯曲性能好,机械强度佳。

表 8-20　部分聚合物电解质组成及电导率数据

聚合物主体	组　　成	电导率/(S/cm)
PEO	PEO/盐	$10^{-8} \sim 10^{-4}$(40 ℃ ~100 ℃)
PEO	PEO/LiCF$_3$SO$_3$/PEG	10^{-3}(25 ℃)
PEO	PEO/LiBF$_4$/12-冠-4	7×10^{-4}(25 ℃)
PAN	PAN/LiClO$_4$/(EC + PC + DMF)	$10^{-5} \sim 10^{-4}$(25 ℃)
PAN	PAN/LiAsF$_6$/(EC + PC + MEOX)	2.98×10^{-3}(25 ℃)
PMMA	PAN/LiClO$_4$/PC	3×10^{-3}(25 ℃)
PVDF	PVDF/LiN(SO$_2$CF$_3$)$_2$/PC	1.74×10^{-3}(30 ℃)
PVDF ~ HFP	PVDF ~ HFP/LiPF$_4$/PC + EC	0.2(25 ℃)

4. 隔膜

隔膜本身是电子的非良导体,具有电解质离子通过的特性。隔膜材料必须具备良好的化学、电化学稳定性,良好的力学性能以及在反复充、放电过程中对电解液保持高度浸润性等。隔膜材料与电极之间的界面相容性、隔膜对电解质的保持性均对锂离子电池的充、放电性能和循环性能等有重要影响。

锂离子电池常用的隔膜材料有纤维纸或者无纺布、合成树脂制的多孔膜。常见的隔膜有聚丙烯和聚乙烯多孔膜。对隔膜的基本要求是在电解液中稳定性高。

由于聚乙烯、聚丙烯微孔膜具有较高孔隙率、较低的电阻、较高的抗撕裂强度、较好的抗酸碱能力、良好的弹性及对非质子溶剂的保持性能,故商品化锂离子电池的隔膜材料主要采用聚乙烯、聚丙烯微孔膜。

聚乙烯、聚丙烯隔膜存在对电解质亲和性较差的缺陷,因此,需要对其进行改性,如在聚乙烯、聚丙烯微孔膜的表面接枝亲水性单体或改变电解质中的有机溶剂。目前所用到的聚烯烃隔膜(如图 8-15 所示)都较薄(< 30 μm)。也有人采用其他材料作为锂离子电池隔膜,如纤维素复合膜材料,这种材料具有锂离子传导性良好及力学强度佳等性能,也可作为锂离子电池隔膜材料。

图 8 – 15　锂离子电池用聚烯烃隔膜

　　锂离子电池隔膜的制备方法主要有熔融拉伸(MSCS)，又称为延伸造孔法，干法和热致相分离(TIPS)或者湿法两大类方法。由于 MSCS 法不存在任何分离过程，工艺相对简单且生产过程中无污染，目前，企业大都采用此方法进行生产，如日本的宇部、三菱、东燃及美国的塞拉尼斯等。TIPS 法的工艺比 MSCS 法复杂，需加入和脱除稀释剂，因此生产费用相对较高且可能引起二次污染，目前世界上采用此法生产隔膜的有日本的旭化成、美国的 Akzo 和 3M 公司等。图 8 – 16 给出了锂离子电池隔膜生产的流程示意图。

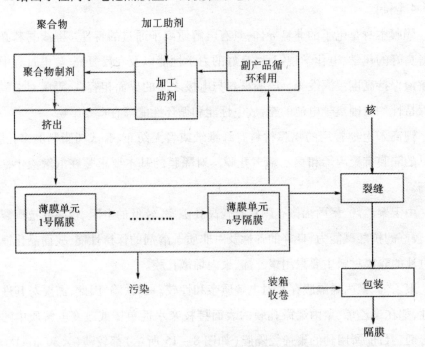

图 8 – 16　锂离子电池隔膜生产的流程示意图

锂电池中,隔膜的基本功能就是阻止电子传导,同时在正、负极之间传导离子。锂一次电池中通常使用聚丙烯微孔膜;锂离子二次电池通用的隔膜则是聚丙烯和聚乙烯微孔膜,在二次电池中都具有较好的化学和电化学稳定性。

综上所述,对锂离子电池用的隔膜材料要求如下:

①厚度。通常所用的锂离子电池使用的隔膜较薄(<25 μm);而用在电动汽车和混合动力汽车上的隔膜较厚(约40 μm)。一般来说,隔膜越厚,其机械强度就越大,在电池组装过程中穿刺的可能性就越小,但是同样型号的电池,如圆柱形电池,能加入其中的活性物质则越少;相反,使用较薄的隔膜占据空间较小,则加入的活性物质就多,这样可以同时提高电池的容量和比容量(由于增加了界面面积),薄的隔膜阻抗也较低。

②渗透性。隔膜对电池的电化学性能影响小,如隔膜的存在可使电解质的电阻增加6~7个量级,但对电池的性能影响很小。通常将电解液流经隔膜有效微孔所产生的阻抗系数和电解液电阻阻抗系数区分开来,前者称为麦氏(MacMullin)系数。在商品电池中,MacMullin系数一般为10~12。

③透气率。给定形态的隔膜材料的透气率和电阻成一定比例。锂离子电池用的隔膜需具有良好的电性能和较低的透气率。

④孔积率。孔积率和渗透性具有较紧密的关联,锂离子电池隔膜的孔积率为40%左右。对锂离子电池来说,控制隔膜的孔积率是非常重要的。规范的孔积率是衡量隔膜的标准之一。

高的孔积率和均一的孔径分布对离子的流动不会产生阻碍,而不均匀的孔径分布则会导致电流密度不均匀,进而影响工作电极的活性,而电极的某些部分与其他部分的工作负荷不一致,最终将导致其电芯损坏较快。

隔膜的孔积率定义为隔膜的空体积与隔膜的表观几何体积之比,公式如下:

$$孔积率 = \left(\frac{样品质量/样品体积}{聚合物密度} \right) \times 100\%$$

标准的测试方法如下:首先称出纯隔膜的质量,然后向隔膜中滴入液体(比如十六烷),再称其质量,依次估算十六烷所占体积和隔膜中的孔积率。

$$孔积率 = \frac{十六烷所占体积}{隔膜体积 + 十六烷所占体积} \times 100\%$$

⑤润湿性。隔膜在电池电解液中应具有快速、完全润湿的特点。

⑥吸收和保留电解液。在锂离子电池中,隔膜能机械吸收和保留电池中的电解液而不引起溶胀。

⑦化学稳定性。隔膜在电池中能够长期稳定地存在,在强氧化和强还原环境中都呈化学惰性,在上述条件下不降解,机械强度不损失,亦不产生影响电池性能的杂质。在高达 75 ℃ 的温度条件下,隔膜应能够经受住强氧化性的正极的氧化和强腐蚀性的电解液的腐蚀。抗氧化能力越强,隔膜在电池中的寿命就越长。聚烯烃类隔膜(如聚丙烯、聚乙烯等)对于大多数的化学物质都具有抵抗能力,良好的力学性能和能够在中温范围内使用的特性,聚烯烃类隔膜是商品化锂离子电池隔膜理想的选择。相对而言,聚丙烯膜与锂离子电池正极材料接触具有更好的抗氧化能力。因此在三层隔膜(PP/PE/PP)中,将聚丙烯(PP)置于外层而将聚乙烯(PE)置于内层,这样增加了隔膜的抗氧化性能。

⑧空间稳定性。隔膜在拆除的时候边缘要平整,不能卷曲,以免电池组装变得复杂。隔膜浸渍在电解液中时不能皱缩,电芯在卷绕的时候不能对隔膜孔的结构有负面影响。

⑨穿刺强度。用于卷绕电池的隔膜对穿刺强度具有较高的要求,以免电极材料透过隔膜,如果部分电极材料穿透了隔膜,就会发生短路,电池也就废了。用于锂离子电池的隔膜比用于锂一次电池的隔膜要求有更高的穿刺强度。

⑩机械强度。隔膜对于电极材料颗粒穿透的灵敏度用机械强度来表征,电芯在卷绕过程中在正极—隔膜—负极界面之间会产生很大的机械应力,一些较松的颗粒可能会强行穿透隔膜,使电池短路。

⑪热稳定性。锂离子电池中的水分是有害的,所以电芯通常都会在 80 ℃ 的真空干燥条件下干燥。在这种条件下,隔膜不能有明显的皱缩。每家电池制造商都有其独特的干燥工艺,对于锂离子二次电池隔膜的要求是:在 90 ℃ 的条件下干燥 60 min,隔膜横向和纵向的收缩比例应小于 5%。

⑫孔径。对锂离子电池隔膜来说,最关键的要求就是不能让锂枝晶穿过,所以具有亚微米孔径的隔膜适用于锂离子电池。

隔膜有均匀的孔径分布,可以防止由电流密度不均匀而引起的电性能损失。亚微米的隔膜孔径可防止锂离子电池内部正、负极之间短路,尤其当隔膜向 25 μm 或者更薄的方向发展时,短路问题更易发生。这些问题会随着电池生产商继续采用薄隔膜,增加电池容量而越来越受重视。孔的结构受聚合物的成分和拉伸条件,如拉伸温度、速度和比率等的影响。在湿法工艺中,隔膜在经过提炼之后再进行拉伸,这种工艺生产的隔膜孔径更大(0.24 ~ 0.34 μm),孔径分布比经过拉伸再进行提炼的工艺生产的隔膜(0.1 ~ 0.13 μm)更宽。

锂离子电池隔膜的测试和微孔特性的控制都非常重要。通常采用水银孔径测试仪以孔积率百分数的形式来表征隔膜,亦表示其孔径和孔径分布。按这种方法,水银可以通过加压注入孔中,通过确定水银的量来确定材料的孔的大小和体积。水银对于大多数材料都是不润湿的,所施加的外力必须克服表面张力而进入孔中。

疏水类隔膜(如聚烯烃类)可以利用溶剂(非汞孔径测试仪)技术进行表征,对于锂离子电池用聚烯烃隔膜来说,这是一种非常有用的表征方法。通过孔径测试仪可以获得其孔体积、表面积、中值孔径数据以及孔径分布。在实验过程中,将样品置于仪器中,随着压力的增加,压入水量随着不同的孔体积而变化。因此,施压于一定孔径分布的隔膜就可以得到与压力一一对应的体积或者孔径,设将水注入一定孔径的微孔所需的压力为 P,这样孔径 D 可按下式进行计算:

$$D = \frac{4\gamma\cos\theta}{P}$$

式中　　D——假设孔为圆柱形的孔径;

P——微分压力;

γ——非润湿液体的表面张力;

θ——水的接触角。

隔膜的微孔通常不是具有一定直径的球形,而是有各种各样的形状和尺寸,因此,任何关于孔径的表述都是基于上述假设。

扫描电子电镜(SEM)也被用来表征隔膜的形和貌,能给出商品隔膜(PE)的扫描电镜图。图 8 - 17 所示为 Celgard 2730 的 SEM 图,可以看出孔径分布非常均匀,适用于高倍率设备。图 8 - 18 为 Celgard 2325 的表面和横截面 SEM 图,表面只能看到 PP 的孔,而 PE 中的孔在横截面 SEM 图中可以看到,从横截面 SEM 图中可清楚地看到三层隔膜的厚度是一样的。图 8-19 是通过湿法工艺制备的隔膜材料的 SEM 图,可见,所有这些隔膜的结构都非常相似,而 Hipore-1 隔膜[图 8-19(b)]的孔径明显大于其他隔膜。

图 8-17　锂离子电池中单层 Celgard 隔膜(PE)的扫描电镜图

图 8-18　锂离子电池用隔膜 Celgard 2325(PP/PE/PP)扫描电镜图

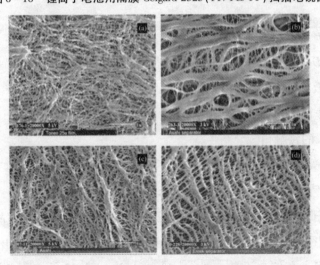

图 8-19　采用湿法制备的锂离子电池的隔膜扫描电镜图

⑬抗张强度。隔膜是在拉紧的情况下与电极卷绕在一起的,为了保证其宽度不会收缩,在拉伸过程中,隔膜的长度不能有明显的增加。拉伸强度中,"杨氏模量"是主要的参数。

⑭扭曲率。展开一张隔膜,理想情况下,它是笔直的,不会弯曲或者扭曲,然而,实际应用中会遇到扭曲的隔膜,如果扭曲得过于厉害,那么会影响电极材料和隔膜之间的装备准确性。隔膜扭曲的程度可以通过将其置于水平桌面上用直尺测量,对于锂离子电池隔膜来说,扭曲度应当小于 0.2 mm/m。

⑮遮断电流。在锂离子电池隔膜中还可设计电池在过充电、短路情况下的保护带,即隔膜在大约 130 ℃ 时电阻会突然增大,从而阻止锂离子在电极之间传输,隔膜在 130 ℃ 以上时,其保护带越安全,隔膜的作用就越大。当隔膜破裂时,电极间就可能直接接触,发生反应,放出巨大的热量。隔膜的遮断电流行为可以通过将隔膜加热到高温,然后测定其电阻来进行表征。

对于限制温度和防止电池短路来说,遮断电流温度是一种非常有用而且行之有效的机制。遮断电流温度通常选在聚合物隔膜熔点附近,这时隔膜的孔洞坍塌,在电极之间形成一层无孔绝缘层。在该温度下,电池的电阻急剧增加,电池中电流的通道就阻断了,从而阻止了电池中电化学反应的进一步发生,因此,在电池发生爆炸之前可将电池反应中断。

PE 电池隔膜阻断电流的性能是由其分子量、密度分数和反应机理所决定的。材料的性质和制造工艺需经过考究,以便遮断电流能即时而全面地反馈回来。在允许温度范围内和不影响材料力学性能的前提下再进行优化设计,对于 Celgard 制造的三层隔膜来说是非常容易做到的,因为在 Celgard 隔膜中,有一层用于遮断电流的反馈,而其他两层则只要求其力学性能,由 PP/PE/PP 三层碾压的隔膜对于阻止电池的热失控非常有意义。130 ℃ 的遮断电流温度对于阻止锂离子电池热失控和过热已经足够了,如果不会对隔膜的力学性能和电池的高温性能产生负面影响,那么较低的遮断电流温度也是可行的。

隔膜的遮断电流性质是通过测量随着温度线性升高的隔膜电阻的变化确定的。图 8 – 20 为 Celgard 2325 隔膜的测定曲线,升温速率为 60 ℃/min,并在 1 kHz 下测定隔膜电阻。由图 8 – 20 可知,在隔膜熔点附近(130 ℃),隔膜电阻急剧升高,这是由在熔点附近的隔膜的孔洞坍塌所引起的,为了防止电池热失控,隔膜电阻需要增加 1000 倍以上才行。随着温度的升高,电阻有下降趋势,这是由于聚合物聚集导致隔膜移位或者是电极活性物质渗透隔膜所致,该现象通常称为"软化完整性"的损失。

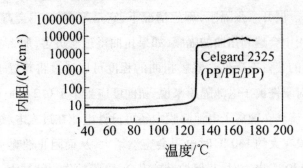

图 8 - 20　　Celgard 2325(PP/PE/PP)隔膜内阻(1 kHz)随温度的变化曲线

隔膜材料的遮断电流温度由其熔点决定,达到熔点的隔膜会在正、负极电极之间形成一层无孔薄膜。图 8 - 21 所示的隔膜的 DSC(差示扫描量热法)图可以说明这一点。

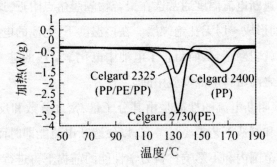

图 8 - 21　　Celgard 2730(PE)、2400(PP)和 2325(PP/PE/PP)的 DSC 图

由图 8 - 21 可知,Celgard 2730、2400 和 2325 的熔点分别是 135 ℃、165 ℃及 135/165 ℃。无论是薄的隔膜(<20 μm)还是厚的隔膜,它们的遮断电流行为都是相似的。

⑯高温稳定性能。在高温条件下,要求隔膜能够阻止电极间的互相接触。隔膜的高温稳定性采用热机械分析(TMA)来进行表征。所谓 TMA 就是在一定的负载条件下,测定隔膜增长量和温度的比。

⑰电极界面。隔膜和电极之间应为电解液流动提供一个较好的界面。

除上述要求外,隔膜还应克服以下缺陷:针孔、皱褶、胶状、污物等。在应用锂离子电池之前,隔膜上述所有的特性都应得到优化。表8-21总结了用于锂离子二次电池的隔膜的基本性能。

表8-21 锂离子二次电池用隔膜的基本性能

参 数	标 准	参 数	标 准
厚度/μm	<25	抗拉强度/%	<2%
电阻(麦氏系数)	<8	遮断电流温度/℃	约130
电阻/(Ω/cm^2)	<2	高温软化完整温度/℃	>150
孔径/μm	<1	润湿性	在电解液中完全润湿
孔积率/%	约40	化学稳定性	长时间保留于电池中
穿刺强度/(g/mil)	>300	空间稳定性	摊开平整,稳定存在于电解液中
机械强度/(kgf/mil)	>100		
收缩量/%	<5%	扭曲率	<0.2

注:1 mil = 25.4 μm,1 kgf = 9.80 N。

虽然电池隔膜材料在电池内部,不影响电池的能量储备和输出,但是其力学性质却对电池的性能和安全性能有很大影响。对于锂离子电池尤其如此,因此电池生产商在设计电池的时候越来越关注隔膜的性能。隔膜不会影响电池的性能,除非隔膜的性质不均匀或者其他类似原因,电池的性能和安全性才会受到影响。表8-22总结了用于锂离子电池不同安全型号和性能测试的隔膜对电池的性能和安全性的影响。

表8-22 锂离子电池用不同型号隔膜对电池性能和安全性的影响

电池特性	隔膜性质	备 注
容量	厚度	可通过使用薄的隔膜提高电池容量
内阻	电阻	隔膜的电阻是其厚度、孔径、孔隙率和弯曲率的函数
高倍率性能	电阻	隔膜的电阻是其厚度、孔径、孔隙率和弯曲率的函数
快速充电	电阻	较低的隔膜电阻有利于全局的快速充放
高温储存	抗氧化性	隔膜的氧化导致电池循环性能较差

续表 8 – 22

电池特性	隔膜性质	备　注
高温循环	抗氧化性	隔膜的氧化导致电池循环性能较差
自放电	针孔	
循环性能	电阻、收缩率、孔径	隔膜的高电阻、收缩率和孔径较小,则使得电池的循环性能差
过充电	电流遮断行为(遮断电流)高温软化完整性	在高温条件下,隔膜应该完全遮断电流且保持其软化完整性
外部短路	电流遮断行为	隔膜的电流遮断性能可以防止电池过热
过热	高温软化完整性	较高温度时,隔膜应当能保证两个电极隔开
重物撞击	电流遮断	电池内部短路的情况下,隔膜是唯一能够防止电池过热的安全设备
针刺	电流遮断	电池内部短路的情况下,隔膜是唯一能够防止电池过热的安全装置

因电池使用不当(如短路、过充等)导致的温度升高将可能使隔膜的电阻增加 2~3 个量级。隔膜不仅要求在 130 ℃左右能够遮断电流,而且要求其在更高的温度下能够保持其软化完整性,如果隔膜能够完全遮断电流,那么电池可能在过充电测试中继续升温从而导致热失控。高温的软化完整性对于在长时间的过充或者是长时间暴露在高温环境下的电池安全性能来说同样十分重要。

图 8 – 22 为带有遮断电流功能隔膜的 18650 型锂离子电池典型的短路曲线,其正极材料为 $LiCoO_2$,负极为 MCMB 碳负极材料。电池没有其他能够在隔膜遮断电流之前发生作用的安全设备,如激活电流阻断设备(CID)、正温系数电阻器(PTC)。在使用一个很小的分路电阻将电池外部短路的瞬间,由于有很大的电流通过电池,电池开始升温,隔膜的遮断电流功能在 130 ℃左右发生作用,阻止了电池的进一步升温。电池电流开始减小,这是由于隔膜的遮断电流功能使得电池内阻增加,电池隔膜的电流遮断功能阻止了电池的热失控。

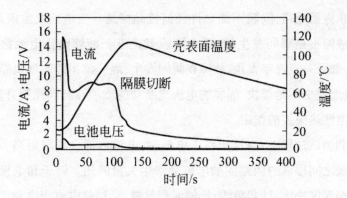

图 8-22 18650 型锂离子电池的短路曲线

如果电池充电控制系统未能即时正确地反馈电池电压或者电池充电器损坏,这时候电池就会存在过充电现象。当过充电发生时,留在正极材料中的锂离子继续被脱出而嵌入负极材料中,如果达到了碳负极嵌锂的最大限度,那么多余的锂则会以金属锂的形式沉积在碳负极材料上,这样使得电池的热稳定性能大大降低。因为焦耳热是与 I_2R 成正比的,所以在较高的倍率充放条件下,产生的热量就会大量增加。随着温度的升高,电池内部的几个放热反应(如锂和电池电极间的反应,正、负极材料的热分解反应以及电解液的热分解反应)可能发生。隔膜的电流遮断功能在电池温度达到聚乙烯的熔点附近时发生作用,如图 8-23 所示。将 18650 型锂离子电池的 CID 和 PTC 拆除,留下隔膜进行过充电测试,和图 8-22 一样,电流的减少是由于电池内阻的增加所致。隔膜的微孔一旦由于其软化而坍塌或封闭,电池则不能再进行充、放电了。如再继续进行过充,虽然隔膜能够保持其电流遮断特性,但这时的电池不允许再升温。

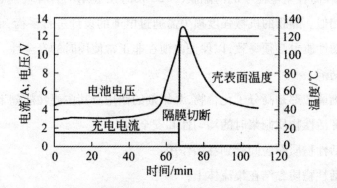

图 8-23 18650 型锂离子电池过充电过程中隔膜的电流遮断功能曲线图

为防止内部短路,隔膜不能允许任何枝晶穿透。当电池发生内部短路时,如果这种故障不是瞬间发生的,那么隔膜就是唯一能够防止电池热失控的装置。但是,如果升温速率太快,故障在瞬间发生,隔膜就不能起到遮断电流的作用;如果升温速率不是很快,隔膜的电流遮断功能就能够起到控制升温速率,进一步阻止电池热失控的作用。

在针刺测试过程中,当钉子钉入电池时,电池内部会瞬间短路。这是因为钉子和电极之间形成的回路间的电流会产生大量的热。钉子和电极间的接触面积由针刺深度决定,针刺越浅,接触面积就越小,局部电流密度和产生的热量也就越大。当局部产生的热量导致电解液和电极材料分解时,热失控就会发生。另一方面,如果电池被完全穿透,那么接触面积增加,电流密度就会减小,由于电极与钉子间的接触面积小于其与金属集流体之间的接触面积,所以内部短路电流比外部短路时要大得多。

图 8-24 为带有隔膜电流遮断功能的 18650 型电池的针刺测试图,其中正极材料为 $LiCoO_2$,负极材料为碳。可以明显看出当钉子穿过时,电压从 4.2 V 瞬时降至 0 V,同时电池的温度升高。当升温速率较低时,电池在温度接近隔膜的电流遮断温度时就会停止升温[图 8-24(a)所示];如果升温速率太快,在达到隔膜电流遮断温度时,电池还将继续升温,隔膜的电流遮断也就失去了其功能[如图 8-24(b)]。这种情况下,隔膜的电流遮断来不及发生作用以阻止电池的热失控。因此,在模拟针刺和撞击测试中,隔膜的作用仅仅是延迟内部短路造成的热失控。具有高温软化完整性和电流遮断功能的隔膜需通过内部短路测试,用在高容量电池中的薄隔膜(<20 μm)所展示的各种性能也必须与较厚的隔膜相似。隔膜的机械强度损失需通过电池的设计进行平衡,而隔膜在横向和纵向的性质也必须一致,以保证电池在非正常使用时的安全性。

5. 黏结剂

黏结剂通常都是高分子化合物,黏结剂的作用及其主要性能如下:

①保证活性物质制浆时的均匀性和安全性;

②对活性物质颗粒间起到黏结作用;

③将活性物质黏结在集流体上;

④保持活性物质间以及与集流体间的黏结作用;

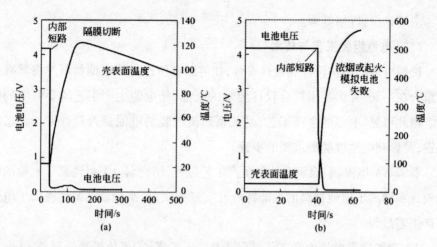

图8-24　模拟18650型锂离子电池针刺时内部短路电压温度与时间的关系在进一步的探索中。特别是聚合物电解质的开发，由于电池中没有液体有机电解质的挥发，因而电池的安全性更高了。

⑤有利于在碳材料(石墨)表面上形成 SEI 膜。

电池中常用的黏结剂包括：①PVA(聚乙烯醇)；②PTFE(聚四氟乙烯)；③CMC(羧甲基纤维素钠)；④聚烯烃类(PP、PE 以及其他的共聚物)；⑤PVDF/NMP 或者与其他溶剂体系；⑥改性 SBR；⑦氟化橡胶；⑧聚氨酯等。

锂离子电池中由于使用了电导率低的有机电解液，因而要求电极的面积大，而且电池装配时采用卷式结构，电池性能的提高不仅对电极材料提出了新的要求，而且对电极制造过程使用的黏结剂也提出了新的指标。就锂离子电池来说，对黏结剂的性能要求如下：

①在干燥和除水过程中加热到130 ℃～180 ℃的情况下仍能保持相当高的热稳定性；

②能被有机电解液所润湿；

③具有良好的加工性能；

④不易燃烧；

⑤电解液中的添加剂，如 $LiClO_4$、$LiPF_6$ 等以及副产物 $LiOH$、$LiCo_3$ 等比较稳定；

⑥具有比较高的电子离子导电性；

⑦用量少,价格低廉。

(二)电池组装工艺与技术

按照电池的结构设计和设计参数,如何制备所选择的电池材料并将其有效地组合在一起,并组装出符合设计要求的电池,是电池生产工艺所要解决的问题。由此可见,电池的生产工艺,是关系到所组装的电池是否符合设计要求的关键,是影响电池性能最重要的步骤。

参考 AA 型镍镉、镍氢电池的生产工艺过程,结合对 AA 型锂离子电池的结构设计和锂离子电池材料的性能特点及反复的试验,来确定 AA 型锂离子电池生产工艺过程。

AA 型锂离子电池生产工艺过程涉及四道工序:①正负极片的制备;②电芯的卷绕;③组装;④封口。这与传统的 AA 型 Cd/Ni 电池的生产过程并无太大区别,但在工艺上,锂离子电池要复杂得多,并且对环境条件的要求也要苛刻得多。锂离子电池的制造工艺技术非常严格、要求复杂。表 8 – 23 列出了石墨/$LiCoO_2$ 系圆柱形锂离子电池制造工艺的有关参数。

表 8 – 23　石墨/$LiCoO_2$ 系圆柱形锂离子电池制造的有关参数

电池组分	材料	厚度/μm
负极活性物质	非石墨化的碳	单面 90
负极集体流	Cu	25
正极活性物质	$LiCoO_2$	单面 80
正极集体流	Al	25
电解液/隔膜	PC/DEC/$LiPF_6$/Celgard	25

其中正、负电极浆料的配制,正、负极片的涂布,干燥,辊压等制备工艺和电芯的卷绕对电池性能影响最大,是锂离子电池制造技术中最关键的步骤。下面对这些工艺过程做简要的介绍。以有机液体为电解质的锂离子电池生产流程如图 8 – 25 所示。

为防止金属锂在负极集体流上铜部位析出而引起安全问题,需要对极片进行工艺改进,铜箔的两面需用碳浆涂布。

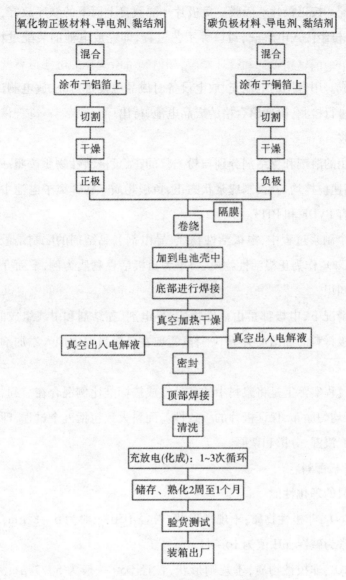

图 8 – 25　锂离子电池生产流程示意图

锂离子电池的工艺流程的主要工序如下：

①制浆。用专用的溶剂和黏结剂分别与粉末状的正、负极活性物质混合，经高速搅拌均匀后，制成浆状的正、负极物质。

②涂装。将制成的浆料均匀地涂覆在金属箔的表面，经烘干，分别制成正、负极极片。

③装配。按正极片—隔膜—负极片—隔膜自上而下的顺序放好,经卷绕制成电池芯,再经注入电解液、封口等工艺过程,即完成电池的装配过程,制成成品电池。

④化成。用专用的电池充、放电设备对成品电池进行充、放电测试,对每一只电池都进行检测,筛选出合格的成品电池,待出厂。

1. 制浆

将专用的溶剂和黏结剂分别与粉末状的正、负极活性物质按照一定比例混合,经过高速搅拌均匀后,制成浆状的正、负极物质。在锂离子电池中通常采用的黏结剂有 PVDF 和 PTFE。

在整个制浆过程中,电极活性物质、导电剂和黏结剂的配制是最重要的环节。以 $LiCoO_2$ 作为正极活性物质、石墨为负极活性物质为例,下面介绍部分配料的基本知识。

通常情况下,电极都是由活性物质、导电剂、黏结剂和引线组成的,不同的是,正、负极材料的黏结剂类型不一样,需要在负极材料中加入添加剂以提高黏附能力。

配料过程实际上是将浆料中的各种组成按标准比例混合在一起,调制成浆料,以利于均匀涂布,保证极片的一致性。配料大致包括五个过程,即原料的预处理、掺和、浸湿、分散和絮凝。

(1)正极配料

①原料的理化性能

a. $LiCoO_2$:非极性物质,不规则形状,粒径 D50 一般为 6 ~ 8 μm,含水量≤0.2%,通常为碱性,pH 值为 10 ~ 11。

$LiMn_2O_4$:非极性物质,不规则形状,粒径 D50 一般为 5 ~ 7 μm,含水量≤0.2%,通常为弱碱性,pH 值为 8 左右。

b. 导电剂:非极性物质,葡萄链状物,含水量为 3% ~ 6%,吸油值约为 300,粒径一般为 2 ~ 5 μm;主要有普通炭黑、超导炭黑、石墨乳等,在大批量应用时一般选择超导炭黑和石墨乳复配;通常为中性。

c. PVDF 黏结剂:非极性物质,链状物,其分子量为 300000 ~ 3000000 不等;吸水后分子量下降,黏性变差。

d. NMP(N-甲基吡咯烷酮):弱极性液体,用于溶解/溶胀 PVDF,同时作为溶剂稀释浆料。

②原料的预处理

a. $LiCoO_2$:脱水。一般在 120 ℃下常压烘烤 2 h 左右;

b. 导电剂:脱水。一般在 200 ℃下常压烘烤 2 h 左右;

c. 黏结剂:脱水。一般在 120 ℃~140 ℃下常压烘烤 2 h 左右,烘烤温度视分子量的大小决定;

d. NMP:脱水。使用干燥分子筛脱水或采用特殊取料设施,直接使用。

③原料的掺和

a. 黏结剂的溶解(按标准浓度)及热处理;

b. $LiCoO_2$ 和导电剂球磨:将粉料初步混合,使 $LiCoO_2$ 和导电剂黏结在一起,提高其团聚作用和导电性。浆料配成后不会单独分布于黏结剂中,球磨时间一般为 2 h 左右;为避免混入杂质,通常使用玛瑙球作为球磨介质。

④干粉的分散和浸湿

固体粉末放置在空气中,随着时间的推移,固体的表面上将会吸附部分空气,液体黏结剂加入后,液体与气体争相逸出固体表面;如果固体与气体吸附力比液体的吸附力强,液体不能浸湿固体;如果固体与液体吸附力比气体的吸附力强,液体可以浸湿固体,将气体挤出。

当润湿角≤90°,固体浸湿。

当润湿角>90°,固体不浸湿。

正极材料中的所有组分均能被黏结剂溶液浸湿,所以正极粉料分散相对容易。

分散方法对分散的影响。静置法,特点是分散时间长,效果差,但不损伤材料的原有结构;搅拌法,自转或自转加公转,时间短,效果佳,但有可能损伤个别材料的自身结构。

搅拌桨对分散速度的影响。搅拌桨的形状分为蛇形、蝶形、球形、桨形、齿轮形等。一般蛇形、蝶形、桨形搅拌桨用来搅拌分散难度大的材料或用于配料的初始阶段;球形、齿轮形的用于分散难度较低的材料,效果佳。

搅拌速度对分散速度的影响。一般说来,搅拌速度越高,分散速度越快,但对材料自身结构和对设备的损伤也越大。

浓度对分散速度的影响。通常情况下,浆料浓度越低,分散速度越快,但浆料太稀将导致材料的浪费和浆料沉淀的加重。

浓度对黏结强度的影响。浓度越高,黏结强度越大;浓度越低,黏结强度越小。

真空度对分散速度的影响。高真空度有利于材料缝隙中的气体和表面的气体排出,降低液体的吸附难度;材料在完全失重或重力减小的情况下分散均匀的难度将大大降低。

温度对分散速度的影响。适宜的温度下,浆料流动性好,易分散。温度太高,浆料容易结皮,温度太低,浆料的流动性将大大降低。

⑤稀释

将浆料调整为合适的浓度,便于涂布。

(2)负极配料

其原理大致与正极配料原理相同。

①原料的理化性能

a. 石墨:非极性物质,易被非极性物质污染,易在非极性物质中分散;不易吸水,也不易在水中分散。被污染的石墨在水中分散后,容易重新团聚。一般粒径 D50 为 20 μm 左右。颗粒形状多样且多不规则,主要有球形、片状、纤维状等。

b. 水性黏结剂(SBR):小分子线性链状乳液,极易溶于水和极性溶剂。

c. 防沉淀剂(CMC):高分子化合物,易溶于水和极性溶剂。

d. 异丙醇:弱极性物质,可减小黏结剂溶液的极性,提高石墨和黏结剂溶液的相容性;具有强烈的消泡作用;易催化黏结剂网状交链,提高黏结强度。

e. 乙醇:弱极性物质,可减小黏结剂溶液的极性,提高石墨和黏结剂溶液的相容性;具有强烈的消泡作用;易催化黏结剂线性交链,提高黏结强度(异丙醇和乙醇的作用从本质上讲是一样的,大批量生产时可考虑成本因素然后选择合适的添加剂)。

f. 去离子水(或蒸馏水):稀释剂,酌量添加,改变浆料的流动性。

②原料的预处理

a. 石墨:经过混合使原料均匀化,然后在 300 ℃ ~ 400 ℃ 的温度下常压烘烤,以除去表面油性物质,提高与水性黏结剂的相容能力,磨平石墨表面的棱角(有些材料为保持表面特性,不允许烘烤,否则效能降低)。

b. 水性黏结剂:适当稀释以提高分散能力。

③掺和、浸湿和分散

a. 石墨与黏结剂溶液极性不同,不易分散。

b. 可先用醇水溶液将石墨初步润湿,再与黏结剂溶液混合。

c. 应适当降低搅拌浓度,以提高分散性。

d. 分散过程主要是为减少极性物质与非极性物质间的距离,提高它们的势能或表面能,所以其为吸热反应,搅拌时总体温度有所下降。如条件允许应该适当升高搅拌温度,使吸热变得容易,同时提高流动性,降低分散难度。

e. 搅拌过程如加入真空脱气过程,排除气体,促进固 – 液吸附,效果更佳。

f. 分散原理、分散方法同正极配料中的相关内容,在上文中有详细论述,在此不予详细解释。

④稀释

将浆料调整为合适的浓度,便于涂布。

(3)配料注意事项

①防止混入其他杂质;②防止浆料飞溅;③浆料的浓度(固含量)应从高往低逐渐调整;④在搅拌过程中要注意刮边和刮底,确保分散均匀;⑤浆料不宜长时间搁置,以免其沉淀或均匀性降低;⑥需烘烤的物料必须密封冷却之后方可以加入,以免组分材料性质变化;⑦搅拌时间的长短根据设备性能、材料加入量来确定;⑧搅拌桨的使用以浆料的分散难度进行更换,无法更换的可将转速由慢到快进行调整,以免损伤设备;⑨出料前要对浆料进行过筛,除去大颗粒以防涂布时形成断带;⑩对配料人员要加强培训,确保其掌握专业技术和安全知识;配料的关键在于分散均匀,其他方式可自行调整。

2. 涂膜

将制成的浆料均匀地涂覆于金属箔的表面,经烘干,分别制成正、负极极片。大约有 20 多种涂膜的方法可用于将液体料液涂布于支持体上,而每一种技术都有许多专门的配置,所以有许多种涂布形式可供选择。通常使用的涂布方法包括挤出机、反辊涂布和刮刀涂布。

　　在锂离子电池实验室研究阶段,可用刮棒、刮刀或者挤压等自制的简单涂布实验装置进行极片涂布,这只能涂布出少量的实验研究样品。相对于刮刀涂布而言,一般大型生产线倾向于选择缝模涂布和反辊涂布过程,因为它们容易处理黏度不同的正、负极浆料并改变涂布速率,而且很容易控制网上涂层的厚度。这对于电极片涂层厚度要求较高的锂离子电池生产来说是非常有用的,这样可以将涂层的厚度偏差控制在 ±3 μm。辊涂有 10 多种形式,按照辊涂的转动方向可分为顺转辊涂和逆转辊涂两种。图 8 – 26 和图 8 – 27 给出了缝模和反辊涂布的过程示意图。锂离子电池正、负极材料涂膜的制备过程如图 8 – 28 所示。

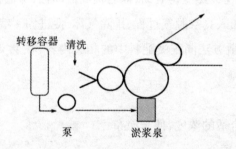

图 8 – 26　缝模的涂布过程示意图

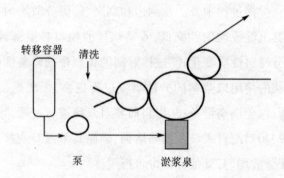

图 8 – 27　锂离子电池正、负极反辊式涂膜操作示意图

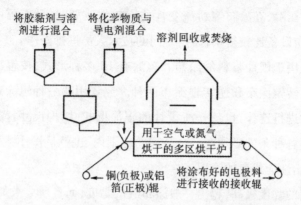

将胶黏剂与溶剂进行混合　　将化学物质与导电剂混合　　溶剂回收或焚烧

用干空气或氮气烘干的多区烘干炉

铜(负极)或铝箔(正极)辊　　将涂布好的电极料进行接收的接收辊

图 8 - 28　锂离子电池正、负极涂膜的制备过程示意图

　　浆料涉及电池的正极和负极,即活性物质往铝箔或铜箔上涂敷的问题,活性物质涂敷的均匀性直接影响电池的质量,因此,极片浆料涂布技术和设备是锂离子电池研制和生产的关键。

　　一般选择涂布方法需要从下面几个方面考虑,包括涂布的层数、湿涂层的厚度、涂布液的流变性、需要的涂布精度、涂布支持体或基材、涂布的速度等。

　　如何选择适合极片浆料的涂布方法? 除要考虑上述因素外,还必须结合极片涂布的具体情况和特点综合分析。电池极片涂布特点是:双面单层涂布;浆料湿涂层较厚($100 \sim 300 ~\mu m$);浆料为非牛顿型高黏度流体;对一般涂布产品而言,极片涂布的精度要求高,和胶片涂布的精度相近;涂布支持体是厚度为 $10 \sim 20 ~\mu m$ 的铝箔和铜箔;和胶片涂布的速度相比,极片涂布的速度不高。

　　极片金属箔两面均要涂浆料。涂布技术路线应选用单层涂布,干燥后要再进行一次涂布。极片涂布属于厚涂层涂布,而刮棒、刮刀和气刀涂布只适用于涂层较薄的涂布,不适用于极片浆料涂布。涂布的厚度受涂布浆料的黏度和涂布的速度影响,难以进行高精度涂布。

　　综合考虑极片浆料涂布的各项要求,挤压涂布或辊涂可供选择。

　　挤压涂布可以用于较高黏度的流体涂布,可获得较高精度的涂层。要获得均匀的涂层,需采用条缝挤压涂布,使挤压嘴的设计及操作参数在一个合适的范围内,也就是必须在涂布技术中称为"涂布窗口"的临界条件范围内,才能进行正常涂布。

　　设计时需要有涂布浆料流变特性的详细数据。一旦按提供的流变数据设计加工出的挤压嘴,在涂布浆料流变性质有较大改变时,就有可能影响涂布的精度,挤压涂布设备比较复杂,需要专门的技术人员进行操作。

辊涂可应用于极片浆料的涂布。辊涂有 10 多种形式,按辊涂的转动方向区分可分为顺转辊涂布和逆转辊涂布两种。究竟用哪一种辊涂形式要根据浆料的流变性质进行选择,也就是所设计的辊涂形式、结构尺寸、操作条件、涂液的物理性质等各种条件必须在一个合理的范围内,也就是操作条件进入涂布窗口,才能涂布出性能优良的涂层。

极片浆料的黏度极高,超出一般涂布液的黏度,而且所要求的涂量大,用现在的常规涂布方法无法进行均匀涂布。因此,应该依据其流动机理,结合极片浆料的流变特性和涂布要求,选择适当的极片浆料的涂布方法。

不同型号的锂离子电池每段极片的长度是不同的。如果采用连续涂布,再进行定长分切生产极片,在组装电池时需要在每段极片一端刮除浆料涂层,以露出金属箔片。但连续涂布定长分切的工艺路线效率低,不能满足规模生产的需要。因此,如考虑采用定长分切涂布方法,在涂布时要按电池规格需要的涂布及空白长度进行分段涂布。但采用单纯的机械装置很难实现不同电池规格所需要长度的分段涂布。因此在涂布头的设计中要采用计算机技术,将极片涂布头设计成光、机、电一体化智能化控制的涂布装置。涂布前将操作参数用键盘输入计算机,在涂布过程中由计算机控制,自动进行定长分段和双面叠合涂布。

极片浆料涂层比较厚,涂布量大,干燥负荷大。采用普通热风对流干燥法或烘缸热传导干燥法等干燥方法效率低,可采用优化设计的热风冲击干燥技术,这样能提高干燥效率,可以进行均匀快速干燥,干燥后的涂层无外干内湿或表面皲裂等弊病。

在极片涂布生产流水线中从放卷到收卷,中间包含有涂布、干燥等许多环节,极片(基片)有多个传动点拖动。基片是极薄的铝箔、铜箔,刚性差,易于撕裂和产生褶皱,因此在设计中要采取特殊技术装置使极片保持平展,严格控制片路张力梯度,使整个片路张力都处于安全范围内。涂布流水线的传输设计中,宜采用直流电机智能调速控制技术,使涂布速度保持稳定,从而确保涂布的纵向均匀度。

极片涂布的一般工艺流程如下：

放卷→接片→拉片→张力控制→自动纠偏→涂布→干燥→自动纠偏→张力控制→自动纠偏→收卷

涂布基片（金属箔）由放卷装置放入涂布机。基片的首尾在接片台连接成连续带后由拉片装置送入张力调整装置和自动纠偏装置，再进入涂布装置。极片浆料在涂布装置内按预定涂布量和空白长度进行涂布。在双面涂布时，机器自动跟踪正面涂布和空白长度进行涂布。涂布后的湿极片送入干燥道进行干燥，干燥温度根据涂布速度和涂布厚度设定。

3. 分切

分切就是将辊压好的电极带按照不同电池的型号切成装配电池所需的长度和宽度，准备装配。

4. 卷绕

将正极片、负极片、隔膜按顺序放好后，在卷绕机上把它们卷绕成电芯。为使电芯卷绕得粗细均匀、紧密，要求正、负极片的涂布误差尽可能小，还要求正、负极片的剪切误差尽可能小，尽可能使正、负极片为符合要求的矩形。此外，在卷绕过程中，操作人员应及时调整正、负极片和隔膜的位置，防止电芯粗细不匀、前后松紧不一、负极片不能在两侧和正极片对准，尤其要防止电芯短路情况的发生。卷绕要求隔膜、极片表面平整，不起褶皱，否则会增大电池内阻。卷绕后，正、负极片或隔膜的上下偏差均为 $\delta < -0.5$ mm。卷绕松紧度要符合松紧度设计要求：电芯容易装壳但也不太松。只有这样，才能使用此电芯组装的电池均匀一致，保证测试结构具有较好的准确性、可靠性和重现性。

最后需要说明的是，除了机片的涂布工艺过程外，其他工艺过程均在干燥室内进行，尤其是电芯卷绕装壳后，要在真空干燥箱中，以 80 ℃ 的温度真空干燥 12 h 左右后，于相对湿度为 5% 以下的手套箱中注液；注液后的电池至少要放置 6 h 以上，待电极、隔膜充分润湿后才能化成、循环。

5. 装配

正极片—隔膜—负极片—隔膜按照自上而下的顺序放好，经卷绕制成电芯，再经注入电解液、封口等工艺过程，即完成了电池的装配过程，成品电池就做好了。

6. 化成

用专用的电池充、放电设备对成品电池进行充、放电测试,筛选出合格的成品电池。

锂离子电池的化成主要有两个方面的作用:一是使电池中的活性物质通过第一次充电转化成具有正常电化学作用的物质;二是使电极主要是负极形成有效的钝化膜或 SEI 膜,为了使负极碳材料表面形成均匀的 SEI 膜,通常采用阶梯式充、放电方法,在不同的阶段,充、放电电流不同,搁置的时间也不同,应根据所用的材料和工艺路线具体确定,通常化成时间控制在 24 h 左右。负极表面的钝化膜在锂离子电池的电化学反应中扮演着重要的角色。因此电池制造商除将材料及制造过程列为机密外,也把化成条件列为公司的重要机密。电池化成期间,因为电池的不可逆反应,电池的放电容量在初期会减少。待电池电化学状态稳定后,电池容量即趋于稳定。因此,有些化成程序会进行多次充、放电循环以达到稳定电池容量的目的。这就要求电池检测设备提供多个工步设置和循环设置。以 BS9088 设备为例,可设置 64 个工步参数,并最多可设置 256 个循环且循环方式不限;可以先进行小电流充放循环,然后再进行大电流充放循环,反之亦可。

第九章　新能源技术的应用

在全球能源短缺、提倡清洁能源的大背景下,新能源汽车是汽车行业发展的必然选择。从新能源汽车兴起的背景出发,针对我国新能源汽车行业发展面临的困境提出促进我国新能源汽车发展的相关措施具有重要意义。

第一节　新能源汽车

一、新能源汽车的概念

新能源又称非常规能源,是指传统能源之外的各种能源形式。新能源汽车是相对于传统汽车提出来的,传统的汽车是以汽油、柴油为燃料,而新能源汽车是指采用非常规车用燃料作为动力来源(或使用常规车用燃料、采用新型车载动力装置),综合车辆的动力控制和驱动方面的先进技术,形成的技术原理先进、具有新动力系统的汽车。目前在工程上可实现的新能源汽车技术包括:混合动力、天然气车、纯电动车和燃料电池。新能源汽车被认为是现阶段减少空气污染和减缓能源短缺的有效方式。

二、新能源汽车的研究背景

开发新能源是未来广受关注的研究课题。新能源的研发和应用直接影响到汽车行业的未来命运,率先生产出新能源产品将成为利在当代、功在千秋的伟业。

能源紧缺问题严重,因此,发展新能源汽车成为世界汽车行业发展的必然选择。石油价格不断飙升,新能源汽车显示出使用成本低的优势。各大汽车制造厂商也看到了新能源汽车的发展空间,开始加大研发和推广力度。

全球环境保护的呼声日益高涨,新能源汽车能够满足更苛刻的环保要求,并且一定程度上可以抑制温室气体的排放。我国在汽车产业飞速发展的同时面临严重的环境问题,以雾霾为主的环境污染已成为我国政府面临的一大问题,因为汽车尾气是我国环境污染的一个主要来源。针对汽车尾气污染问题,很多国家和地区针对汽车尾气排放的标准越来越严格。而为了达到不断提高的汽车尾气排放标准,各大汽车厂商不断改进发动机,提升效率,但技术提升的难度越来越大。发展新能源汽车以代替常规汽车,可以从根本上解决汽车尾气排放问题,从而改善空气质量,保护环境。

汽车工业是国民经济的支柱产业,并且汽车与人们的生活息息相关,已成为现代社会必不可少的组成成分。但是,以石油为燃料的传统汽车在为人们提供快捷、舒适的交通工具的同时,增加了国民经济对化石能源的依赖,加深了能源生产与消费之间的矛盾。随着资源与环境双重压力的持续增大,发展新能源汽车已成为未来汽车工业发展的方向。

三、新能源汽车研究的目的

立足于相关的能源知识,根据原电池原理和电解池原理,结合个人兴趣爱好,并借助研究性学习,深入了解新能源汽车,了解新能源汽车的动力系统,尽可能透彻地研究动力系统,尤其是纯电动车和混合动力,并将研究结果运用到日常生活中,形成环保选车、环保出行的意识。

四、新能源汽车的作用

1. 发展新能源汽车是缓解石油短缺的重要措施

发展新能源汽车是减少对石油的依赖,解决快速增长的能源需求与石油资源日渐枯竭的矛盾的重要途径之一。

近年来,我国汽车市场发展迅速,2012 年乘用车产销量就已突破 1500 万辆。加之我国正处于工业化、城市化和机动化的重要阶段,汽车需求快速增长,且汽车消费市场还有相当大的发展空间。因此,大力发展新能源汽车是缓解我国石油短缺、降低石油对外依存度的重要措施。

2. 发展新能源汽车是降低环境污染的有效途径

新能源汽车与传统汽车相比,具有良好的环保性能,不仅尾气排放量少,而且效率高。

近年来,世界各国高度关注温室气体排放和气候变化问题。我国经济高速发展,但也面临严重的环境问题,如果能在新能源汽车领域率先实现突破,将会改变我国在气候变化上的被动地位,并为解决日益严重的能源环境问题做出积极贡献。

3.发展新能源汽车是汽车工业发展的必由之路

新能源汽车将催生汽车动力技术的一场革命,并必将带动汽车产业升级,建立新型的国民经济战略产业,是汽车工业发展的必由之路。

4.发展新能源汽车(电动车)是智能电网建设的重要内容

传统的电力系统实际用电负荷的波动性与发电机组额定工况下所要求的用电负荷稳定性之间存在固有矛盾,如何处理电力系统的峰谷差一直是让电网企业头疼的问题。

我国电力装机已突破8亿千瓦,并将持续增长,然而许多机组是为了应对电力系统短时间的峰值负荷而建设的,如果措施得法,建设6亿千瓦的装机容量就够用了。可以预计,作为智能电网建设的重要组成部分,电动车的发展能协助解决这一问题。

第二节　新能源汽车技术

一、混合动力汽车

1.概念

混合动力车辆是指使用两种或以上能源的车辆,目前的混合动力车多数由内燃机及电动机推动,此类混合动力车叫油电混合动力车(Hybrid electric vehicle,简称HEV)。多数油电混合动力车使用燃油,因消耗较少燃油,且性能表现不错,被视为比一般由内燃引擎发动的车辆更环保的汽车。近年有的车辆可以从输电网络上向内部电池充电,叫插电式混合动力汽车(Plug-in hybridelectric vehicle,简称PHEV)。若发电厂使用可再生能源或碳排放量低的发电方式,那就可以进一步降低碳排放量。

2.分类

混合动力汽车的种类目前主要有3种。一种是以发动机为主动力,电动马达作为辅助动力的"并联方式"。这种方式主要以发动机驱动行驶,电动马达启动时产生强大的动力,在汽车起步、加速等发动机燃油消耗较大时,用电动马达辅助驱动的方式来降低发动机的油耗。这种方式的结构比较简单,只需要在汽车上增加电动马达和电瓶。另外一种是在低速时只靠电动马达驱动行驶,速度提高时由发动机和电动马达配合驱动的"串、并联方式"。启动和低速时只靠电动马达驱动行驶,当速度提高时,由发动机和电动马达共同高效地分担动力,这种方式需要动力分担装置和发电机等,因此结构复杂。还有一种是只用电动马达驱动行驶的电动汽车"串联方式",发动机只作为电力的动力源,汽车靠电动马达驱动行驶。

3. 工作原理

混合动力电动汽车的动力系统主要由控制系统、驱动系统、辅助动力系统和电池组等部分构成。

以串联混合动力电动汽车为例,介绍一下混合动力电动汽车的工作原理。

在车辆行驶之初,电池组处于电量饱满状态,其能量输出可以满足车辆要求,辅助动力系统不需要工作。电池电量低于60%时,辅助动力系统启动;当车辆能量需求较大时,辅助动力系统与电池组同时为驱动系统提供能量;当车辆能量需求较小时,辅助动力系统为驱动系统提供能量的同时,还给电池组进行充电。由于电池组的存在,发动机在一种相对稳定的工况下工作,使其排放得到改善。

混合动力汽车采用能够满足汽车巡航需要的小排量发动机,依靠电动机或其他辅助装置提供加速与爬坡时所需的附加动力。其结果是提高了总体效率,同时并不降低性能。混合动力车装配可回收制动能量装置。在传统汽车中,当司机踩制动时,这种本可用来给汽车加速的能量作为热量被白白浪费。而混合动力车却能回收大部分能量,并将其暂时贮存起来供加速时再用。混合动力车通过对动力系统的智能控制来取得最大的效率,比如在公路上巡航时使用汽油发动机:而在低速行驶时,可以单靠电机驱动,不用汽油发动机辅助;某些情况下,两者相结合以获得最大效率。

4. 优、缺点

混合动力汽车通过把内燃机和电动机巧妙结合,获得了最高的效率,在保证动力足够输出的前提下,有效节省燃油。在目前充电站并未大规模建成的情况下,混合动力汽车可继续依靠现有加油站来保证它的正常使用。但混合动力汽车还存在一定的技术问题,电池效率还有待进一步优化,以降低实际使用成本,来实现大规模推广使用。

二、天然气车

1. 概念

简单地说,天然气汽车是以天然气为燃料的一种气体燃料汽车。天然气的甲烷含量一般在90%以上,它是一种很好的汽车发动机燃料。目前,天然气被世界公认为最现实和技术上比较成熟的车用汽油、柴油的代用燃料。

2. 工作原理

目前,国内外汽车使用天然气时,都是将原来的燃油发动机进行改装,以适合燃烧天然气。按燃烧天然气的特点专门设计、制造的发动机还比较少,天然气车的工作原理根据工作原理的不同、改用天然气的工作方式有以下两种。(1)汽油车使用天然气作为燃料,工作原理与原来的汽油机相同,高压气瓶中储存的天然气经过减压后被送到混合器中,在此与空气混合,进入气缸;使用原汽油机的点火系统中的火花塞点火。原汽油机的压缩比不变,原发动机结构基本不变,只是另外加上天然气的储气瓶、减压阀及相应的开关。(2)柴油汽车的改装有两种方法。第一种是原柴油机结构基本不变,按电点火方式改装,即按汽油机工作原理工作。第二种是原柴油机的燃料系统不变,再加上和上面相同的天然气燃料系统,一般压缩比不变。发动机气缸吸入空气和天然气的混合气后,由原来的柴油喷油器喷入少量的柴油作引燃用。柴油被点着后,点燃可燃混合气进行工作,这就是双燃料天然气发动机的工作原理。

3. 优、缺点

(1)优点

①天然气汽车是清洁燃料汽车。

②天然气汽车有显著的经济效益,可降低汽车营运成本。

③比汽油汽车更安全。压缩天然气本身就是比较安全的燃料,天然气燃点高,不易点燃;密度低,很难形成遇火燃烧的浓度;辛烷值高,抗爆性能好;爆炸极限窄,天然气燃烧困难。

(2)缺点

①压缩天然气汽车所用的配件比汽油车要求更高。

②压缩天然气汽车的动力性略有降低。燃烧天然气的汽车动力性下降5%～15%。

③改装的一次性投资较大。目前,改装一辆压缩天然气汽车大约需4000～6000元,不过随着日后技术的不断进步,费用会继续降低。

三、纯电动车

(一)概念

纯电动汽车是指由电机驱动的汽车,电机的驱动电能来源于车载可充电蓄电池或其他能量储存装置。纯电动汽车的电机相当于内燃机汽车的发动机,蓄电池或其他能量储存装置相当于内燃机汽车油箱中的燃料。目前,纯电动汽车是发展最快的新能源汽车,也是新能源汽车发展的重点。

电动汽车标准体系建设直接关系到整个产业的可持续发展,目前我国已发布电动汽车标准80余项,涵盖电动汽车整车、关键总成(含电池、电机、电控)、充换电设施、充电接口和通信协议等,明确了电动汽车的分类和定义,以及测试方法和技术要求,规定了电池、电机等关键零部件的技术条件,规范了充换电基础设施建设,统一了车与充电设施之间的充电接口和通信协议。建立的电动汽车标准体系基本满足现阶段电动汽车市场准入、科研、产业化和商用化运行的需要。

1.电源系统

电源系统主要包括动力电池、电池管理系统、车载充电机及辅助动力源等。动力电池是电动汽车的动力源,是能量的存储装置,也是目前制约电动汽车发展的关键因素,要使电动汽车有竞争力,关键是开发出比能量高、比功率大、使用寿命长、成本低的动力电池。目前纯电动汽车以锂离子蓄电池为主。电池管理系统实时监控动力电池的使用情况,对动力电池的端电压、内阻、温度、电解液浓度、当前电池剩余电量、放电时间、放电电流和放电深度等动力蓄电池状态参数进行检测,并按动力电池对环境温度的要求进行调温控制,通过限流控制避免动力蓄电池过充、过放电,对有关参数进行显示和报警,其信号流向辅助系统的车载信息显示系统,以便驾驶员随时掌握信息并配合其操作,按需要及时对动力电池充电并进行维护保养。车载充电机是把电网供电制式转换为对动力电池充电要求的制式,即把交流电转换为相应电压的直流电,并按要求控制其充电电流。辅助动力源一般为 12 V 或 24 V 的直流低压电源,它主要给动力转向、制动力调节控制、照明、空调、电动窗门等各种辅助用电装置提供所需的能源。

2. 驱动电机系统

驱动电机系统主要包括电机控制器和驱动电机。电机控制器是按整车控制器的指令、驱动电机的转速和电流反馈信号等,对驱动电机的转速、转矩和旋转方向进行控制。电机在纯电动汽车中承担着电动和发电的双重功能,即在正常行驶时承担主要的电动功能,将电能转化为机械旋转能;而在减速和下坡滑行时又要发电,承担发电机功能,将车轮的惯性动能转换为电能。

3. 整车控制器

整车控制器根据驾驶员输入的加速踏板和制动踏板的信号,向电机控制器发出相应的控制指令,对电机进行启动、加速、减速、制动控制。在纯电动汽车减速和下坡滑行时,整车控制器配合电源系统的电池管理系统进行发电回馈,使动力蓄电池反向充电。整车控制器还对动力蓄电池的充、放电过程进行控制。与汽车行驶状况有关的速度、功率、电压、电流及有关故障诊断等信息还需传输到车载信息显示系统进行相应的数字或模拟显示。

4. 辅助系统

辅助系统包括车载信息显示系统、动力转向系统、导航系统、空调、照明及除霜装置、刮水器和收音机等,这些辅助设备可提高汽车的操纵性和乘员的舒适性。

未来电动汽车的车载信息显示系统将全面超越传统汽车仪表的现有功能,系统主要功能包括全图形化数字仪表、GPS 导航、车载多媒体影音娱乐、整车状态显示、远程故障诊断、无线通信、网络办公、信息处理、智能交通辅助驾驶等。未来的车载信息显示系统是人、车、环境的充分交互,集电子、通信、网络、嵌入式等技术为一体的高端车载综合信息显示平台。

5. 纯电动汽车驱动系统布置形式

纯电动汽车驱动系统布置形式是指驱动轮数量、位置以及驱动电机系统布置的形式。电动汽车的驱动系统是电动汽车的核心部分,其性能决定着电动汽车行驶性能的好坏。电动汽车的驱动系统布置取决于电机驱动方式,可以有多种类型。电动汽车的驱动方式主要有后轮驱动、前轮驱动和四轮驱动。

(1) 后轮驱动方式

后轮驱动方式是传统的布置方式,适合中高级电动轿车和各种类型电动客货车,有利于车轴负荷分配均匀,汽车操纵稳定性、行驶平顺性较好。

后轮驱动方式主要有传统后驱动布置形式、电机—驱动桥组合后驱动布置形式、电机—变速器一体化后驱动布置形式、轮边电机后驱动布置形式、轮毂电机后驱动布置形式等。

传统后驱动布置形式与传统内燃机汽车后轮驱动系统的布置方式基本一致,带有离合器、变速器和传动轴,驱动桥与内燃机汽车驱动桥一样,只是将发动机换成电机。变速器通常有 $2 \sim 3$ 个挡位,可以提高电动汽车的启动转矩,增加低速时电动汽车的后备功率。这种布置形式一般用于改造型电动汽车。

电机—驱动桥组合后驱动布置形式取消了离合器、变速器和传动轴,但具有减速差速机构,把驱动电机、固定速比的减速器和差速器集合为一个整体,通过 2 个半轴来驱动车轮。此种布置形式的整个传动长度比较短,传动装置体积小,占用空间小,容易布置,可以进一步降低整车的重量,但对电机的要求较高,不仅要求电机具有较高的启动转矩,而且要求电机具有较大的后备功率,以保证电动汽车的启动、爬坡、加速超车等动力性。一般低速电动汽车采用这种布置形式。

电机—变速器一体化驱动系统可以综合协调控制电机和变速器,最大限度地改善电机的输出动力特性,增大电机转矩的输出范围,在提升电动汽车的动力性的同时,使电机最大限度地工作在高效经济区域内。变速器一般采用 2 挡自动变速器。

采用轮边电机后驱动布置形式的轮边电机与减速器集成后融入驱动桥上,采用刚性连接,减少高压电器数量和动力传输线路长度。优化后的驱动系统可降低车身高度,提高承载量,提升有效空间。

轮毂电机后驱动的纯电动汽车,零部件数量较少,动力系统的体积较小,因而车辆的动力系统变得更加简单,车内空间的实用性和利用率大大提高。每个车轮独立的轮毂电机省掉了传动半轴和差速器等装置,同样节省了大量空间且传动效率更高。将动力蓄电池放置在传统的发动机舱中,将辅助蓄电池、电机控制器、充电机等布置在车尾附近,根据实际需要,可以在车辆上灵活地布置电池组。从另一个方面来看,在满足目前空间需求的前提下,采用轮毂电机驱动的车辆在体积上变得更加小巧,这将改善城市的拥堵和停车等问题。同时,独立的轮毂电机在驱动车辆方面灵活性更高,能够实现传统车辆难以实现的功能或驾驶特性。

（2）前轮驱动方式

前轮驱动纯电动汽车结构紧凑,有利于其他总成的安排,在转向和加速时,行驶稳定性较好;前轮驱动兼转向,结构复杂,上坡时前轮附着力减小,易打滑。前轮驱动方式适用于中级及中级以下的电动轿车。

前轮驱动方式主要有电机—驱动桥组合前驱动布置形式、电机—变速器组合前驱动布置形式、电机—变速器一体化前驱动布置形式、轮边电机前驱动布置形式、轮毂电机前驱动布置形式等。

（3）四轮驱动方式

四轮驱动方式适用于动力性强的电动轿车或城市 SUV,与四轮驱动内燃机汽车相比,四轮驱动纯电动汽车能够取消部分传动零件,提高空间的利用率和动力的传递效率。

四轮驱动方式主要采用轮边电机或轮毂电机方式。电机四轮驱动可以极大地节省空间,并且每个车轮都是一个独立的动力单元,因此能够实现对每一个车轮进行精准的转矩分配,反应更快、更直接,效率更高,这是目前传统四轮驱动汽车无法做到的。轮边电机和轮毂电机驱动布置形式是纯电动汽车驱动系统布置形式的发展趋势。

随着电机技术和变速技术的发展,会有更多驱动系统布置形式出现。电动汽车驱动系统布置的原则是简单、节省空间、效率高。

6. 动力性能要求

车辆的动力性能应满足以下要求:

①30 min 最高车速。30 min 最高车速是指电动汽车能够以最高平均车速持续行驶 30 min 以上。按照 GB/T 18385—2005《电动汽车动力性能试验方法》规定的试验方法测量 30 min 最高车速,其值应不低于 80 km/h。

②加速性能。按照 GB/T 18385—2005《电动汽车动力性能试验方法》规定的试验方法测量车辆 0~50 km/h 和 50~80 km/h 的加速性能,其加速时间应分别不超过 10 s 和 15 s。

③爬坡性能。按照 GB/T 18385—2005《电动汽车动力性能试验方法》规定的试验方法测量车辆爬坡速度和最大爬坡度,车辆通过 4% 坡度的爬坡速度不低于 60 km/h;车辆通过 12% 坡度的爬坡速度不低于 30 km/h;车辆最大爬坡度不低于 20%。

7. 可靠性要求

车辆的可靠性应满足以下要求:

①里程分配。可靠性行驶的总里程为 15000 km,其中强化坏路 2000 km,平坦公路 6000 km,高速公路 2000 km,工况行驶 5000 km(工况行驶按照 GB/T 19750 中的要求进行);可靠性行驶试验前的动力性能试验里程以及各试验间的行驶里程等可计入可靠性试验里程。

②故障。整个可靠性试验过程中,整车控制器及总线系统、动力蓄电池及管理系统、电机及电机控制器、车载充电机等系统和设备不应出现危及人身安全、引起主要总成报废、对周围环境造成严重危害的故障(致命故障);也不应出现影响行车安全、引起主要零部件和总成严重损坏或用易损备件和随车工具不能在短时间内排除的故障(严重故障)。

③车辆维护。车辆的正常维护和充电应按照车辆制造厂的规定;整个行驶试验期间,不应更换动力系统的关键部件,如电机及其控制器、动力蓄电池及管理系统、车载充电机。

④性能复试。可靠性试验结束后,进行 30 min 最高车速、续驶里程复试。其 30 min 最高车速复测值应不低于初始所测值的 80%,且应不低于 70 km/h;工况续驶里程复试值应不低于初始所测值的 80%,且应不低于 70 km。

(二)纯电动车工作原理

电动汽车由电力驱动及控制系统、驱动力传动等机械系统构成。电力驱动及控制系统是电动汽车的核心,也是区别于内燃机汽车的最大不同点。电力驱动及控制系统由驱动电动机、电源和电动机的调速控制装置等组成。电动汽车的其他装置基本与内燃机汽车相同,纯电动车所用的电池多是镍氢电池或锂离子电池,可回收再利用。

1. 纯电动汽车电源系统

纯电动汽车电源系统主要由动力电池、电池管理系统、车载充电机、辅助电源等组成,其功能是向用电装置提供电能、监测动力电池使用情况以及控制充电设备向蓄电池充电。

(1)动力电池主要性能指标

电动汽车上的动力电池主要是化学电池,即利用化学反应发电的电池,分为原电池、蓄电池和燃料电池;物理电池一般作为辅助电源使用,如超级电容器。

动力电池是电动汽车的储能装置,要评定动力电池的实际效应,主要是看其性能指标。动力电池性能指标主要有电压、容量、内阻、能量、功率、输出效率、自放电率、使用寿命等,动力电池种类不同,其性能指标也有差异。

电池电压主要有端电压、标称(额定)电压、开路电压、工作电压、充电终止电压和放电终止电压等。

①端电压。电池的端电压是指电池正极与负极之间的电位差。

②标称电压。标称电压也称额定电压,是指电池在标准规定条件下工作时应达到的电压。标称电压由极板材料的电极电位和内部电解液的浓度决定。铅酸蓄电池的标称电压是 2 V,金属氢化物镍蓄电池的标称电压为 1.2 V,磷酸铁锂电池的标称电压为 3.2 V,锰酸锂离子电池的标称电压为 3.7 V。

③开路电压。电池在开路条件下的端电压称为开路电压,即电池在没有负载情况下的端电压。

④工作电压。工作电压也称负载电压,是指电池接通负载后处于放电状态下的端电压。电池放电初始的工作电压称为初始电压。

⑤充电终止电压。蓄电池充足电时,极板上的活性物质已达到饱和状态,再继续充电,电池的电压也不会上升,此时的电压称为充电终止电压。铅酸蓄电池的充电终止电压为 2.7 ~ 2.8 V,金属氢化物镍蓄电池的充电终止电压为 1.5 V,锂离子蓄电池的充电终止电压为 4.25 V。

⑥放电终止电压。放电终止电压是指电池在一定标准所规定的放电条件下放电时,电池的电压将逐渐降低,当电池不宜继续放电时,电池的最低工作电

压称为放电终止电压。如果电压低于放电终止电压后电池继续放电,电池两端电压会迅速下降,形成深度放电。这样,极板上形成的生成物在正常充电时就不易再恢复,从而影响电池的寿命。放电终止电压和放电率有关,放电电流直接影响放电终止电压。在规定的放电终止电压下,放电电流越大,电池的容量越小。金属氢化物镍蓄电池的放电终止电压为 1 V,锂离子蓄电池的放电终止电压为 3.0 V。

(2)容量

容量是指完全充电的蓄电池在规定条件下所释放的总的电量,单位为 A·h 或 kA·h,它等于放电电流与放电时间的乘积。单元电池内活性物质的数量决定单元电池含有的电荷量,而活性物质的含量由电池使用的材料和体积决定,通常电池体积越大,容量越高。电池的容量可以分为额定容量、n 小时率容量、理论容量、实际容量、荷电状态等。

①额定容量。额定容量是指在室温下完全充电的蓄电池以 I_1(A)电流放电,达到终止电压时所放出的容量。

②n 小时率容量。n 小时率容量是指完全充电的蓄电池以 n 小时率放电电流放电,达到规定终止电压时所释放的电量。

③理论容量。理论容量是把活性物质的质量按法拉第定律计算得到的最高理论值。为了比较不同系列的电池,常用比容量的概念,即单位体积或单位质量的电池所能给出的理论电量,单位为 A·h/L 或 A·h/kg。

④实际容量。实际容量也称可用容量,是指蓄电池在一定条件下所能输出的电量,它等于放电电流与放电时间的乘积,其值小于理论容量。实际容量反映了蓄电池实际存储电量的大小,蓄电池容量越大,电动汽车的续驶里程就越远。在使用过程中,电池的实际容量会逐步衰减。国家标准规定,新出厂的电池实际容量大于额定容量值的为合格电池。

⑤荷电状态。荷电状态(state of charge,SOC)是指蓄电池在一定放电倍率下,剩余电量与相同条件下额定容量的比值,反映蓄电池容量变化的特性。SOC =1 即表示蓄电池为充满状态。随着蓄电池的放电,蓄电池的电荷逐渐减少,此时蓄电池的充电状态可以用 SOC 值的百分数的相对量来表示电池中电荷的变化状态。一般蓄电池放电高效率区为 50% ~ 80% SOC。对蓄电池 SOC 值的估

算已成为电池管理的重要环节。

（3）内阻

电池的内阻是指电流流过电池内部时所受到的阻力，一般是蓄电池中电解质，正、负极群，隔板等电阻的总和。电池内阻越大，电池自身消耗掉的能量越多，电池的使用效率越低。内阻很大的电池在充电时发热很严重，使电池的温度急剧上升，对电池和充电机的影响都很大。随着电池使用次数的增多，由于电解液的消耗及电池内部化学物质活性的降低，蓄电池的内阻会有不同程度的升高。电池内阻通过专用仪器测量得到。

绝缘电阻是电池端子与电池箱或车体之间的电阻。

（4）能量

电池的能量是指在一定放电制度下，电池所能输出的电能，单位为 W·h 或 kW·h。它影响电动汽车的续驶里程。电池的能量分为总能量、理论能量、实际能量、比能量、能量密度、充电能量、放电能量等。

①总能量。总能量是指蓄电池在其寿命周期内电能输出的总和。

②理论能量。理论能量是电池的理论容量与额定电压的乘积，指一定标准所规定的放电条件下，电池所输出的能量。

③实际能量。实际能量是电池实际容量与平均工作电压的乘积，表示在一定条件下电池所能输出的能量。

④比能量。比能量也称质量比能量，是指电池单位质量所能输出的电能，单位为 W·h/kg。我们常用比能量来比较不同的电池系统。

比能量有理论比能量和实际比能量之分。理论比能量是指 1 kg 电池反应物质完全放电时理论上所能输出的能量；实际比能量是指 1 kg 电池反应物质所能输出的实际能量。由于各种因素的影响，电池的实际比能量远小于理论比能量。

电池的比能量是综合性指标，它反映了电池的质量水平。电池的比能量影响电动汽车的整车质量和续驶里程，是评价电动汽车的动力电池是否满足预定的续驶里程的重要指标。

⑤能量密度。能量密度也称体积比能量，是指电池单位体积所能输出的电能，单位为 W·h/L。

⑥充电能量。充电能量是指通过充电机输入蓄电池的电能。

⑦放电能量。放电能量是指蓄电池放电时输出的电能。

(5)功率

电池的功率是指电池在一定的放电制度下,单位时间内所输出能量的大小,单位为 W 或 kW。电池的功率决定了电动汽车的加速性能和爬坡能力。

①比功率。单位质量电池所能输出的功率称为比功率,也称质量比功率,单位为 W/kg 或 kW/kg。

②功率密度。从蓄电池的单位质量或单位体积所获取的输出功率称为功率密度,单位为 W/kg 或 W/L。从蓄电池的单位质量所获取的输出功率称为质量功率密度;从蓄电池的单位体积电池所获取的输出功率称为体积功率密度。

(6)输出效率

动力电池作为能量存储器,充电时把电能转化为化学能储存起来,放电时把电能释放出来。在这个可逆的电化学转换过程中,有一定的能量损耗,能量损耗通常用电池的容量效率和能量效率来表示。影响能量效率的原因是电池存在内阻,它使电池充电电压增加,放电电压下降。内阻的能量以电池发热的形式损耗掉。

(7)自放电率

自放电率是指电池在存放期间容量的下降率,即电池无负荷时自身放电使容量损失的速度,它表示蓄电池搁置后容量变化的特性。自放电率用单位时间容量降低的百分数表示。

(8)放电倍率

电池放电电流的大小常用"放电倍率"表示,电池的放电倍率用放电时间表示或者说以一定的放电电流放完额定容量所需的小时数来表示,由此可见,放电时间越短,放电倍率越高,则放电电流越大。

放电倍率等于额定容量与放电电流之比,根据放电倍率的大小,可分为低倍率(<0.5 C)、中倍率($0.5\sim3.5$ C)、高倍率($3.5\sim7.0$ C)、超高倍率(>7.0 C)。

例如,某电池的额定容量为 20 A·h,若用 4 A 电流放电,则放完 20 A·h 的额定容量需用 5 h,也就是说以 5 倍率放电,用符号 C/5 或 0.2 C 表示,为低倍率。

(9)使用寿命

使用寿命是指电池在规定条件下的有效寿命期限。电池发生**内**部短路或损坏而不能使用,以及容量达不到规范要求时电池使用失效,这时电池的使用寿命终止。

电池的使用寿命包括使用期限和使用周期。使用期限是指电池可供使用的时间,包括电池的存放时间。使用周期是指电池可供重复使用的次数,也称循环寿命。

除此之外,成本也是一个重要的指标。目前,电动汽车发展的瓶颈之一就是电池价格高。

2.动力电池的主要类型

电动汽车的动力电池主要有铅酸蓄电池、金属氢化物镍蓄电池、锂离子蓄电池、锌空气电池、超级电容器等。

3.动力蓄电池循环寿命测试

蓄电池循环寿命是衡量蓄电池性能的一个重要参数。在一定的充放电制度下,蓄电池容量降至某一规定值之前,蓄电池所能承受的循环次数,称为蓄电池的循环寿命。影响蓄电池循环寿命的因素有电极材料、电解液、隔膜、制造工艺、充放电制度、环境温度等,在进行循环寿命测试时,要严格控制测试条件。

动力蓄电池循环寿命主要分为标准循环寿命和工况循环寿命。标准循环寿命是指测试样品按规定办法进行标准循环寿命测试时,循环次数达到 500 次时放电容量应不低于初始容量的 90%,或者循环次数达到 1000 次时放电容量应不低于初始容量的 80%。工况循环寿命根据电动汽车类型的不同而不同。

4.纯电动汽车驱动电机系统

纯电动汽车驱动电机系统主要由电机和电机控制器组成,其中电机是电动汽车的核心部件之一,其性能的好坏直接影响电动汽车驱动系统的性能,特别是电动汽车的最高车速、加速性能及爬坡性能等。电动汽车的电机主要有直流电机、无刷直流电机、异步电机、永磁同步电机、开关磁阻电机等。

(1)电机的主要性能指标

电机是将电能转换成机械能或将机械能转换成电能的装置,它具有能做相对运动的部件,是一种依靠电磁感应而运行的电气装置。电机主要性能指标有额定功率、峰值功率、额定转速、最高工作转速、额定转矩、峰值转矩、堵转转矩、额定电压、额定电流、额定频率等。

①额定功率。额定功率是指电机额定运行条件下轴端输出的机械功率。

电机的功率等级有 1 kW、2.2 kW、3.7 kW、5.5 kW、7.5 kW、11 kW、15 kW、18.5 kW、22 kW、30 kW、37 kW、45 kW、55 kW、75 kW、90 kW、110 kW、132 kW、150 kW、160 kW、185 kW、200 kW 及以上。

②峰值功率。峰值功率是指电机在规定的时间内运行的最大输出功率。

③额定转速。额定转速是指额定运行(额定电压、额定功率)条件下电机的最低转速。

④最高工作转速。最高工作转速是指在额定电压时,电机带载运行所能达到的最高转速,它影响电动汽车的最高设计速度。

⑤额定转矩。额定转矩是指电机在额定功率和额定转速下的输出转矩。

⑥峰值转矩。峰值转矩是指电机在规定的持续时间内允许输出的最大转矩。

⑦堵转转矩。堵转转矩是指转子在所有角位堵住时所产生的最小转矩。

⑧额定电压。额定电压是指电机正常工作的电压。电机电源的电压等级为 36 V、48 V、120 V、144 V、168 V、192 V、216 V、240 V、264 V、288 V、312 V、336 V、360 V、384 V、408 V、540 V、600 V。

⑨额定电流。额定电流是指电机额定运行(额定电压、额定功率)条件下电枢绕组(或定子绕组)的线电流。

⑩额定频率。额定频率是指电机额定运行条件下电枢(或定子侧)的频率。

电机在额定运行条件下输出额定功率时,称为满载运行,这时电机的运行性能、经济性及可靠性等均处于优良状态。输出功率超过额定功率时称为过载运行,这时电机的负载电流大于额定电流,将会引起电机过热,从而减少电机的使用寿命,严重时甚至会烧毁电机。电机的输出功率小于额定功率时称为轻载运行,轻载运行时电机的效率和功率因数等运行性能均较差,因此应尽量避免电机轻载运行。

(2)直流电机

直流电机是将直流电能转换成机械能的电机,是电机的主要类型之一,具有结构简单、技术成熟、控制容易等特点,在早期的电动汽车或希望获得更简单的结构的电动汽车中应用,特别是场地用电动车辆和低速电动汽车。

①直流电机的类型

直流电机分为绕组励磁式直流电机和永磁式直流电机。在电动汽车所采用的直流电机中,小功率电机采用的是永磁式直流电机,大功率电机采用的是绕组励磁式直流电机。

绕组励磁式直流电机根据励磁方式的不同,可分为他励式、并励式、串励式和复励式4种类型。

A 他励式直流电机　他励式直流电机的励磁绕组与电枢绕组无连接关系,而由其他直流电源对励磁绕组供电。因此励磁电流不受电枢端电压或电枢电流的影响。永磁式直流电机也可看作他励式直流电机。

在他励式直流电机运行过程中,励磁磁场稳定而且容易控制,容易实现电动汽车的再生制动要求。但当采用永磁激励时,虽然电机效率高,重量和体积较小,但由于励磁磁场固定,电机的机械特性不理想,驱动电机产生不了足够大的输出转矩来满足电动汽车启动和加速时的大转矩要求。

B 并励式直流电机　并励式直流电机的励磁绕组与电枢绕组并联,共用同一电源,性能与他励式直流电机基本相同。并励绕组两端电压就是电枢两端电压,但是励磁绕组用细导线绕成,其匝数很多,因此具有较大的电阻,使得通过它的励磁电流较小。

C 串励式直流电机　串励式直流电机的励磁绕组与电枢绕组串联后,再接于直流电源,这种直流电机的励磁电流就是电枢电流。这种电机内磁场随着电枢电流的改变有显著的变化。为了使励磁绕组不引起大的损耗和电压降,励磁绕组的电阻越小越好,所以串励式直流电机通常用较粗的导线绕成,它的匝数较少。

串励式直流电机在低速运行时,能给电动汽车提供足够大的转矩,而在高速运行时,电机电枢中的反电动势增大,与电枢串联的励磁绕组中的励磁电流减小,电机高速运行时的弱磁调速功能易于实现,因此串励式直流电机驱动系统较符合电动汽车的特性要求。但串励式直流电机由低速到高速运行时弱磁调速特性不理想,随着电动汽车行驶速度的加快,驱动电机输出转矩快速减小,不能满足电动汽车高速行驶时由于风阻大而需要输出较大转矩的要求。串励式直流电机运行效率低;在实现电动汽车的再生制动时,由于没有稳定的励磁磁场,再生制动的稳定性差;再生制动需要加接触器切换,这使得驱动电机控制系统的故障率较高,可靠性较差。另外,串励式直流电机的励磁绕组损耗大,体积和重量也较大。

D 复励式直流电机 复励式直流电机有并励和串励两个励磁绕组,电机的磁通由两个绕组内的励磁电流产生。若串励绕组产生的磁通势与并励绕组产生的磁通势方向相同,称为积复励。若两个磁通势方向相反,则称为差复励。

复励式直流电机的永磁励磁部分采用高磁性材料钕铁硼,运行效率高。由于电机永磁励磁部分有稳定的磁场,因此用该类电机构成驱动系统时易实现再生制动功能。同时由于电机增加了增磁绕组,通过控制励磁绕组的励磁电流或励磁磁场的大小,能克服纯永磁他励式直流电机不能产生足够的输出转矩的问题,可以满足电动汽车低速或爬坡时的大转矩要求,而电机的重量和体积比串励式直流电机小。

电动汽车所使用的直流电机主要有他励式直流电机(包括永磁式直流电机)、串励式直流电机和复励式直流电机 3 种类型。

小功率(100 W ~ 10 kW)的直流电机采用的是小型高效的永磁式直流电机,可以应用在小型、低速的搬运设备上,如电动自行车、休闲用电动汽车、高尔夫球车、电动叉车。

中等功率(10 ~ 100 kW)的直流电机采用他励、复励或串励式,可以用于结构简单、转矩要求较大的电动货车上。

大功率(>100 kW)的直流电机采用串励式,可用在要求低速、大转矩的专用电动车上,如矿石搬运电动车、玻璃电动搬运车。

②直流电机的结构

直流电机由定子与转子两大部分构成,定子和转子之间的间隙称为气隙。

A 定子部分 直流电机定子主要由主磁极、机座、换向极和电刷装置等组成。

主磁极的作用是建立主磁场,它由主极铁芯和套装在铁芯上的励磁绕组构成。主极铁芯一般由 1 ~ 1.5 mm 的低碳钢板冲压成一定形状后叠装固定而成,是主磁路的一部分。励磁绕组用扁铜线或圆铜线绕制而成,产生励磁磁动势。

机座用铸钢或厚钢板焊接而成,它既是主磁路的一部分,又是电机的结构框架。

换向极的作用是改善直流电机的换向情况,使直流电机运行时不产生有害的火花。它由换向极铁芯和套装在铁芯上的换向极绕组构成。

电刷装置由电刷、刷握、刷杆、汇流排等组成,用于电枢电路的引入或引出。

B 转子部分　转子部分包括电枢铁芯、电枢绕组、换向器等。

电枢铁芯既是主磁路的组成部分,又是电枢绕组的支撑部分,电枢绕组嵌放在电枢铁芯的槽内。电枢铁芯一般用 0.55 mm 的硅钢冲片叠压而成。

电枢绕组由扁铜线或圆铜线按一定规律绕制而成,它是直流电机的电路部分,也是产生电动势和电磁转矩进行机电能量转换的部分。

换向器由冷拉梯形铜排和绝缘材料等构成,用于电枢电流的换向。

③直流电机的控制

直流电机转速控制方法主要有电枢调压控制、磁场控制和电枢回路电阻控制。

A 电枢调压控制　电枢调压控制是指通过改变电枢的端电压来控制电机的转速。这种控制只适合电机基速以下的转速控制,它可保持电机的负载转矩不变,电机转速近似与电枢端电压成比例变化,所以称为恒转矩调速。直流电机采用电枢调压控制,可实现在较大范围内的连续平滑的速度控制,调速比一般可达 1:10,如果与磁场控制配合使用,调速比可达 1:30。电枢调压控制需要专用的可控直流电源,过去常用电动—发电机组,现在大、中容量的可控直流电源广泛采用晶闸管可控整流电源,小容量则采用电力晶体管的 PWM 控制电源,电动汽车用的直流电机常用斩波控制器作为电枢调压控制电源。

电枢调压控制的调速过程:当磁通保持不变时,减小电压,由于转速不立即发生变化,反电动势也暂时不变化,由于电枢电流减小,转矩也减小;如果阻转矩未变,则转速下降。随着转速的降低,反电动势减小,电枢电流和转矩随之增大,直到转矩与阻转矩再次平衡为止,但这时转速已经较原来减慢了。

B 磁场控制　磁场控制是指通过调节直流电机的励磁电流改变每极的磁通量,从而调节电机的转速,这种控制只适合电机基数以上的控制。当电枢电流不变时,具有恒功率调速特性。磁场控制效率高,但调速范围小,一般不超过 1:3,而且响应速度较慢。磁场控制可采用可变电阻器,也可采用可控整流电源作为励磁电源。

C 磁场控制的调速过程　当电压保持恒定时,减小磁通,由于机械惯性,转速不立即发生变化,于是反电动势减小,电枢电流随之增加。由于电枢电流增加的影响超过磁通减小的影响,所以转矩增加了。如果阻转矩未变,则转速上升。随着转速的升高,反电动势增大,电枢电流和转矩也随之减小,直到转矩和阻转矩再次平衡为止,但这时转速已经较原来加快了。

D电枢回路电阻控制 电枢回路电阻控制是指当电机的励磁电流不变时,通过改变电枢回路电阻来调节电机的转速。这种控制方法的机械特性较软,而且电机运行不稳定,一般很少应用。小型串励电机常采用电枢回路电阻控制方式。

④无刷直流电机

无刷直流电机是用电子换向装置代替有刷直流电机的机械换向装置,保留了有刷直流电机宽阔而平滑的优良调速性能,克服了有刷直流电机机械换向带来的一系列缺点,体积小,重量轻,可做成各种形状,效率高,转矩高,精度高,数字式控制,是最理想的调速电机之一,在电动汽车上有着广泛的应用前景。

A无刷直流电机的类型

无刷直流电机按照工作特性,可以分为具有直流电机特性的无刷直流电机和具有交流电机特性的无刷直流电机。

具有直流电机特性的无刷直流电机,反电动势波形和供电电流波形都是矩形波,所以又称为矩形波同步电机。这类电机由直流电源供电,借助位置传感器来检测主转子的位置,由所检测出的信号去触发相应的电子换向线路以实现无接触式换向。显然,这种无刷直流电机具有有刷直流电机的各种运行特性。

具有交流电机特性的无刷直流电机,反电动势波形和供电电流波形都是正弦波,所以又称为正弦波同步电机。这类电机也由直流电源供电,但通过逆变器将直流电变换成交流电,然后去驱动一般的同步电机。因此,它们具有同步电机的各种运行特性。

下面介绍的无刷直流电机主要是指具有直流电机特性的无刷直流电机。

B无刷直流电机的结构

无刷直流电机主要由电机本体、电子换向器和转子位置传感器三部分组成。

a电机本体 无刷直流电机的电机本体由定子和转子两部分组成。

定子是电机本体的静止部分,它由导磁的定子铁芯、导电的电枢绕组及固定铁芯和绕组用的一些零部件、绝缘材料、引出部分等组成,如机壳、绝缘片、槽楔、引出线及环氧树脂等。

转子是电机本体的转动部分,是产生励磁磁场的部件,由永磁体、导磁体和支撑零部件组成。

b 电子换向器 电子换向器由功率变换电路和控制电路构成,主要用来控制定子各绕组通电的顺序和时间。无刷直流电机本质上是自控同步电机,电机转子跟随定子旋转磁场运动,因此,应按一定的顺序给定子各相绕组轮流通电,使其产生旋转的定子磁场。无刷直流电机的三相绕组中通过的电流是120°电角度的方波,绕组在持续通过恒定电流的时间内产生的定子磁场在空间上是静止不动的。而在开关换向期间,随着电流从一相转移到另一相,定子磁场随之跳跃了一个电角度。而转子磁场则随着转子连续旋转。这两个磁场的瞬时速度不同,但是平均速度相等,因此能保持"同步"。无刷直流电机由于采用了自控式逆变器即电子换向器,电机输入电流的频率和电机转速始终保持同步,电机和逆变器不会产生震荡和失步,这也是无刷直流电机的优点之一。

一般来说,对电子换向器的基本要求是结构简单,运行稳定可靠,体积小,重量轻,功耗小,能按照位置传感器的信号进行正确换向,并能控制电机的正反转,应能长期满足不同环境条件的要求。

c 转子位置传感器 转子位置传感器在无刷直流电机中起着检测转子磁极位置的作用,为功率开关电路提供正确的换向信息,即将转子磁极的位置信号转换成电信号,经位置信号处理电路处理后控制定子绕组换向。由于功率开关的导通顺序与转子转角同步,因而位置传感器与功率开关起着与传统有刷直流电机的机械换向器和电刷相似的作用。位置传感器的种类比较多,可分为电磁式位置传感器、光电式位置传感器、磁敏式位置传感器等。电磁式位置传感器具有输出信号强、工作可靠、寿命长等优点,但其体积比较大,信噪比较低且输出的是交流信号,需整流滤波后才能使用。光电式位置传感器性能比较稳定,体积小,重量轻,但对环境要求较高。磁敏式位置传感器的基本原理为霍尔效应和磁阻效用,它对环境的适应性很强,成本低廉,但精度不高。

C 无刷直流电机的工作原理

无刷直流电机的工作原理与有刷直流电机的工作原理基本相同。它是利用电机转子位置传感器输出信号控制电子换向线路去驱动逆变器的功率开关器件,使电枢绕组依次馈电,从而在定子上产生跳跃式的旋转磁场,拖动电机转子旋转。同时,随着电机转子的转动,转子位置传感器又不断送出位置信号,以不断改变电枢绕组的通电状态,使某一磁极下的导体中的电流方向保持不变,这样电机就旋转起来。

D 无刷直流电机的控制

按照获取转子位置信息的方法划分,无刷直流电机的控制方法可以分为有位置传感器控制和无位置传感器控制两种。

有位置传感器控制方法是指在无刷直流电机定子上安装位置传感器来检测转子在旋转过程中的位置,将转子磁极的位置信号转换成电信号,为电子换向电路提供正确的换向信息,以此控制电子换向电路中的功率开关管的开关状态,保证电机各相按顺序导通,在空间中形成跳跃式的旋转磁场,驱动永磁转子连续不断地旋转。

无刷直流电机的无位置传感器控制,无须安装传感器,使用场合广,相对于有位置传感器方法有较大的优势,因此,无刷直流电机的无位置传感器控制近年来成为研究的热点。无刷直流电机的无位置传感器控制中,不直接使用转子位置传感器,但在电机运转过程中,仍然需要转子的位置信号,以控制电机换向。因此,如何通过软、硬件间接获得可靠的转子的位置信号,是无刷直流电机无位置传感器控制的关键。为此,国内外的研究人员在这方面做了大量的研究工作,提出了多种转子位置信号的检测方法,大多是利用检测定子电压、电流等容易获取的物理量实现转子位置的估算。归纳起来,检测方法主要有反电动势法、电感法、状态观测器法、电机方程计算法、人工神经网络法等。

E 无刷直流电机的应用实例

搭载无刷直流电机的纯电动桶装垃圾运输车适用于城市道路、居民小区、公园、车站等带有垃圾桶的场所垃圾收集作业。垃圾收入垃圾桶后,通过本产品对垃圾桶进行置换与转运作业。该车搭载了大容量磷酸铁锂电池、无刷直流电机,电机额定电压为72 V,额定功率为7 kW;电池组容量为180 A·h;最高车速为50 km/h,最大爬坡度为15%,满载续驶里程大于120 km。

(3)异步电机

异步电机又称感应电机,是由气隙旋转磁场与转子绕组感应电流相互作用产生电磁转矩,从而实现电能量转换为机械能量的一种交流电机。

异步电机的种类很多,最常见的分类方法是按转子结构和定子绕组相数分类,按照转子结构来分,有笼型异步电机和绕线型异步电机;按照定子绕组相数来分,有单相异步电机、两相异步电机和三相异步电机。异步电机是各类电机中应用最广、需求量最大的一种。电动汽车主要使用三相笼型异步电机。下面介绍的异步电机就是三相笼型异步电机。

A 异步电机的结构

异步电机主要由静止的定子和旋转的转子两大部分组成,定子和转子之间存在气隙,此外,还有端盖、轴承、机座和风扇等部件。

a 定子　异步电机的定子由定子铁芯、定子绕组和机座构成。

定子铁芯是电机磁路的一部分,其上放置有定子绕组。定子铁芯一般由 0.35~0.5 mm 厚、表面具有绝缘层的硅钢片冲制、叠压而成,铁芯的内圆冲有均匀分布的槽,用以嵌放定子绕组。定子铁芯的槽型有半闭口型槽、半开口型槽和开口型槽三种。

定子绕组是电机的电路部分,通入三相交流电,产生旋转磁场。定子绕组由三个在空间互隔 120°电角度、对称排列的结构完全相同的绕组连接而成,这些绕组的各个线圈按一定规律分别嵌放在铁芯槽内。

机座主要用于固定定子铁芯与前后端盖,以支撑转子,并起防护、散热等作用。机座通常为铸铁件,大型异步电机机座一般用钢板焊成,微型电机的机座采用铸铝件。封闭式电机的机座外面有散热筋以增加散热面积,防护式电机的机座两端端盖开有通风孔,使电机内外的空气可直接对流,以利于散热。为了实现轻量化,很多机座开始采用铸铝件。

b 转子　异步电机的转子由转子铁芯、转子绕组和转轴组成。

转子铁芯也是电机磁路的一部分,并在铁芯槽内放置转子绕组。转子铁芯所用材料与定子一样,由 0.5 mm 厚的硅钢片冲制、叠压而成,硅钢片外圆冲有均匀分布的孔,用来安置转子绕组。通常用定子铁芯冲落后的硅钢片内圆来冲制转子铁芯。一般小型异步电机的转子铁芯直接压装在转轴上,大、中型异步电机(转子直径在 300~400 mm 之间)的转子铁芯则借助转子支架压在转轴上。

转子绕组是转子的电路部分,它的作用是切割定子旋转磁场产生感应电动势及电流,并形成电磁转矩而使电机旋转。转子绕组分为笼式转子和绕线式转子。

转轴用于固定和支撑转子铁芯,并输出机械功率。转轴一般由中碳钢材料制作而成。

异步电机定子与转子之间有一个小的间隙,称为电机气隙。气隙的大小对异步电机的运行性能有很大影响。中、小型异步电机的气隙一般为 0.2~2 mm;功率越大,转速越高,气隙长度越大。

B 异步电机的工作原理

当异步电机的三相定子绕组通入三相交流电后,将产生一个旋转磁场,该旋转磁场切割转子绕组,从而在转子绕组中产生感应电动势,电动势的方向由右手定则来确定。由于转子绕组是闭合通路,转子中便有电流产生,电流方向与电动势方向相同,而载流的转子导体在定子旋转磁场的作用下将产生电磁力,电磁力的方向可用左手定则确定。由电磁力进而产生电磁转矩,驱动电机旋转,并且电机旋转方向与旋转磁场方向相同。

异步电机的转子转速不等于定子旋转磁场的同步转速,这是异步电机的主要特点。

如果电机转子轴上带有机械负载,负载就被电磁转矩拖动而旋转。当负载发生变化时,转子转速也随之发生变化,使转子导体中的电动势、电流和电磁转矩发生相应变化,以适应负载需要。因此,异步电机的转速是随负载变化而变化的。

异步电机的转子转速与定子旋转磁场的同步转速之间存在转速差,它的大小决定着转子电动势及其频率的大小,直接影响异步电机的工作状态。通常,转速差与同步转速的比值,用转差率表示。

(三)纯电动车的优、缺点

(1)环境污染小

这是电动汽车最突出的优点。电动汽车使用过程中不会产生废气,不存在大气污染的问题。因为电力来源是多样化的,许多能源如水能、风能、太阳能、潮汐能、核能都可以高效地转化为电能,也就是说使用电动汽车可避免绝大部分空气污染。此外,如果避开用电高峰而在夜间充电,那还可以进一步减少能源的浪费。

(2)无噪音,噪声低

这是电动汽车最直观的特点。与燃油车相比,电动汽车在这方面有绝对的优势。它在行驶运行中基本无噪声,特别适合在需要降低噪声污染的城市道路上行驶。

(3)高效率

这是电动汽车能源利用方面最显著的特点。在城市道路上,车辆较多,而且经常遇到红绿灯,车辆必须不断地停车和启动。对于传统燃油汽车而言,这不仅意味着消耗大量能源,而且也意味着排出更多汽车尾气。而电动汽车减速停车时,可以将车辆的动能通过磁电效应,"再生"地转化为电能并将电能贮存在蓄电池或其他储能器中。这样在停车时,电机就不会空转,可以大大提高能源的使用效率,减少空气污染。

(4)结构简单,使用维修方便,经久耐用

这是电动汽车运行成本方面的最大亮点。与传统燃油汽车相比,电动汽车容易操纵、结构简单,运转传动部件相对较少,无须更换机油、油泵、消声装置等,也无须添加冷却水。维修保养工作量少。如果有好的蓄电池,它的使用寿命甚至比燃油车长。

(5)使用范围广,不受所处环境影响

这是电动汽车另一优势所在。在特殊场合,比如不通风、低温场所,或者高海拔缺氧的地方,内燃机车要么不能工作,要么效率降低,而电动车则完全不受影响。

纯电动汽车与内燃机汽车相比,具有以下缺点:

①续驶里程较短。目前电动汽车尚不如内燃机汽车技术完善,尤其是动力蓄电池的寿命短,使用成本高,储能量小,一次充电后续驶里程较短。

②成本高。目前,纯电动汽车主要采用锂离子蓄电池,成本较高。

③安全性。锂离子蓄电池的安全性有待进一步提高。

④配套不完善。电动汽车的使用还远不如内燃机汽车使用方便,还要加大配套基础设施的建设。

随着电动汽车技术的突破,特别是动力蓄电池容量和循环寿命的提高,以及价格的降低,电动汽车一定会得到大的发展。

四、燃料电池汽车

1. 概念

汽车工业的迅速发展推动了全球机械、能源等工业的进步以及经济、交通等方面的发展。但是,汽车在造福人类的同时,也带来了很大的弊端。内燃机汽车造成的污染日益严重,尾气、噪声和热岛效应对环境造成的破坏,已经到了必须加以控制和治理的程度,一些人口稠密、交通拥挤的大、中城市情况更严重。例如上海市,1995 年,市中心城区内机动车的 CO、HC、NO 排污负荷分别占该区域内相应排放总量的 76%、93% 和 44%;2010 年,机动车排污负荷将进一步上升到94%、98%和75%。而且,内燃机汽车是以燃烧油料、天然气等宝贵的资源为动力,而这些资源是重要的、不可再生的化工原料,作为燃料直接烧掉是极大的浪费。按照目前的消耗速度,石油、天然气等资源仅仅能再维持数十年的时间。显然,内燃机汽车造成的环境污染以及对资源的消耗,极大地威胁着人类的健康与生存。随着保护环境、节约能源的呼声的日益高涨,新一代电动车作为无污染、能源可多样化配置的新型交通工具,引起了人们的普遍关注并得到了极大的发展。电动车以电力驱动,行驶时无排放(或低排放)、噪声少,能量转化效率比内燃机汽车高得多。同时,电动汽车还具有结构简单(可以直接利用电子技术实现传动、显示和控制)、运行费用低等优点,安全性也优于内燃机汽车。

电动车的发明可以追溯到1834年,距今已有一百多年历史,在其开发应用过程中,曾经于19世纪末在欧美等地区达到一个高潮。但后来由于内燃机汽车有了突破性进展,而电动车始终没有解决电池的比容量、功率及寿命等方面的问题,性能远不及内燃机汽车,最后内燃机汽车垄断了市场。进入20世纪80年代后,节能与环保问题成为世界各国关注的主要社会问题,电动车项目已经成为许多国家和十大汽车公司的重要发展项目,电动车的研究进入了一个新的发展时期。

新一代电动车是一种综合性的高科技产品,其关键技术包括高度可靠的动力驱动系统、电子技术、新型轻质材料、电池技术、整车优化设计与匹配的系统集成技术等。由于受到每一种单元技术的制约以及人们对这种新生事物的重视程度不够,尽管研制电动车的意义重大,项目开展也经历了数十年,但现在世界上真正能上路行驶的电动车还是寥寥无几。目前,电动车存在的主要问题在于价格、续驶里程、动力性能等方面,而这些问题都与电源技术密切相关。如燃油汽车加一次油行驶距离可达500 km左右,而电动汽车充一次电行驶距离一般不会超过200 km。因此,电动车实用化的难点仍然在于电源技术,特别是电池(化学电源)技术。电动车用动力蓄电池与一般启动用蓄电池不同,它以较长时间的中等电流持续放电为主,以间断大电流放电(用于启动、加速或爬坡)为辅。电动车对电池的基本要求可以归纳为下几点:

①能量密度高(质量比能量高、体积比能量高);
②功率密度高(质量比功率高、体积比功率高);

③循环寿命较长；

④充、放电性能较好（快速充、放电性能好，抗过充、过放能力好）；

⑤电池一致性较好；

⑥价格较低；

⑦使用维护方便；

其他性能较好，如安全性能（发生交通事故时的安全性）较好、无环境污染问题（电池生产、使用、报废回收的过程中不能对环境产生不良影响）。

因此根据电动车对电池的几点基本要求可以看出，技术成熟的铅酸电池、金属氢化物镍电池、镉镍电池或锂离子电池等已明显不能适应新一代电动车的要求。虽然其续驶里程已基本能满足市区通行的要求，技术已经逐渐成熟并开始商品化，但尚不能得到大规模应用，主要的制约因素在于电池本身。首先，有限的贮能不能满足长距离行驶的需要；其次，电池充电时间较长；再次，社会缺乏配套的充电基础设备，使用不便；生产、销售量不大，可能造成二次污染。不能形成规模效应，使得电动汽车造价较高。虽然各家汽车制造厂商用了各种补救措施，如混合动力车，混合动力车虽然续驶里程长，但仍不能做到二氧化碳零排放。因此一些汽车制造厂商致力于第三类电动车——燃料电池电动车的开发研制。燃料电池和普通的化学电源有很大不同，它实际是一个电化学反应器：燃料不断输入，电能不断输出。其副产物一般是水和二氧化碳。它没有运动的机械部件，工作时很安静；它没有原理上的热机效率的理论限制，实际效率可达50%～70%，远高于内燃机，因此被公认为21世纪的理想的新型能源。

燃料电池（Fuel cell）是一种主要通过氧或其他氧化剂进行氧化还原反应，把燃料中的化学能转换成电能的电池。而最常见的燃料是氢，一些碳氢化合物如天然气（甲烷）有时亦会作燃料使用。燃料电池有别于原电池，因为需要稳定的氧和燃料来源，以确保其运作供电。燃料电池的化学反应过程不会产生有害产物，因此，燃料电池汽车也是无污染汽车。从能源的利用和环境保护方面来看，燃料电池汽车是一种理想的车辆。

2. 目前的情况

虽然目前还没有可供商业销售的燃料电池车，但自2009年以来我国已发布超过20款氢燃料电池电动汽车（FCEVs）的原型车和示范车。在北京奥运会上，有20辆氢燃料电池车被投入运行。一些专家认为，燃料电池汽车永远不会被大规模使用,因为与其他技术相比,其成本过高,安全性不够。

1838 年,Schoenbein 发现燃料电池的工作原理,其真正的实用化则要追溯到 20 世纪 60 年代。当时,燃料电池应用在航天领域。20 世纪 80 年代起,在环保、节能等全球议题下,美国、日本、加拿大、韩国及西欧各国多达数百家公司及研究机构积极投入,开始进入民用市场的研究开发。到了 20 世纪末,几乎每个月都有新专利产生。在商业应用上,主要问题是成本过高,未来将不断改进关键材料与组件技术,量产技术成熟后,成本将迅速下降从而达到商业化的目的。

3. 燃料电池汽车的工作原理

燃料电池汽车的工作原理是,使作为燃料的氢气在汽车搭载的燃料电池中,与大气中的氧气发生化学反应,从而产生电能启动电动机,进而驱动汽车。甲醇、天然气和汽油也可以代替氢气,不过会产生少量的二氧化碳和氮氧化合物。因此燃料电池汽车被称为"地道的环保车"。

燃料电池汽车的燃料电池的基本元件是两个电极夹着一层高分子薄膜作为电解质。阴、阳两极,除碳粉外还有白金粉末,便于加快氧化反应。

独立的燃料电池堆是不能应用于汽车的,它必须和燃料供给与燃料循环系统、氧化剂供给系统、水/热管理系统和一个能控制各种开关和泵的控制系统组成燃料电池发动机才对外输出功率,燃料供给和循环系统在提供燃料的同时回收阳极尾气中未反应的燃料。目前最成熟的技术是以纯氢为燃料,系统结构相对简单,仅由氢源、减压阀和循环回路组成。

具体的过程如下:

(1)阳极

氢分子气体输入被制成多孔结构的阳极板,传到阴极后,在催化下分解反应:

$$H_2 \longrightarrow 2H^+ + 2e^-$$

电子由阳极导向外接电路,形成电流。而氢离子也由阳极端,透过可导离子性质(电子绝缘体)的高分子薄膜电解质,抵达阴极。

(2)阴极

空气输入阴极,氧气分子质传到阴极,与电子及氢离子起电化学反应,产生水及 1.229 伏特的电压。反应如下:

$$O_2 + 4H^+ + 4e^- \longrightarrow 2H_2O$$

（3）燃料电池的基本组成

燃料电池的主要构成组件为电极、电解质隔膜与集电器等。

①电极

燃料电池的电极是燃料发生氧化反应，与还原剂发生还原反应的电化学反应场所，其性能的好坏关键在于触媒的性能、电极的材料与电极的制程等。

电极主要分为两部分，一为阳极，二为阴极，厚度一般为 200~500 mm。其结构与一般电池的平板电极的不同之处在于燃料电池的电极为多孔结构，设计成多孔结构的主要原因是燃料电池所使用的燃料及氧化剂大多为气体（例如氧气、氢气等）。而气体在电解质中的溶解度并不高，为了提高燃料电池的实际工作电流密度，降低极化作用，故设计出多孔结构的电极，以增加参与反应的电极的表面积，这也是燃料电池当初之所以能从理论研究阶段步入实用化阶段的关键原因之一。

目前的高温燃料电池的电极主要以触媒材料制成，例如固态氧化物燃料电池（简称 SOFC）的 Y_2O_3 – stabilized – ZrO_2（简称 YSZ）及熔融碳酸盐燃料电池（简称 MCFC）的氧化镍电极。低温燃料电池则主要是由气体扩散层支撑的一层薄的触媒材料构成，例如磷酸燃料电池（简称 PAFC）与质子交换膜燃料电池（简称 PEMFC）的白金电极。

②电解质隔膜

电解质隔膜的主要功能是分隔氧化剂与还原剂，并传导离子，故电解质隔膜越薄越好，但也需顾及强度，就现阶段的技术而言，其一般厚度在数十毫米至数百毫米之间；至于材质，目前主要朝两个发展方向，一是先以石棉膜、碳化硅膜、铝酸锂膜等绝缘材料制成多孔隔膜，再浸入熔融锂—钾碳酸盐、氢氧化钾与磷酸中，使其附着在隔膜孔内，二是采用全氟磺酸树脂（例如 PEMFC）及 YSZ（例如 SOFC）。

③集电器

集电器又称作双极板，具有收集电流、分隔氧化剂与还原剂、疏导反应气体等作用。集电器的性能主要取决于其材料特性、流场设计及其加工技术。

燃料电池电动汽车的主要电机有：（1）永磁电机；（2）无刷直流电动机；（3）开关磁阻电机；（4）特种电机。

4.燃料电池的分类

燃料电池主要分为以下几种:

(1)质子交换膜燃料电池

该电池的电解质为离子交换膜,薄膜的表面涂有可以加速反应的催化剂(如白金),其两侧分别供应氢气及氧气。由于此类电池的唯一液体是水,因此腐蚀性很小,且操作温度介于80 ℃~100 ℃之间,安全上的顾虑较少;其缺点是作为催化剂的白金价格昂贵。这种电池是轻型汽车和家庭应用的理想电力能源,可以替代充电电池。

(2)碱性燃料电池

碱性燃料电池的设计与质子交换膜燃料电池的设计基本相似,其电解质是稳定的氢氧化钾基质。此类电池操作时所需温度并不高,转换效率好,可使用的催化剂种类多且价格便宜,例如银、镍,但无法成为主要开发对象,原因在于电解质必须是液态,燃料必须是高纯度的氢。目前,这种电池对于商业化应用来说价格过于昂贵,其主要为空间研究服务,如为航天飞机提供动力。

(3)磷酸型燃料电池

因其使用的电解质为100%浓度的磷酸而得名。操作温度大约在150 ℃~220 ℃之间,因温度高所以废热可回收再利用。其催化剂为白金,因此,同样面临白金价格昂贵的问题。目前,该种燃料电池大都用在大型发电机组上,而且已商业化生产,成本偏高是其未能迅速普及的主要原因。

(4)熔融碳酸盐燃料电池

其电解质为碳酸锂或碳酸钾等碱性碳酸盐。在电极方面,无论是燃料电极还是空气电极,都使用具有透气性的多孔质镍。操作温度约为600 ℃~700 ℃,因温度相当高,常温下呈现白色固体状的碳酸盐熔解为透明液体。此种燃料电池不需要贵金属当催化剂。因为操作温度高,废热可回收再利用,其发电效率高达75%~80%,适用于中央集中型发电厂,目前在日本和意大利已有应用。

(5)固态氧化物燃料电池

其电解质为氧化锆,因含有少量的氧化钙与氧化钇,因此稳定性较好,不需要催化剂。一般而言,此种燃料电池操作温度约为1000 ℃,废热可回收再利用。固态氧化物燃料电池对目前所有燃料电池都有的硫污染具有最大的耐受性。由于使用固态的电解质,这种电池比熔融碳酸盐燃料电池更稳定。其效率约为60%左右,可供工业界用来发电和取暖,同时也具有为车辆提供备用动力的潜力。缺点是生产这种电池的耐高温材料价格昂贵。

(6)直接甲醇燃料电池

直接甲醇燃料电池是质子交换膜燃料电池的一种变种,它直接使用甲醇在阳极转换成二氧化碳和氢气,然后如同标准的质子交换膜燃料电池一样,氢气再与氧气反应。这种电池的工作温度为120 ℃,比标准的质子交换膜燃料电池略高,其效率在40%左右。该技术仍处于研发阶段,但已用作移动电话和笔记本电脑的电源。其缺点是当甲醇低温转换为氢气和二氧化碳时要比常规质子交换膜燃料电池需要更多的催化剂。

(7)再生型燃料电池

再生型燃料电池的概念相对较新,但全球已有许多研究小组正在从事这方面的工作。这种电池构建了一个封闭的系统,不需要外部生成氢气,而是将燃料电池中生成的水送回到以太阳能为动力的电解池中分解成氢气和氧气,然后将其送回燃料电池。目前,这种电池的商业化开发仍有许多问题尚待解决,例如成本、太阳能利用的稳定性等。美国航空航天局(NASA)正在致力于这种电池的研发。

(8)锌空燃料电池

利用锌和空气在电解质中的化学反应产生电。锌空燃料电池的最大好处是能量高。与其他燃料电池相比,同样重量的锌空电池可以运行更长时间。另外,地球上丰富的锌资源使锌空电池的原材料很便宜。它可用于电动汽车、消费电子和军事领域,前景广阔。目前,Metallic Power 和 Power Zinc 公司正在致力于锌空燃料电池的研究和商业化。

(9)质子陶瓷燃料电池

这种新型燃料电池的机理是:在高温下陶瓷电解材料具有很高的质子导电率。

(10)质子交换膜燃料电池

质子交换膜燃料电池以全氟磺酸质子交换膜作为电解质,简化了水和电解质管理。这种电池具有高功率密度、高能量转换效率、低温启动、环境友好等优点,所以是新一代电动汽车的电能来源。

①质子交换膜燃料电池的发展历史

质子交换膜燃料电池起源于20世纪60年代初美国的GE公司为NASA研制的空间电源,双子星座宇宙飞船采用1 kW的质子交换膜燃料电池作为辅助电源,尽管质子交换膜燃料电池的性能表现良好,但是由于该项技术当时处于起步阶段,仍存在许多问题,如功率密度较低;聚苯乙烯磺酸膜的稳定性较差,寿命仅为500 h左右;铂催化剂用量太高等。因此在之后的Apollo计划等空间应用中,NASA选用了当时技术比较成熟的碱性燃料电池,这使得质子交换膜燃料电池技术的研究开发工作一度处于低谷。

1962年,美国杜邦公司开发出性能优良的新型全氟磺酸膜,即Nafim系列产品,1965年,GE公司将其用于质子交换膜燃料电池,使电池寿命大幅度延长。但是由于铂催化剂用量太高,全氟磺酸型膜价格昂贵以及电池必须采用纯氧气作为氧化剂,使得质子交换膜燃料电池的开发长时间以军用为目的,限制了该项技术的广泛应用。

进入20世纪80年代以后,以军事应用为目的的研制与开发,使得质子交换膜燃料电池技术取得了长足的发展。以美国、加拿大和德国为首的发达国家纷纷投入巨资开展质子交换膜燃料电池技术的研究开发工作,使得质子交换膜燃料电池技术日趋成熟。

20世纪90年代初期,特别是近几年,随着人们对日趋严重的环境污染问题认识的加深,质子交换膜燃料电池技术的开发逐渐从军用转向民用,被认为是第四代发电技术和汽车内燃机的最有希望的替代者。

②质子交换膜

质子交换膜是质子交换膜燃料电池的核心部件。作为一种厚度仅为50~180 μm的极薄膜片,质子交换膜是电池电解质和电极活性物质(催化剂)的基底。其主要功能是在一定的温度和湿度条件下,具有选择透过性,即只容许氢离子或质子(质子是一种带1.6×10^{-19}库仑正电荷的次原子粒子,质量是938百万电子伏特,即$1.6726231 \times 10^{-27}$ kg,大约是电子质量的1836.5倍。质子属于重子类,由两个顶夸克和一个底夸克通过胶子在强相互作用下构成)透过,而不容许氢分子及其他离子透过。它同时具有适度的含水率,对电池工作过程中的氧化、还原和水解反应具有稳定性。质子交换膜具有足够高的机械强度和结构强度,以及膜表面适合与催化剂结合等性能。

目前应用最多的质子交换膜是美国杜邦公司的全氟磺酸型膜。另外美国的 Dow 化学公司、日本的 Asahi 公司,以及加拿大的 Ballard Power Systems 公司也宣布研制出新的质子交换膜。但目前并未公开投放市场。

当前市场上的质子交换膜的价格还相当昂贵,美国杜邦公司生产的全氟磺酸型膜的价格是每平方米 800 美元。加拿大 Ballard Power Systems 公司宣布其研制的质子交换膜的目标价格是每平方米 110～150 加元。但是,何时能达到这一目标还是个未知数。质子交换膜的价格是制约 PEM 燃料电池发展和推广应用的重大障碍之一。

③催化剂

质子交换膜燃料电池阳极反应是氢气的氧化反应,阴极是氧气的还原反应。为了加快电化学反应的速度,阴极和阳极的气体扩散电极上都含有一定量的催化剂。目前主要采用贵金属 Pt 作为电催化剂,它对于两个电极反应均具有催化活性,而且可以长期稳定工作。由于 Pt 价格昂贵、资源匮乏,因此质子交换膜燃料电池的成本居高不下,这限制了它的大规模应用。

5. 燃料电池汽车的优点

燃料电池的特点是高效率、低噪音、低污染等。其将燃料中的化学能“直接”转换成电能的做功原理,不同于一般的发电机。一般的发电机将化学能(或辐射能)转换成热能之后,再转换成动能推动发电机产生电力等需要经过多重能量转换,因此转换效率上限不受“卡诺循环(Carnot cycle)”的限制,所以转换效率可以很高。燃料电池若依操作温度区分,可分类为低温燃料电池(160 ℃～220 ℃)、中温燃料电池(200 ℃～750 ℃)及高温燃料电池(750 ℃～1000 ℃)三大类。一般而言,燃料电池的操作温度不同,其所使用的燃料、触媒及氧化剂也不同。

燃料电池汽车的优点有:①尾气零排放或近似零排放;②减少了机油泄漏带来的水污染;③降低了温室气体的排放;④提高了燃油经济性;⑤提高了发动机燃烧效率;⑥运行平稳,无噪声。

第三节　新能源汽车的发展前景

　　政府对新能源汽车的支持有目共睹。据"十二五"规划,中国未来5年将投入超过1000亿元资金,扶持新能源汽车发展。根据《节能与新能源汽车产业发展规划》,2015年,我国电动汽车累计销售达到50万辆,2020年达到500万辆。但中国电动汽车市场启动缓慢,包括公交车和公用事业用车,2009—2011年仅售出1.3万辆,1—9月国内主要乘用车企业已销售新能源汽车6982辆。结合我国的实际,预计新能源汽车2020年将销售300万辆,相对于2012年9000多辆的水平,未来新能源汽车的销量将增加近27倍。

　　新能源汽车快速发展,能带动整个汽车产业技术升级,也是实施国家能源发展战略,建设资源节约型、环境友好型社会的重要举措之一。在当前我国汽车产业结构调整的关键时期,面对金融危机和国际市场普遍萧条的现状,新能源汽车产业的发展不仅有助于中国汽车产业加强自主创新,形成新的竞争优势,而且其潜在的巨大市场对于形成以内需为主导的经济发展模式也起到了举足轻重的作用。

　　1. 我国新能源汽车发展有较好的基础

　　发展新能源汽车,是我国应对节能减排重大挑战的需要,同时也是汽车产业跨越式发展和提升国际竞争力的需要。我国传统汽车领域和国外相比还比较落后,但在新能源汽车方面,我们和发达国家站在同一个起跑线上,我们有机会在新能源汽车领域与西方发达国家在一个平衡的层面上创新。我国汽车工业以纯电驱动作为技术转型的主要战略方向,重点突破电池、电机和电控技术,推进纯电动汽车、插电式混合动力汽车产业化,实现汽车工业跨越式发展。到目前为止,共有160多款各类电动汽车进入我国汽车产品公告,建成30多个电动汽车国家重点实验室等国家级的技术创新平台,制定电动汽车相关标准40多项。目前,我国电动汽车整车已经进入规模化应用阶段,包括动力性、经济型、续驶里程、噪声等指标已经达到国际水平。目前,电动汽车主要用于城市公交,乘用车产品也越来越多。截至2010年年底,已建设各种类型充电站大约100座,充电桩300多个。

2. 发展新能源汽车已成为世界各国的共识

目前,全球能源和环境系统面临巨大的挑战,汽车作为石油消耗和二氧化碳排放的大户,需要进行革命性的变革。目前全球新能源汽车发展已经形成了共识,从长期来看,包括纯电动、燃料电池技术在内的纯电驱动将是新能源汽车的主要技术方向;短期内,油电混合、插电式混合动力将是重要的过渡路线。

3. 2012 年以后将是电动车产业发展的高潮

事实上,自金融危机以来,经济和能源、环境压力重叠,某种程度上加速了汽车能源动力系统的电气化步伐。平心而论,全球各大汽车企业在主要的新能源汽车技术上,其实都有不少技术储备,这也是金融危机后,各个企业能够快速实现产品"转向"的根本原因。2012 年前后迎来了国际电动汽车产业化发展的一次高潮。电动汽车一旦取得市场突破,必将对国际汽车产业格局产生巨大而深远的影响,因此顺应国际汽车工业发展潮流,把握交通能源动力系统转型的战略机遇,坚持自主创新,动员各方面的力量,加快推动电动汽车产业发展,对抢占未来汽车产业竞争制高点、实现我国汽车工业由大变强和自主发展至关重要,也十分紧迫。

4. 各国政府加大政策支持力度,加快电动汽车产业化

政府加大对消费者的政策激励,加快电动汽车的市场培育。各国政府实行不同政策已达到政策支持的目的。另外,政府通过加大信贷支持等措施,鼓励整车企业加快电动汽车产业化,如美国政府对电动汽车生产予以贷款资助。

5. 清洁替代燃料汽车——燃料供应丰富地区理想的汽车解决方案

6. 混合动力汽车——现阶段节能环保汽车较现实的解决方案

7. 电动汽车——未来真正的节能环保汽车解决方案

目前面临的主要问题如下:

(1)缺少行业统一标准

目前新能源汽车除了混合动力之外,纯电动车及其他代用燃料车尚无统一的行业标准。继续沿用传统的整车测试标准,已不能满足新能源汽车的要求,尤其是在动力系统集成及通信服务接口方面很难达到统一。

(2)政策补贴难以发放到位

财政部对新能源汽车的补贴预算为 50 亿元,并且按照当初的计划,如果补贴政策效果不错,还会增加预算。但从目前的销售情况来看,真正用于私人购

买新能源汽车的财政补贴资金不到 1 亿元。

(3)基础配套设施不完善

充电不便等现实的问题制约着新能源汽车的发展。目前专业汽车充电站稀缺,而家庭用户又普遍没有安置电源的私人车库,小区里的私人停车位上也无家用电源。

(4)私家车充电桩建设困境

新能源车配备充电柜很不容易,需要与有关部门协调安装。

(5)政策出台缓慢

新能源政策不落实,企业不敢过多进行研发和投资,毕竟企业财力有限。业内人士认为,在新能源汽车的国家战略制定上,一些具体的细则和标准迟迟不能出台,是本土汽车厂商研发新能源汽车步伐迟缓的主要原因。

(6)技术突破尚需火候

新能源汽车在 2015 年之前不可能有真正的市场,只是一个示范市场,是一个产品不断改进的市场。据中国汽车技术研究中心技术专家分析,对于新能源汽车来说,电池技术是主要瓶颈,另外如何保证由电机系统组成的动力总成与整车匹配,也是亟待解决的技术问题,并且相关引导政策的缺位现象比较突出。

(7)产业链配套尚未形成体系

对于新能源汽车来说,供应商的地位将远比传统燃油车时代重要。电池、电机、电控等三大电动车核心零部件,将会占电动车整车成本的 70% 以上,掌握核心技术的供应商无疑会在整个产业链中占据主导地位。

(8)各方利益关系需协调

除了现在经常强调的技术突破以及消费补贴外,迫切需要解决的问题其实是协调新能源汽车参与主体的利益关系。

新能源汽车的发展将继续延续下去,并将成为主流,汽车也将摆脱内燃机的驱动,改由电动机驱动。但目前电动车使用环境尚不成熟,个人消费市场的开拓始终艰难。而且,电动车技术看似吸引人,但在整体技术水平还参差不齐的环境下,未必是节能环保的最佳选择。因此,无论是成本方面还是技术攻关方面,电动车技术都还有一段路要走,混合动力始终绕不过,而天然气车仅是一种减少污染排放的选择,燃料电池也难以成为市场主流。

参 考 文 献

[1]戴永年,杨斌,姚耀春等. 锂离子电池的发展状况[J]. 电池,2005,35
(3):193.

[2]陈立泉. 混合电动车及其电池[J]. 电池,2000,30(3):98.

[3]郭明,王金才,吴连波等. 锂离子电池负极材料纳米碳纤维研究[J]. 电
池,2004,34(5):384.

[4]郭炳焜,徐徽,王先友等. 锂离子电池[M]. 长沙:中南大学出版社,
2002:1-33.

[5]吴川,吴峰,陈实等. 锂离子电池正极材料的研究进展[J]. 电池,2000,
30(1):36.

[6]刘景,温兆银,吴梅梅等. 锂离子电池正极材料的研究进展[J]. 无机材
料学报,2002,17(1):1.

[7]郭炳焜,李新海,杨松青. 化学电源:电池原理及制造技术[M]. 长沙:中
南大学出版社,2000.

[8]吴宇平,万春荣,姜长印等. 锂离子二次电池[M]. 北京:化学工业出版
社,2002.

[9]王力臻. 化学电源设计[M]. 北京:化学工业出版社,2008.

[10]陈立泉. 锂离子电池正极材料的研究进展. 电池,2002,32(S1):32.

[11]余仲宝,张胜利,杨书廷等. 烧结温度对锂离子电池正极材料 $LiCoO_2$
结构与电化学性能的影响[J]. 应用化学,1999(4):102.

[12]王兴杰,杨文胜,卫敏等. 柠檬酸溶胶凝胶法制备 $LiCoO_2$ 电极材料及
其表征[J]. 无机化学学报,2003,19(6):603.

[13]吴宇平,方世璧,刘昌炎等. 锂离子电池正极材料氧化钴锂的进展[J].
电源技术,1997(5):208.

[14]黄可龙,赵家昌,刘素琴等. Li,Mn 源对 $LiMn_2O_4$ 尖晶石高温电化学性

能的影响[J].金属学报,2003,39(7):739.

[15]吴宇平,袁翔云,董超等.锂离子电池:应用与实践[M].第2版.北京:化学工业出版社,2004.

[16]李国欣.新型化学电源技术概论[M].上海:科学技术出版社,2007.

[17]宋文顺.化学电源工艺学[M].北京:中国轻工业出版社,1998.

[18]刘人辅,谷晋川.生产低铁锂辉石的工艺流程及特点[J].矿产综合利用,1989(6):20-23.

[19]冯安生.锂矿物的资源、加工和应用[J].矿产保护和应用,1993(3):39-46.

[20]汪镜亮.锂矿产的综合利用[J].矿产综合利用,1992(5):19-27.